超（超）临界机组自启停控制技术

中国自动化学会发电自动化专业委员会　组编

陈卫　主编

中国电力出版社
CHINA ELECTRIC POWER PRESS

内 容 提 要

本书是根据浙江省电力公司电力科学研究院历年来在电厂自启停控制领域的研究与应用积累，结合作者经验的总结和提炼，内容涵盖了机组自启停控制的设计、设备选型、调试、功能及接口设计、项目实施及管理等各个方面的内容。尤其在APS功能组及模拟量接口控制方面做了详细阐述，提出了新的设计思路和实现方案，解决了以往自启停控制系统控制过程的连续性问题，实现了真正意义上的一键启停机。

本书可供火力发电厂热工控制系统设计、优化、运行等专业技术人员使用，并可供高等院校相关专业师生参考。

图书在版编目（CIP）数据

超（超）临界机组自启停控制技术/陈卫主编；中国自动化学会发电自动化专业委员会组编. —北京：中国电力出版社，2016.7（2020.7重印）

ISBN 978-7-5123-9499-5

Ⅰ.①超… Ⅱ.①陈…②中… Ⅲ.①火力发电-发电机组-超临界机组-自动控制系统-研究 Ⅳ.①TM621.3

中国版本图书馆 CIP 数据核字（2016）第 145917 号

中国电力出版社出版、发行

（北京市东城区北京站西街 19 号 100005 http://www.cepp.sgcc.com.cn）

北京天宇星印刷厂印刷

各地新华书店经售

*

2016 年 7 月第一版 2020 年 7 月北京第二次印刷

787 毫米×1092 毫米 16 开本 14.75 印张 331 千字

印数 2001—3000 册 定价 48.00 元

编 委 会

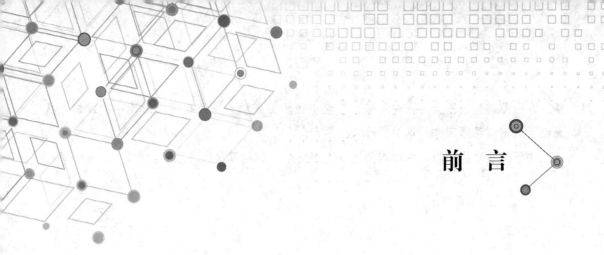

前　言

在国家大力推进节能减排的新形势下，对机组运行的安全性及经济性要求日益提高，智能数字化电厂的建设已提上日程。机组自启停控制系统（automation power plant start-up and shutdown system，APS）作为其核心技术，近年来已成为电厂自动控制技术的研究热点。

APS 是一种基于顶层设计的自动控制系统，它建立在机组各主辅机设备的程控化操作的基础上，包含了子组设备的自动启停控制、相关系统的自启停控制和机组级的自动启停控制。APS 应用后，可以保证机组主、辅机设备的启停过程严格遵守运行规程，减少运行人员的误操作，增强设备运行的安全性。同时快速准确地机组启动缩短了机组启、停设备时间，优化的控制策略降低了启停过程中的煤耗和油耗，提高了机组运行经济效益。所以 APS 必然是火力发电机组自动控制发展的一个重要方向。

目前国内设计生产的机组一般未考虑机组自启停功能，主要原因：一方面在于国产机组主要辅机的可控性长期以来无法满足机组自启停功能的控制要求；另一方面则是由于对 APS 功能的重视程度不够。随着国产设备性能的不断提升，节能环保意识的增强和对 APS 功能重视程度的提升，近两年一些大容量的国产机组开始尝试应用机组自启停控制功能，同时也取得了部分成功。但真正意义上的大型火力发电机组一键启停机尚未完全实现，其最大症结在于锅炉点火、投油和投煤粉过程以及干湿态、旁路转换等过程的自动化过程控制，而这也正是 APS 功能对提高机组启动快速性、安全性和经济性的关键所在。

本书基于编者所参与的火力发电机组 APS 工程，介绍了 APS 框架结构的设计、APS 功能子组的分配与实现、APS 系统在常规分散控制系统（DCS）中的实现、APS 与模拟量自动调节控制系统（MCS）的接口和控制等内容，并结合工程实际介绍了 APS 项目的实施和管理流程。希望本书能给读者在火力发电机组 APS 功能实施过程中一些借鉴和帮助。

本书的第一章由陈卫、尹峰编写，第二章由刘兰平、陈卫、沈伟国、程声樱编写，第三章由王富有、瓦明达、张永军编写，第四章由陈卫、罗志浩、陈波、王达峰编写，

第五章由罗培全、王会、张建江编写。全书由陈卫统稿，陈波在编写过程中协助做了大量细致的资料整理工作。本书由孙长生主审。

由于编者水平有限，书中难免出现不足之处，敬请读者批评指正。

编者

2016 年 6 月

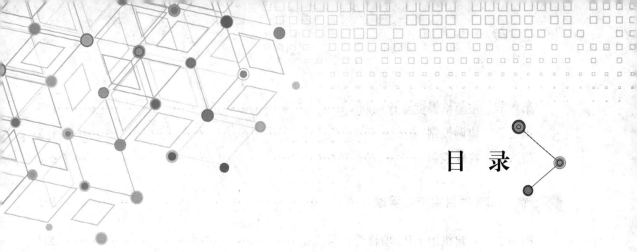

目　录

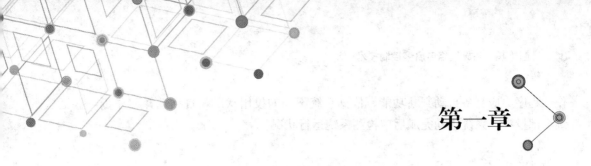

第一章

APS 内容及框架

超（超）临界机组的设备数量多、容量大、运行参数高、控制系统结构复杂，对运行人员操作和管理水平提出了更高的要求，在机组运行特别是机组启动和停运过程中，如果靠运行人员手动操作，不仅容易发生误操作事故，而且其操作熟练程度极大地影响了机组运行的安全性和经济性。

机组自启停控制系统（automation power plant startup and shutdown system，APS）实质上是对电厂运行规程的程序化，它的应用保证了机组主、辅机设备的启停过程严格遵守运行规程，减少运行人员的误操作，增强设备运行的安全性。机组自启停控制系统的研发过程既是对主设备运行规范优化的过程，也是对控制系统优化的过程。APS 的设计和应用不但要求自动控制策略要更加完善和成熟，机组运行参数及工艺准确详实，而且对设备的管理水平也提出了更高的要求。快速准确的机组启动缩短了机组启、停设备时间，优化的控制策略降低了启停过程中的煤耗和油耗，提高了机组运行经济效益。

之前国内设计生产的机组一般均未考虑机组自启停功能，主要原因是国产机组主要辅机的可控性无法满足机组自启停功能的控制要求。随着国产设备性能的不断提升，近两年一些大容量的国产机组开始尝试应用机组自启停功能，但均未能真正实现一键启停机的最大症结在于锅炉点火、投油和投煤粉过程以及干湿态、旁路转换等过程的自动化过程控制，而这也正是 APS 功能对提高机组启动快速性、安全性和经济性的关键所在。

鉴于以上技术背景，本书依据实际工程经验，系统性地总结了从主机交流润滑油泵开始至锅炉点火，再至机组并网带负荷，在主机部分少于或等于 7 点断点的前提下，实现全范围、全过程自启停控制实践，并通过对涉及系统的优化调整，提高各项的控制性能，形成高度自动化、智能化、可靠而完善的超（超）临界机组自启停控制系统，从而杜绝启停过程误操作，使电厂启停效率及经济性达到国内领先水平。

第一节　概　　述

APS 设计考虑在设备可用的情况下，按照机组操作流程，逐步投用各相关系统，从设备全停状态至机组并网带 60% 额定负荷，包括系统上水、辅助系统启动、锅炉点火准备、冷态水冲洗、锅炉点火升温升压、汽轮机冲转、机组并网、升负荷。过程中涉及全程自动给水、除氧器投用、干湿态转换、自动并泵、暖磨、暖管、加热器投用等重要操作。程序中应具备自动判断功能，依据系统不同的投用状况，自动选择程序步，直至系统全部投入，系统启动完成后应检测系统运行状况。

一、实施内容

一套完备适用的 APS，除了包含全过程热力系统，以及与之配合的功能组之外，还应该包括系统投运检查清单及操作票制度，同时在逻辑组态的设计上，既要考虑到系统的适用性、合理性，还需要兼顾机组安全。最后，人性化的人机交互界面也是设计重点之一，具体实施内容阐述如下：

（1）系统框架及实践范围。对包括主要 BOP 等系统在内的全范围、全过程相关控制系统进行优化调整，提高各项性能，形成高度自动化、智能化、可靠而完善的超（超）临界机组自动启停控制系统（APS）。

（2）APS 功能组态设计内容见表 1-1。

表 1-1　　　　　　　　　　　　　APS 功能组态设计内容

序号	设计内容	概　　　　述
1	机组级控制	对运行工况全面监视，根据不同阶段的需要及既定控制策略，向各功能组或设备级及其他相关系统如数字电液控制（DEH）系统、电气监控系统（ECS）等发出控制指令
2	APS 管理逻辑	包括机组启动和停运方式的预先选择和协调、断点的选择与管理、机组四种启动状态的自动判定等
3	断点及功能组设计	APS 最终结果是从主要 BOP 开始至锅炉点火，再至机组并网带负荷，主机部分少于或等于 7 点断点。APS 系统下的功能组要求区别于一般意义上的顺序控制，除了实现设备的启动和停运，同时要保证相关系统安全稳定地投入运行，保证电动机不超流、不过载，保证管路不发生冲击、振动等现象。并实现功能组投入和退出的独立性
4	系统接口设计	实现 APS 与协调控制系统（CCS）、模拟量控制系统（MCS）、电池管理系统（BMS）、旁路控制系统（BPS）、给水泵汽轮机控制系统（MEH）、DEH 系统、ECS、顺序控制系统（SCS）的无缝衔接
5	特殊控制过程及策略	机组不同的燃烧方式和启动方式在机组启停过程中会有一些特殊要求，如启动过程中燃油管理策略、自动热态清洗、干湿态自动转换、煤水比控制策略等需针对其特殊要求完善响应控制策略
6	MCS 全程控制系统设计	为实现 APS 与 MCS 接口无缝衔接，MCS 采用全程控制策略，在设备正常和测点无故障的情况下，MCS 调节回路都能投入自动位置，等待工艺系统满足自动调节条件时，调节回路才进行 PID 运算，否则处于跟踪状态。另外调节系统的定值也随着启停过程自动改变，以满足 APS 要求

（3）性能指标。APS 逻辑设计组态，软件性能指标达到设计要求，符合工艺流程，满足安全性指标。

（4）检查清单及操作票。配合机组 APS 程序，制定详细实用的系统投运检查清单及操作票，在执行 APS 的每个断点程序前，按照检查清单逐个确认系统的投运条件是否满足要求，尤其对于手动设备的位置及冗余设备的首启选择进行确认，同时在程序执行过程中，确认若干设备及参数的状态是否正常。

（5）人机界面。为了增加 APS 的实用性及可操作性，增加了大量的人机界面，以方便运行人员了解程序执行情况及流程，详实的操作步骤及提示有助于操作员加强对运行规程的熟悉，同时起到操作指导的作用。

二、关键技术设计

APS 实施的关键，首先须建立系统的总体框架，划分功能组控制界别，形成机组级 APS 控制骨架，以此串联所有功能子组。另外，总体框架下的关键设计元素还包括合理的断点设置、高效协调的管理逻辑、各系统间的接口设计、人性化的界面操作系统以及完备细致的工作票制度。所有元素应保证下述原则：

（1）完整性。系统具有完整的控制过程；正常启动、停机；滑参数的启动、停机；机组带基本负荷的运行特性；机组带调峰负荷的运行特性；冷态、温态、热态及极热态启动运行；故障跳闸和各种操作以及其他扰动下的暂态特性；实现闭环系统手/自动自投撤等，且不限于此。

（2）严格性。所有功能（子）组应符合热力系统实际运行要求，包括该系统内的仪表、测点投入；联锁及保护投入；过程中的子组投入/退出不引起系统冲击；各系统串/并联启动衔接合理省时；系统投撤过程符号电厂集控运行规程及运行人员操作习惯等。

（3）精确性。所有子组串联的启停程序能良好地反映系统动态过程，具有较高的动态精确度，能够实现对热力系统及对象的连续、实时的控制，控制效果与实际机组手动启停工况一致，操作环境应保证简洁高效。

（一）APS 总体设计

1. APS 总体框架

依据超临界燃煤机组的运行方式，设置若干断点，实现全部辅助设备及主机的一键启停功能。APS 可划分为启动过程和停机过程两大主体，每个主体中又可细分为子组功能级和设备控制级功能组，APS 组织结构示意图见图 1-1。

APS 组织结构采用金字塔形分层，总体上为四层结构，即机组控制级、功能组控制级、功能子组控制级和设备控制级。

（1）机组控制级。机组控制级执行最高控制任务，是 APS 的核心部分，包括启动方式预选和协调（冷态、温态、热态、极热态）、整厂启停程序管理、基于 CRT 的操作界面、运行方式切换等。

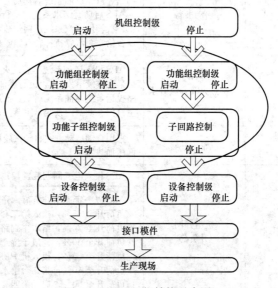

图 1-1　APS 组织结构示意图

（2）功能组控制级。功能组控制级是 APS 的基础，其主要任务为管理子系统的启停，控制对象为子系统的具体设备或子环。每个系统间互相独立，可由运行人员手动激活，执行子系统的单独运行或停运。该级控制只负责系统的启停，设备的条件闭锁、联锁及保护功能由设备控制级完成，其又可细分为功能组控制、功能子组控制和子回路控制三个层次，与机组控制级相连，接受上级控制或同级控制系统指令自动启动或以手动方式启动。其中功能组接受机组级控制决定子组投入时间、投入哪个功能子组和是否进入备用状态。功能子组接受功能组指令，决定子回路投入及时间。功能子回路接受子组来的命令，将子回路控制设定为要求的运行方式。

（3）设备控制级。设备控制级接受功能组或子组命令，同时接受生产过程各种信号，进行处理分配、监视、报警、计算、保护和联锁，以及所有执行机构以及控制操作信号的产生和转化，包含开环和闭环控制。

2. 断点设计

限于目前火电机组整体控制和运行管理水平，真正意义上的一键启停尚未有实际应用，而采用断点控制的方式较为理想。所谓断点方式，就是将 APS 启停过程分为若干个顺控子功能来完成，每个断点的执行均需要人为确认才开始。另外，各个断点既相互联系又相互独立，只要条件满足，各个断点均可独立执行，如机组启动定速后，有时候需要打闸再冲转，有时候要进行超速试验等，采用断点方式时，只需要从汽轮机升速断点开始执行即可用 APS 继续执行下去而无需从头开始。

APS 启停过程的断点设置见表 1-2。

表 1-2   **APS 启停过程的断点设置**

序号	设计内容	概　述
		启 动 过 程
1	启动准备	APS 投入凝结水补给水、闭式循环冷却水、循环水启动功能组；磨煤机及旁路油站、汽轮机油系统启动功能组、辅助蒸汽系统、炉底水封及水渣系统。 APS 启动凝结水系统、进行凝结水冲洗，水质合格后，除氧器上水、炉水泵注水、投辅助蒸汽系统、锅炉疏水排汽、管道静态注水、投汽轮机轴封抽真空、第一台给水泵汽轮机冲转升速暖机、除氧器加热、锅炉上水冷态循环清洗
2	锅炉点火及升温升压	APS 投入风烟系统，启动火检冷却风机，给水自动（25%BMCR，BMCR 为锅炉最大连续蒸发量），进行燃油泄漏试验，炉膛吹扫，高压缸预暖；油枪点火，旁路投运，抗燃油系统启动，投运定子冷水系统，热态清洗，锅炉升温升压，高压主汽门、调节门预暖，主蒸汽达到冲转参数
3	汽轮机冲转	采用自动启动方式自动汽轮机控制（ATC）冲转，转速大于 1500r/min 后投入低压加热器
4	机组并网升负荷	APS 投入电气同期装置，并网带初负荷 APS 以一定速率升负荷，完成旁路切换； 负荷升至 15%，投入第二套制粉系统； 负荷升至 20%，给水主副路切换； 负荷升至 30%，完成干湿态转换，投入第三套制粉系统； 负荷升至 35%，投入机炉协调控制、高压加热器，第二台给水泵汽轮机冲转； 负荷升至 40%，第二台给水泵汽轮机并入给水控制；退油枪或点火装置； 负荷升至 50%，启动第四套制粉系统，目标负荷 60% 完成启动

续表

序号	设计内容	概　　　述
		停　机　过　程
1	降负荷	设定目标负荷45%，以一定速率降负荷至45%，第一台汽动给水泵退出；至40%停运第三套制粉系统；至35%退出协调控制；至25%干湿态转换；停运倒数第二套制粉系统，第一套制粉系统处理至最小，非等离子模式下退出最后一套制粉系统
2	机组解列	汽轮机跳闸，发电机解列
3	机组停运	停运燃烧器、风烟系统、底渣系统、关闭高中压主汽门前疏水，启动真空停运功能组，破坏真空，启动轴封停运功能组，停运一台循环水泵

（1）依据上述断点设计完成系统启动的过程。机组启动前，启动准备断点确认项目（不限于以下项目）见表1-3，机组启动准备断点完成条件见表1-4。

表1-3　　　　　　　　　　　　　　启动准备断点确认项目

序号	项　　　目	序号	项　　　目
1	磨煤机油站、给水泵汽轮机油站、旁路油站检查	6	凝结水精处理系统检查
2	润滑油系统、密封油系统及顶轴油系统检查	7	高压加热器水侧检查
3	氢气系统检查	8	轴封与真空系统检查
4	锅炉汽水系统、炉底水封及渣水系统检查	9	汽动给水泵、炉水泵检查
5	除氧器加热检查	10	进行设备预选，确认APS模式选择正确

表1-4　　　　　　　　　　　　　　启动准备断点完成条件

序号	条　　　件
1	任意一台凝结水输送泵运行并联锁投入，延时15s
2	任意一台闭式水泵运行并联锁投入，延时15s
3	汽轮机辅助系统顺序控制完成
4	空气压缩机已启动并锅炉、汽轮机已用空气压力正常
5	六大风机（送风机、一次风机、引风机、增压风机、密封风机、稀释风机）及AB磨煤机油站启动
6	凝汽器补水调节门自动投入
7	任意一台循环水泵运行，延时5min
8	运行手动确认炉底水封及渣水系统投入且状态良好
9	任意一台凝给水泵已运行且出口门开，延时5min
10	凝结水冲洗及除氧器上水顺控执行完毕或被旁路
11	运行手动确认锅炉循环水泵注水完成
12	疏水扩容器（为两位式气动门）已开，辅助蒸汽疏水扩容器至机组排水槽电动门全开
13	辅助蒸汽满足要求，或辅助蒸汽顺控执行完毕
14	除氧器加热顺控执行完毕，或除氧器温度大于100℃&辅助蒸汽至除氧器，加热电动门开，延时5min
15	任意一台给水泵汽轮机在盘车，延时3min；或被旁路
16	任意一台真空泵在运行并轴封供气门未关且真空大于50kPa，延时10min
17	运行确认汽动给水泵已启动且运行正常
18	分离器水位大于5m，延时10min
19	运行确认炉水水质合格

（2）点火及升温。该断点启动前需要确认的项目（不限于以下项目）见表1-5，锅炉点火升温断点完成项目见表1-6，锅炉点火升温断点主要任务见表1-7。

表1-5　　　　　　　　　　　　锅炉点火升温断点确认项目

序号	确认的项目	序号	确认的项目
1	锅炉风烟系统检查	7	脱硝、脱硫系统检查
2	除灰系统检查机操作票确认	8	抗燃油系统、定子冷却水系统检查
3	六大风机及油站检查	9	制粉系统启动前检查
4	汽轮机疏水系统检查	10	电除尘投运情况确认
5	炉前油系统检查	11	汽水取样系统检查
6	等离子系统检查		

表1-6　　　　　　　　　　　　锅炉点火升温断点完成项目

序号	完成的项目
1	送引风机运行，延时15s，脱硝系统（SCR）稀释风机及声波吹灰器启动
2	泄漏试验成功，或泄漏试验被旁路
3	炉膛吹扫结束
4	等离子系统恢复功能程序执行完毕
5	跳闸阀及回油阀打开并且燃油压力合适，延时30s
6	任意一次风机已启动且出口门全开
7	汽轮机（SGC）已启动正常
8	空气预热器吹灰管道疏水已完成
9	空气预热器吹灰顺控已执行
10	运行点火已释放
11	点火顺控已执行完毕，油火检及煤火检存在（区分点火模式），且分离器温度大于105℃
12	旁路温度、压力自动投入，凝汽器喷水阀打开
13	确认锅炉疏水门已关闭
14	主蒸汽压力参数达到汽轮机冲转条件（冷态、温态、热态、极热态）

表1-7　　　　　　　　　　　　锅炉点火升温断点主要任务

序号	主要任务
1	完成送风、引风、空气预热器及其辅助设备的风烟系统的启动
2	完成火检冷却风系统启动
3	完成炉膛吹扫
4	完成锅炉油系统捡漏
5	复位主燃料跳闸（MFT），为锅炉点火做好准备
6	启动等离子系统恢复功能
7	建立炉前燃油循环
8	按启动方式启动一次风机
9	投入空气预热器吹灰
10	按照选择的点火方式进行锅炉点火，投入第一套制粉系统

续表

序号	主　要　任　务
11	投入旁路压力及温度自动，开凝汽器喷水阀，煤量至30t
12	投入锅炉疏水系统联锁
13	投入第二套制粉系统
14	进行第二台汽动给水泵暖机
15	按照启动曲线进行升温升压至冲转参数

锅炉点火完成后进入升温升压。升温升压的主要任务是完成锅炉升温升压直到汽轮机具备冲转条件。升温升压主要由第一套制粉系统完成，MCS根据升温升压曲线调节锅炉负压、一次风压、送风量等，FSSS根据锅炉负荷要求自动完成油枪投入工作，旁路系统适时参与调节主蒸汽、再热蒸汽压力、流量，根据冷热态各自启动曲线配合锅炉完成升温升压。期间适时完成抽真空、汽轮机轴封供汽，直到主蒸汽达到汽轮机冲转条件。

（3）冲转及并网。汽轮机冲转部分具体步序见表1-8。

表1-8　　　　　　　　　　汽轮机冲转步序

序号	步　　序
1	投入汽轮机各阀门组的子环
2	投入汽轮机限制控制器
3	投入汽轮机本体疏水子环
4	开启汽轮机调节前疏水门
5	启动汽轮机润滑油泵检查顺控子组
6	检查汽轮机主汽门打开前的各项条件合格
7	检查蒸汽参数
8	设置初始负荷
9	确认高压缸排气通风阀关闭状态，监视时间30s
10	手动释放蒸汽品质选择
11	开调节门，汽轮机冲转至暖机转速
12	退出蒸汽品质合格确认子环
13	准备升至额定转速前，设定汽轮机调节门阀限，检查汽轮机暖机效果
14	汽轮机升至额定转速
15	所有主汽门前疏水阀、电磁阀关闭，所有调节门前疏水阀、电磁阀关闭
16	退出额定转速释放子环
17	保持汽轮机在额定转速运行，以便暖透汽轮机中压缸部分
18	向分散控制系统（DCS）发送允许发电机并网信号
19	放开汽轮机调节门的开度限制，汽轮机调节门参与负荷控制
20	压力控制方式切换至初压方式

锅炉升温升压完成，蒸汽达到汽轮机冲转条件，APS进入汽轮机冲转断点。汽轮机冲转断点完成汽轮机冲动、低速暖机与检查、中速暖机直到3000r/min定速为止。汽轮机冲转主要由DEH完成，由APS发出汽轮机复位、挂闸、冲转、暖机、阀切换、

3000r/min 定速等指令。汽轮机完成冲转达到 3000r/min 定速，具备机组并网条件，APS 可以进入机组并网断点。并网断点主要完成发电机的起励、自动同期、汽轮机带初始负荷。断点任务主要由电气的自动同期功能组和 DEH 的汽轮机自动初始负荷控制完成。

汽轮机冲转断点启动允许条件及完成条件见表 1-9。

表 1-9 汽轮机冲转断点启动允许及完成条件

序号	条件
汽轮机冲转断点启动允许条件	
1	锅炉点火升温断点启动完成，至少两套制粉系统投入
2	锅炉升温升压完成，主蒸汽压力达到汽轮机冲转条件（分冷、温、热、极热态）
3	汽轮机辅助油泵运行，润滑油压力正常
4	抗燃油泵运行，抗燃油母管压力正常
5	空、氢侧密封油泵运行
6	定子冷却水泵运行
7	汽轮机盘车运行
8	汽轮机转速大于 20r/min
9	汽轮机轴封压力正常
汽轮机冲转断点完成条件	
1	汽轮机转速大于 2970r/min
2	DEH 汽轮机冲转完成
3	压力控制方式切换至初压方式

（4）机组升负荷。机组升负荷断点主要任务见表 1-10；机组升负荷断点完成条件见表 1-11。

表 1-10 机组升负荷断点主要任务

序号	主要任务
1	根据机组负荷要求，BMS 完成第三、四套制粉系统的投入
2	完成并泵控制，2 台汽动给水泵投入
3	完成送风、燃烧、给水、蒸汽温度等相关调节系统的自动投入，直到投入协调控制系统
4	完成除氧器、汽轮机轴封供汽汽源的自动切换
5	完成厂用电切换等

表 1-11 机组升负荷断点完成条件

序号	完成条件	序号	完成条件
1	厂用电切换完成	4	自动并泵已完成，两台汽动给水泵运行
2	高压加热器投入	5	协调控制方式已投入
3	给水旁路调节门退出，主给水切换完成		

升负荷断点从机组并网带上初始负荷开始到两台汽动给水泵投入。这个过程为 APS 任务最大、最多、最繁重的断点。汽轮机投高压加热器，锅炉启动第三、四套制粉系统，

燃烧、主蒸汽温度、再热蒸汽温度等调节系统的自动投入，协调系统的投入，电气厂用电的切换都是在这个断点完成。升负荷断点过程控制的关键点包括：辅助蒸汽及管道的暖管、给水泵汽轮机的暖机及冲转、除氧器的投用、锅炉上水及建立水循环、磨煤机的预暖及点火控制、无电动给水泵全程给水控制，自动并泵及给水控制方式的切换、汽轮机的冲转等。

（5）降负荷。降负荷断点执行前，应确认 APS 停机方式选择正确，相关系统就地检查完成，相关闭环回路及设备备用选择正常。

在执行降负荷操作时，需要确认的条件包括：①高压加热器汽侧系统检查完毕；②机组处于协调控制模式，负荷大于 40％；③燃油跳闸阀打开；④高旁压力调节门、温控阀、给水旁路调节门、360/361 阀自动备用状态；⑤凝结水补给水调节门、闭式冷却水箱凝补水调节门、凝汽器水位主副调节门、除氧器水位主副调节门、汽动给水泵控制、引风机导叶控制、送风机动叶控制、轴封溢流站调节门、辅助蒸汽至轴封减温水调节门、辅助蒸汽至轴封压力调节门、低压轴封喷水调节门、发电机定冷水温控阀、发电机定子冷却水压力调节门、一次风机动叶、低压加热器水位调节及危急疏水、润滑油冷却器温控阀均在自动位。

（6）停机过程的确认项目及完成条件。机组从额定负荷执行停机程序，机组开始按照预定速率减负荷，在设定负荷点进行停运制粉系统及汽动给水泵，包括干湿态转换，至低负荷区域投入油枪或等离子点火装置，继续降低机组出力至停机点汽轮机打闸、发电机解列，之前汽轮机油系统投入运行。最后停运全部制粉系统及燃油系统，锅炉 MFT。锅炉熄火后，逐步停运风烟系统、给水系统、凝结水系统、真空及轴封系统、循环水系统直至所有辅助系统停运。

停机过程有两种模式供运行选择：不保留凝结水停机模式和保留凝结水停机模式。

1）不保留凝结水停机模式用于长时间停机，包含减负荷、滑参数、汽轮机停机、停辅助系统、破坏真空、停轴封，最终将所有设备停运。

2）保留凝结水停机模式用于暂时性停机，保留凝结水系统、真空及轴封系统、油系统运行，其余设备停运，等待机组再次投运。

（7）机组解列及停运。机组解列断点中将进行汽轮机打闸，检测内容有发电机出口开关断开，相应汽门及抽汽门关闭，汽轮机打闸后由旁路接管蒸汽压力控制。

机组停运断点的启动允许条件包括：①发电机出口开关断开，汽轮机跳闸；②高压旁路压力调节门、温度调节门、凝结水补给水箱补水调节门、闭式冷却水箱凝结补结水调节门、凝汽器水位主副调节门、除氧器水位主副调节门、给水旁路调节门、360/361阀、引风机导叶控制、送风机动叶控制均在自动。

（二）APS 设计

1. APS 管理逻辑设计

自启停控制系统上层公用管理逻辑包括了：

（1）APS 投入允许条件：手动确认 APS 启动前外围相关系统已经正常。

（2）APS 投入：当 APS 已撤出且投入允许条件已满足的情况下可手动投入。

（3）APS 退出：满足下列条件之一时退出 APS：

1）手动退出。

2）APS 启动模式下升负荷断点完成，延时 5s。

3）APS 停止模式下机组停运断点完成，延时 5s。

4）非机组停运断点执行时发生 MFT。

5）非机组解列断点执行时发生汽轮机跳闸。

6）发生辅机故障减负荷（Run Back，简称 RB）。

（4）APS 启停模式选择：相互闭环复位。

（5）机组启动状态判断：当启动模式选择后，APS 根据汽轮机的调节级金属温度判断汽轮机的四种启动状态。当锅炉点火时，APS 根据汽水分离器温度判断锅炉的启动状态。

（6）APS 启停目标断点选择：当启停模式被选择后，可手动对未完成的断点选择执行，并复位原被选中的断点。

（7）APS 断点执行相互闭锁。

2. APS 与其他系统接口

APS 是机组自启停的信息控制中心，它按规定好的程序发出各个设备/系统的启动或停运命令，并由以下系统协调完成：MCS、CCS、炉膛安全监视系统（FSSS）、DEH 系统、SCS、给水全程控制系统、燃烧器负荷程控系统及其他控制系统，以最终实现发电机组的自动启动或自动停运。

APS 是一个机组级的顺控系统，充分考虑机组启停运行特性、主辅设备运行状态和工艺系统过程参数，并通过相关的逻辑发出对其他顺控功能组、FSSS、MCS、汽轮机控制系统、旁路控制系统等的控制指令来完成机组的自启停控制。作为基于 MCS、BMS、SCS、DEH、MEH、ECS、BPS 之上的机组级管理、调度系统，实现 APS 与这些底层控制系统的无缝连接是实现机组自启停功能的关键。因此，APS 的接口设计要求规范统一，方便系统间的信息交互及调用，以实现这些底层系统之间的相互响应，这些接口设计的好坏将直接影响 APS 执行的可靠性和有效性。

（1）APS 与 MCS 接口。MCS 将根据机组各工况、各系统设备的投切情况、运行状态与取自工艺系统的温度、压力、流量、负荷等过程参数做综合判断，实现自动调节系统的自举（手自动切换）功能。根据各启动方式按主设备厂商提供的参数、曲线和以往的经验曲线、参数实现模拟量调节系统的定值自动给定、自动调节。

在启机、暖炉阶段，主要调节轻油流量来控制锅炉的升温升压，汽轮机旁路系统起辅助调节作用。暖炉完成，开始投入制粉系统。制粉系统超过两层后，燃料主控和锅炉主控投入自动，然后 APS 发出 DEH 投遥控指令。DEH 投入遥控后汽轮机主控投入自动，机组进入 CCS 协调控制方式。机组将根据预先设定的目标负荷与升负荷率自动升负荷。

在 CCS 协调控制方式下，燃料主控根据锅炉负荷请求指令自动调节给煤机的转速，增加给煤量，满足机组对燃料的用量请求。通过 CCS 来的负荷请求，燃烧系统依照锅炉煤量与机组负荷曲线；计算锅炉燃料需求量，然后向 BMS 发出煤层增减请求信号，BMS

接收该信号后，根据锅炉燃烧启停管理要求，自动投入相应的煤层。减负荷过程与之相反。

1）锅炉侧模拟量控制回路及控制关键见表1-12。

表 1-12　　　　　　　　　　锅炉侧模拟量控制回路及控制关键

序号	控制回路	控制难点
1	引风机导叶控制	第二台并入系统调平时，防止负压扰动； 顺控关停时，关闭导叶为慢关，防止扰动； 顺控全停时，强开导叶强制通风； 一用一停时，强关停运侧的导叶
2	送风机动叶控制	第二台并入系统调平时，防止风量扰动； 顺控启动时，若锅炉MFT存在，动叶需预制开度值，吹扫完成后方可投入自动； 顺控全停时，强开动叶强制通风； 一用一停时，强关停运侧的动叶
3	给煤机控制	布煤完成后，尽量缩短在最小给煤率下长时间运行； 从最小煤量至初煤量需考虑设定合理的速率； 投/撤给煤自动，偏置的消除速率需合理设定
4	磨煤机热风挡板控制	暖磨过程中，温度升高速率需设定，PID需区别于带煤运行工况； 停顺控时关闭热风挡板，需设定速率，减小对母管一次风压的干扰
5	磨煤机冷风挡板控制	自动吹扫需置位开度，暖磨过程时需配合热风调节； 停顺控时需置全开吹扫降温
6	给水再循环流量调节门（360阀）控制	循环水泵启动初期，需设定开度上限； 锅炉冷态清洗时，需设定开度上限
7	分离器水位调节门（361阀）控制	防止开环调节引起水位剧变，对该阀开关设置不同速率
8	一次风机入口动叶控制	第二台并入系统调平时，防止一次风压扰动； 投入、退出磨煤机机组后，一次风压设定值变化，需设定速率
9	二次风门控制	制粉系统投入一定时间后，二次风控制需投入； MFT、吹扫、建立空气通道、油层投入、煤层投入，需考虑预置不同开度； 不同煤层停运，需设置该层风门不同的预置开度

2）汽轮机侧模拟量控制回路及控制关键见表1-13。

表 1-13　　　　　　　　　　汽轮机侧模拟量控制回路及控制关键

序号	控制回路	控制难点
1	高压旁路蒸汽压力调节门	未至冲转压力前，蒸汽压力设定值、预置值根据机组冷热状态需设置合理； 联锁保护开关阀门需设定速率
2	高压旁路温度调节门	投入自动时需预设初始温度设定值
3	辅助蒸汽至除氧器压力调节	需增加除氧器加热升温率控制回路 高负荷段，除氧器进入滑压方式，压力升高，调节门关闭
4	汽轮机轴封压力调节	轴封投运后，即投入自动运行，三路调节的设定值不同
5	给水泵汽轮机轴封压力调节	汽轮机轴封压力大于某一定值后，该回路切入自动

序号	控制回路	控　制　难　点
		凝结水变频及除氧器水位调节系统
1	凝结水再循环阀控制	凝结水泵变频控制后，需优化再循环阀控制，降低凝结水泵低转速空蚀流量；回路设定值随转速降低而减小；提高凝结水母管压力，凝结水管道注水预置开度值 0%，凝结水排放时预制开度 30%，在凝结水泵投入自动后，该回路切自动调节
2	除氧器副调的水位调节	副调时手动设定，主调或变频调节液位时，设定值以一定速率切换至目标设定；除氧器上水、加热、启动凝结水泵、副调冲洗、管道注水时需考虑不同预置开度值；升负荷预置设定值，主副调切换时需以一定速率关闭副调；降负荷时过程相反；母管压力低时，禁止开大，防精处理撤出；凝结水流量低于负荷要求时，禁止关小
3	除氧器主阀调节控制	25%～45%负荷段，主阀三冲量调节水位，凝结水泵变频控制母管压力；45%负荷以上，两台凝结水泵变频调节除氧器水位，主调切换至单冲量母管压力调节；主调设定值在压力和水位切换时需设定较慢的速率，之前需要相互跟踪；主调调节母管压力时，需设置压力控制死区，防止频繁动作；主调调节压力时，若除氧器水位波动大，为防止压力过低撤出精处理，需设定主调调节压力下限
4	凝结水泵变频调节	负荷低于45%或单台运行时，变频控制母管压力；主、副调调节水位时开度80%以上，需考虑凝结水变频稍微抬升母管压力设定值；反之若开度小于5%需降低设定值；并/退泵过程需参照送、引风机设置调节平衡回路

（2）APS 与 BMS 接口。在风烟系统启动与锅炉点火阶段，BMS 接受 APS 来的指令，自动完成炉膛吹扫、油系统检漏、锅炉点火工作。

BMS 根据锅炉燃烧器启停管理要求，以及锅炉煤量与机组负荷曲线、煤量负荷曲线，设计有锅炉轻油枪自动投运、切除功能组，煤层自动投运、切除功能组，接收 APS、MCS 来的煤层增减请求指令，自动完成相应煤层、轻油枪的投切任务。

在点火、升温升压阶段，燃烧系统先点轻油暖炉，然后投入磨组自动增加数量功能组，MCS 投入轻油流量自动控制，两者密切配合，完成锅炉升温升压。

机组并网，接收 APS 来的指令，MCS 燃料主控、锅炉主控、汽轮机主控适时投入自动，机组进入 CCS 运行方式。此时，投入磨组自动增加数量功能组，同时轻油枪自动投运功能组退出，轻油枪停止投运工作。磨组自动增加数量程序与 CCS 配合，完成机组的升负荷，直到满负荷。停机过程则相反，先投入磨组数量自动减功能组，直到磨煤机机组全部退出，磨煤机机组全部退出后，投入轻油枪数量自动减功能组，也是退到只剩下两只枪为止。最后两只由锅炉 MFT 切除。

（3）APS 与 SCS 接口。SCS 是 APS 自启停投入的重要基础，SCS 功能组接受来自 APS 的启动指令，根据大量的条件判断、时间延时、逻辑联锁、互动等完成各相应设备、子系统、系统的启动与自动退出，并向 APS 反馈执行信息与动作情况，最终实现整个机组的全面自启停、自动控制。

（4）APS 与 DEH 系统接口。APS 要求 DEH 系统能够投入 ATC 控制。在 APS 自动启机过程中，DEH 系统将在 APS 的调度下自动完成汽轮机复位、挂闸、冲转、低速检查、中速暖机、3000r/min 定速、并网带初始负荷、升负荷到 30%、然后投入协调。

在 APS 停机过程中，DEH 系统将配合 APS、CCS 完成机组减负荷、解列、汽轮机遮断等工作。

DEH 系统接收来自 APS 的接口信号主要有：APS ON 状态、目标负荷或转速、负荷升或降速率、汽轮机挂闸指令、汽轮机 GO 指令、汽轮机 HOLD 指令、汽轮机遮断指令、远方危急遮断控制系统（ETS）复位指令。

DEH 系统向 APS 发送的信号主要有：主蒸汽压力、再热蒸汽压力、发电机功率、汽轮机转速、主蒸汽温度、再热蒸汽温度、冷态启动方式、温态启动方式、热态启动方式、极热态启动方式、汽轮机复位信号、汽轮机遮断信号、汽轮机冲转允许、DEH 系统处 APS 控制方式、DEH 系统处 ATC 控制方式、选择自动同期方式、GV 阀控制方式、主汽门全开、TV 到 GV 阀切换、自动同期允许、冲转完成、DEH 系统升负荷允许、DEH 系统减负荷允许、功率控制方式。

（5）APS 与 BPS 接口。旁路系统在 APS 自启停过程中也起着十分重要的作用，在锅炉点火后、汽轮机冲转前，旁路系统根据启动方式（冷态、温态、热态、极热态）自动给定主蒸汽压力，配合锅炉完成升温升压过程。在汽轮机冲转时 DEH 系统自动闭锁旁路关闭，旁路系统退出。

（6）APS 与 MEH 接口。MEH 与 APS 的接口主要在 MEH 与汽动给水泵功能组、MEH 与 MCS 中实现。汽动给水泵功能组接收 APS 来的启动指令后，发出汽动给水泵前置泵启动、进出口阀开关指令，然后复位给水泵汽轮机、给水泵汽轮机冲转、暖机，直到给水泵汽轮机冲转完成，交给 MCS 遥控。MCS 自动完成并泵功能。

MEH 接收来自 APS 的接口信号主要有：APS ON 状态、目标转速、升速速率、给水泵汽轮机挂闸指令、冲转指令、给水泵汽轮机遮断指令、远方汽轮机跳闸保护系统（ETS）复位指令。

MEH 向 APS 发送的信号主要有：给水泵汽轮机转速、给水泵汽轮机复位信号、给水泵汽轮机遮断信号、给水泵汽轮机冲转允许、MEH 处 APS 控制方式、给水泵汽轮机主汽门全开、冲转完成。

3. APS 操作画面设计

在 APS 操作主界面上选择 APS 启动时，相应的断点条件应满足，点击调出操作面板，即可执行相应的断点。各断点执行的内容均在面板上显示出来，通过点击还可进入到相应的功能子组画面。APS 启动操作画面不仅是一个运行操作画面，还是一个运行操作指导的画面，APS 操作执行的过程及相应的子功能组执行过程在画面中一目了然。当 APS 执行过程中遇到故障时，操作画面能直观地显示故障出现的子功能组及相应的执行步，能立即找到故障所在的部位，以便消除故障使 APS 继续执行下去。APS 人机接口界面层次结构大概划分为：

（1）APS 总画面。机组控制级的操作和控制信息，包括启动/停止模式画面、启停总画面。其中启停总画面包括了 APS 启动条件的确认、投入和退出管理、启动/停止模式选择、断点选择、断点状态、断点各步序状态。

（2）APS断点画面。APS断点画面包括断点的启动条件、完成条件、各个步序的指令和反馈条件。断点的操作画面包括：手/自动、启动、步进、跳步、复位、确认七个按钮，同时按钮上方有状态显示，包括启动运行、自动执行、手动执行、断点启动、断点执行步序、执行步序剩余时间、断点执行故障、断点执行成功等。

（3）APS功能组画面。一般为弹出式窗口类型，与断点画面类似。

4. APS功能组设计

SCS是APS自启停投入的重要基础，SCS功能组接受来自APS的启动指令，根据大量的条件判断、时间延时、逻辑联锁、互动等完成各相应设备、子系统、系统的启动与自动退出，并向APS反馈执行信息与动作情况，最终实现整个机组的全面自启停、自动控制。功能组设计原则如下所述：

（1）根据工艺系统启停流程划分。

（2）功能组启动允许条件一定要严格周密。

（3）功能组的完成条件不仅仅是一些设备状态的组合，还应包含工艺流程参数，真实反映系统投运状态。

（4）功能组启动方式分上一级自动触发或手动执行，无论哪种方式都需满足允许条件。

（5）采用步序控制，应包含启停、跳步、暂停、故障监视处理、执行状态反馈等功能区域。

（6）执行过程中出现设备保护联锁指令应中断工作。

（7）对于一用一备的设备，应提供预选操作。

对超超临界机组而言，自动启停控制系统所涉及的功能组至少包括的内容见表1-14。

表 1-14 超超临界机组 APS 涉及的功能组至少包括的内容

功能组	序号	内　　容
汽轮机侧功能组	1	凝结水补结水系统启动功能组
	2	闭式循环冷却水系统启动功能组
	3	汽轮机油系统功能组
	4	发电机密封油系统功能组
	5	高压加热器启动功能组
	6	低压加热器水侧投入、退出功能组
	7	汽动给水泵启停功能组
	8	循环水泵启动功能组
	9	凝结水系统启动功能组
	10	汽轮机调节门预暖功能组
	11	轴封及抽真空系统功能组
	12	给水管道注水功能组
	13	凝结水上水功能组
	14	凝结水正常和排放模式切换功能组
	15	辅助蒸汽系统功能组
	16	除氧器加热功能组

功能组	序号	内　　　容
锅炉侧功能组	1	风烟系统启停功能组
	2	等离子系统准备功能组
	3	制粉系统准备功能组
	4	A、B、C、D、E、F煤层启停功能组
	5	锅炉冷态循环冲洗功能组
	6	锅炉底渣系统功能组
	7	锅炉上水及开式清洗功能组
电气侧功能组	1	自动并网功能组

5. APS工作票设计

配合机组APS程序，实际应用中需要制定详细实用的系统投运检查清单及操作票，在执行APS的每个断点程序前，按照检查清单逐个确认系统的投运条件是否满足要求，尤其对于手动设备的位置及冗余设备的首启选择进行确认，同时在程序执行过程中，确认若干设备及参数的状态是否正常，具体内容如下：

（1）凝结器输水系统启动操作票。

（2）闭式循环冷却水系统启动操作票。

（3）主机润滑油顶轴油系统启动操作票。

（4）密封油系统启动操作票。

（5）发电机定子冷却水系统检查与定子冷却水泵启动确认操作票（适用于不充氮）。

（6）循环水系统检查及投运（适合首次顺控启动泵）操作票。

（7）凝结水系统检查及顺控启动（含7、8号低压加热器及疏水冷却器汽侧）。

（8）辅助蒸汽系统检查及辅助蒸汽系统顺控启动。

（9）投轴封及抽真空前检查及启动顺控操作票。

（10）空气预热器启动前检查及顺控启动操作票。

（11）引风机启动前检查及顺控启动操作票。

（12）送风机启动前检查及顺控启动操作票。

（13）一次风机启动前检查及顺控启动操作票。

（14）炉燃油泄漏试验和投运及炉膛吹扫操作票。

（15）制粉系统启动前检查及顺控启动操作票。

第二节　APS　说　明

APS控制的范围为汽轮机、锅炉、发电机所有纳入DCS控制的设备，利用APS程序，实现从所有设备全停至机组带60％负荷的一键启动任务。从整个系统上分为7个断点，按照既定顺序逐个由运行人员激活，这7个部分是相互独立的，但又是前后关联的，后面的步序必须基于之前的系统投运情况。设计的原则是尽可能少的利用断点、手动确认与干预，尽可能的缩短机组启动时间，尽可能的提高机组运行经济性，尽可能的提高设备运行的可靠性。针对一些手动设备如手动阀等，涉及疏水、放气、暖管等重要步骤，又影响安全性的，则设置干预点、确认点，由运行人员确保步骤执行到位，对于一些没有监控手段的，DCS无法确定过程参数的，需要运行手动执行或操作。

一、APS功能

APS功能是以顺控功能为基础实现的，APS主体程序下面嵌套子系统的顺序控制，子系统的控制对象为具体设备。子系统顺序功能是以实现子系统的独立启停为目标，不应包含其他系统的步骤，但必须有针对于系统投用的条件判断，对于一些会影响系统、设备安全性的条件，必须加以监控并整合至子系统顺控的启动、停止条件中，如未满足约定条件，系统限制启动。子系统的执行应预留自动操作的接口，以接受上一级功能组的指令进而自动执行所需要的操作步骤。对于子系统下面的具体设备，子系统顺控功能只承担设备的启停操作，设备的启停允许条件、保护功能由设备级的控制功能自身完成，设备的启停允许条件由子系统顺控组在步骤中体现，在顺控步骤中应有针对性的在设备启动步骤之前将所需的条件一一执行完毕。一方面是为了设备启动的可靠性，同时也是为了顺控功能执行的连续性，如果保护信号存在、或启动条件不满足，设备将无法正常启动。

顺控中如果涉及自动投入闭环回路的，则需要在顺控步骤中对设定值进行操作和跟踪，步序执行完成后设定值应该在合理范围，然后释放设定值的跟踪，由运行人员手动视情况调整。顺控功能可以实现设备、系统的启停，但之前对系统或设备做的检查与确认工作也是必须的，有些系统的投运还需要涉及就地阀门及设备的操作，因此光有一个程序还是不够的，还应该具备与之配套的运行操作程序。这关系到系统投运的安全性及连续性，在每个断点执行前都需要按照要求对操作票中的每一项进行确认，当全部条件满足后方可执行程序，这些条件的确认由运行人工完成。

APS程序还应该具备不同的模式可选，譬如油泄漏试验等操作应在程序中预留旁路选项，其他的模式切换应给运行提供接口。

涉及有备用的设备，如闭式水泵、凝结水输送泵、凝结水泵等，在顺控中只需要启动一台，那么程序中需要提供运行选择哪台设备作为首台启动设备，这些选项的选择应作为程序操作前的必备条件。

APS还应有专门画面监视所有控制设备的状态，启动前及启动中都可以加以监视，设备状态包含设备的启停状态、远方就地状态、设备电气开关状态及是否有故障，虽然这些信号操作员界面上都有，但是必须集中加以监控。

二、APS启动及滑停架构设计

APS启动架构总体框图见图1-2；APS功能子组调用步序示意图分别见图1-3、图1-4、图1-5、图1-6、图1-7；APS滑停架构总体框图见图1-8，APS功能子组调用步序示意图见图1-9。

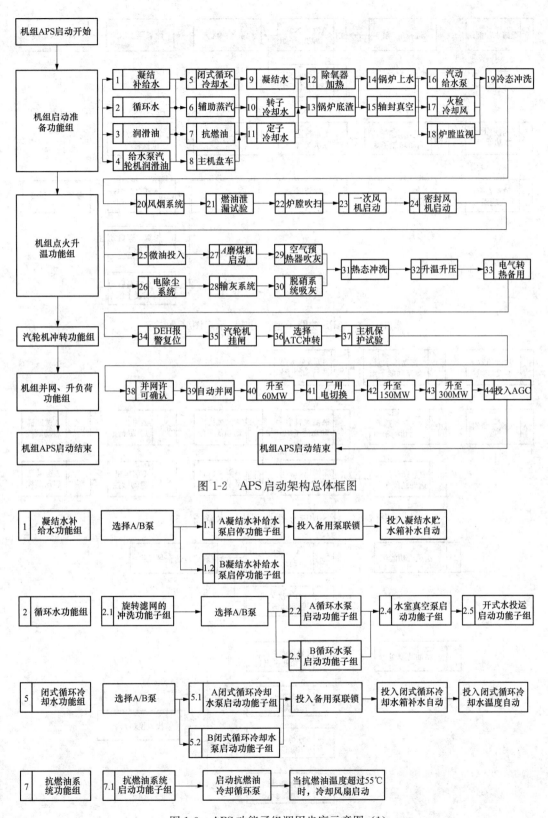

图 1-2　APS 启动架构总体框图

图 1-3　APS 功能子组调用步序示意图（1）

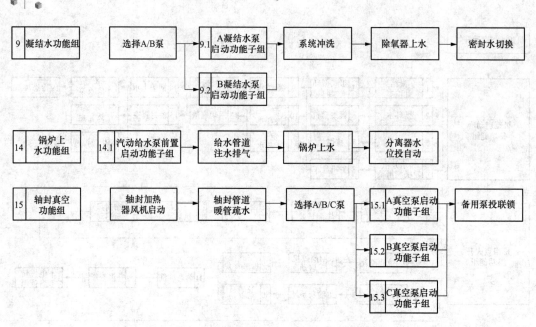

图 1-4　APS 功能子组调用步序示意图（2）

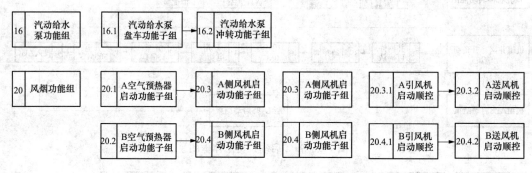

图 1-5　APS 功能子组调用步序示意图（3）

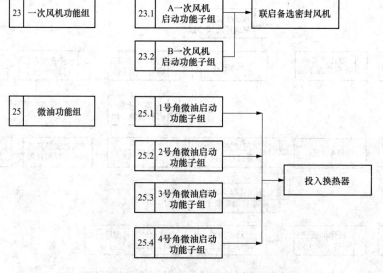

图 1-6　APS 功能子组调用步序示意图（4）

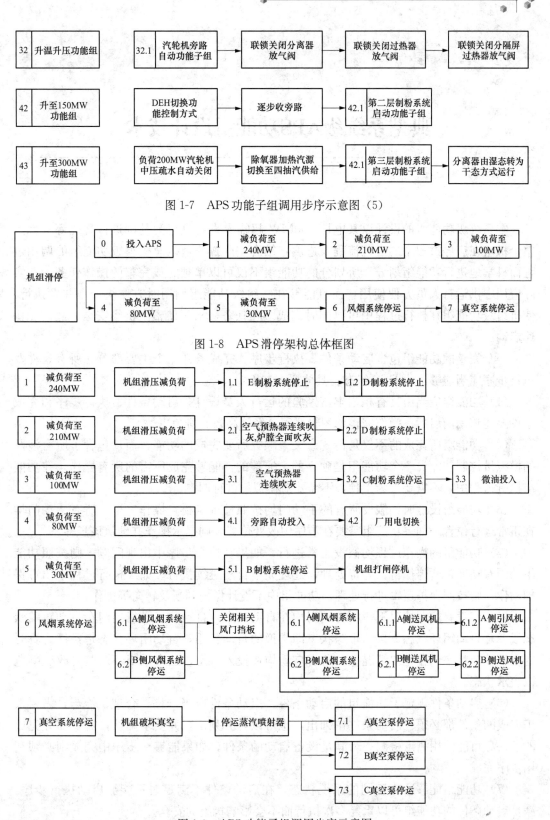

图 1-7 APS功能子组调用步序示意图（5）

图 1-8 APS滑停架构总体框图

图 1-9 APS功能子组调用步序示意图

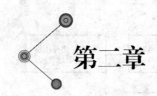

第二章

典型系统级APS功能组设计技术

本系统级功能组的设计以某电厂350MW超临界直流机组为基础进行，统筹考虑了整个机组在启停过程中的工艺流程及进度，结合实际操作，以及机组级功能组的调用过程而科学地进行功能组划分。所划分的功能组不仅可以单独完成完整的操作任务，在实际应用中供运行人员方便使用，而且能够在机组级功能组调用时方便组合，并发执行，使机组级功能组在执行过程中可以同时完成多项任务，从而使整个机组安全、经济、快速启动。

一个完整的功能组包含启动条件、执行步序、完成条件三个主要部分。所有条件及执行步序应当能够适应DCS组态。具体要求如下：

（1）功能组应当由具有相当丰富经验的运行人员设计，启动条件、执行步序和完成条件要能够承前启后、操作完整、逻辑严密、经济高效、避免事故。

（2）功能组所完成的不仅是传统意义上顺控所要完成的功能，而且包含了所有涉及的模拟量控制功能。一个功能组是独立的、完整的，能够完成所需的所有操作，在功能组执行过程中，不需要人为干预，不需要对模拟量进行调整。

（3）功能组设计时，假设所有的手动门均按照检查卡检查操作完毕，所有手动门均在正常运行位置，如果功能组需要在步序中改变位置，则提示操作并确认该步骤。

（4）功能组的操作过程均假设正常进行，如果在执行步序中出现问题，则按照功能组的固有功能，暂停执行，等待处理，处理完毕自动继续执行。如果执行过程中出现保护动作，则按照保护逻辑进行处理，功能组中不设计保护判断及转向等操作。

（5）在没有注明情况下，所有调门均在自动状态，自动状态是指调门在自动跟踪状态或者是自动闭环状态。自动跟踪状态即常说的自动备用，自动闭环状态指条件为真时的自动调节状态。在正常情况下，所有自动均在投入状态，当自动闭环调节时改变颜色以表示状态。

（6）启动条件规定了功能组的启动条件，启动条件应当严格、合理、恰当，需要人工完成的条件都必须在启动条件中列出，也可以合并列出，并要求确认；需要前导完成的条件尽可能使用测点检测；为满足设备启动的条件，如果能够在步序中完成则必须利用步序完成。

（7）功能组能够适应不同的系统状态，在启动条件不满足时不能够启动执行步序。满足启动条件的功能组可以重复多次执行而不会影响机组的安全。

（8）每一步步序发出指令后，需要检测执行结果，当满足条件后方能进行下一步操作。

（9）步序应当严格按照工艺流程的操作要求进行设计，步序能够完整地完成本工艺流程所需的所有操作，包含对模拟量的开环控制。

（10）为提高功能组可靠性，降低功能组对模拟量控制的影响，在功能组步序中应尽量不对模拟量进行控制。在步序中最好仅仅是对模拟量投入自动的过程，如果需要对模拟量进行控制，则必须在模拟量控制组态中增加此功能，以便能够实现控制过程。

（11）功能组完成条件反映出功能组是否完成所要完成的任务，是否达到执行功能组的目的，因此功能组完成条件要齐全、完整，能够充分表达功能组执行完毕后的要求。

此外功能组可以由上层 APS 功能组调用，也可以由运行人员单独操作。其单独操作画面设置有 5 个操作按钮：启动、退出、跳步、暂停、暂停复位，功能分述如下：

（1）启动。运行人员确认满足本功能子组启动允许条件后，按下启动按钮，开始执行步序。

（2）退出。该功能子组的步序指令不再发出，所属人工确认条件全部清除，已经执行完毕的设备保持原状态。

（3）跳步。当功能子组执行到某一步，因设备等原因无法满足需要转入下一步序时，跳步可以直接转下一步继续执行。

（4）暂停。该功能子组的步序指令不再发出，已经执行完毕的设备保持原状态，暂停复位后步序指令继续发出。

第一节　水补给及处理系统 APS 功能组设计

水补给及处理系统 APS 功能组设计包括了凝结水补给水及凝结水系统 APS 功能组设计、闭式水系统 APS 功能组设计和循环水、开式循环冷却水系统 APS 功能组设计三部分。

一、凝结水补给水及凝结水系统 APS 功能组设计

（一）凝结水补给水系统 APS 功能组

1. 凝结水补给水系统

化学来的补充水进入机前的凝结水储水箱，储水箱底部引出三个管路，一路通过止回门进入凝结水补给水主管道，作为机组正常运行时凝汽器补水。另外两路通过两台凝结水输送泵及出口电动门进入凝结水补给水主管路，作为机组补水异常或者需要对其他设备补水时使用。在两台泵出口止回门后，合并为一路再循环通过再循环调节门返回到储水箱。

凝结水补给水用户有凝汽器补水主管路、发电机转子冷却水补水、发电机定子冷却水补水、机械真空泵补水以及闭式冷却水系统补水。

凝结水补给水系统图见图 2-1。

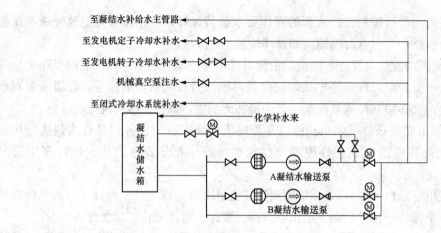

图 2-1　凝结水补给水系统图

2. 凝结水补给水系统启动控制功能与步序

凝结水补给水系统启动 APS 的功能为一键启动，启动后凝结水补给水系统自动进入正常运行状态，压力受再循环控制。在启动功能组时，是否投入用户由检查卡确定，因此在本功能组的启动条件中不包含对用户的检查。系统虽比较简单，但是在启动后需要利用凝结水补给水泵再循环维持凝结水补给水母管的压力，并且要能够防止凝汽器漏真空，这是本系统的关键问题。为防止凝汽器漏真空，必须保持储水箱一定的水位，防止水位低于再循环管口甚至泵入口管，并且在水位低于一定值时，应当关闭各电动门和调节汽门。

凝结水补给水再循环调节汽门应当具有全程控制功能，具有自动判断泵的状态、水位状态及真空状态功能，当出现异常时，能够自动打开或关闭。泵出口电动门逻辑属常规逻辑，但至少应当包括水位低于低二值、真空低时能够联锁关闭功能。

由于凝结水补给水泵的用户性质不同，启动要求不同，因此不能自动判断启动和停止，需要手动或者由 APS 启动或停止。但是由于母管压力低使备用泵联启，在母管压力高于一定值后，备用泵联停。

凝结水补给水泵启动时要求储水箱水位大于低一值，水位处于正常状态，并且系统检查卡执行完毕。

凝结水补给水系统的启动步序如下：

第一步：判断是否有凝结水补给水泵运行，如果有，则转至第四步；如果没有，则投入再循环调节门自动。

第二步：关闭凝结水补给水泵出口电动门。

第三步：启动工作位凝结水补给水泵。

第四步：投入凝结水补给水泵备用。

第五步：投入再循环调节门自动。

启动后完成条件的判断条件是至少应当包括有凝结水补给水泵运行、再循环自动投入两部分。

通过以上操作，完成整个凝结水补给水系统的投运。

（二）凝结水系统 APS 功能组

1. 功能组介绍

凝结水系统见图 2-2。考虑到在整机启动时能够并列运行各功能组，缩短启动时间，凝结水系统功能组的设计分为两个部分，以避免凝结水系统从注水到凝结水泵启动占用大量的时间，另外，将凝结水系统注水和凝结水泵启动分开也能够方便在正常运行时凝结水系统的启动。因此，凝结水系统分为凝结水系统上水和凝结水系统启动两个功能组。

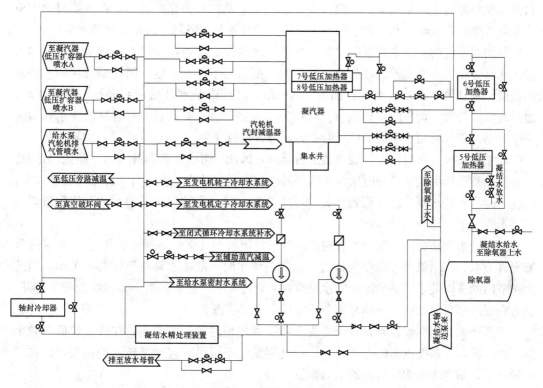

图 2-2　凝结水系统图

（1）凝结水系统上水功能组。凝结水系统上水功能组能够实现凝结水系统的注水，包含凝汽器注水、凝结水管道注水和除氧器上水三部分，能够一键启动完成。

除氧器上水设计在凝结水系统注水过程中，主要是因为除氧器属于凝结水系统的一部分，并且系统所有水均需要由凝结水提供，因此除氧器注水可以单独设计，单独完成，以缩短整体启动时间。

（2）凝结水系统启动功能组。凝结水系统启动功能组是在所有条件满足后对整体系统的启动，其启动的前提条件是凝汽器注水和管道注水完成，另外也担负部分除氧器上水的功能。

凝结水系统用于输送近乎饱和的凝结水，在凝结水输送至除氧器的过程中，经过数台低压加热器进行加热。由于除氧器后的给水泵用于向锅炉上水，当锅炉上水暂停时，凝结水泵必须能够保持除氧器液位，因此需要凝结水泵有再循环装置，在除氧器前的凝结水管路上有除氧器水位调节门。

凝结水泵有两台，为一运一备，设计了一台变频装置，变频装置只能供一台凝结水泵使用，如果需要另外一台凝结水泵使用时，必须停泵停电进行切换。在进行 APS 设计时，可以不考虑哪一台凝结水泵使用了变频装置，而由逻辑自动判断。

凝结水泵进出口设计了电动门，经过精处理装置后，一路通过再循环调节门进入凝汽器，一路作为凝结水用户母管向凝结水各用户提供用水，而主要的除氧器上水则通过轴封冷却器后经过除氧器上水调节门或除氧器上水主电动门进入低压加热系统，通过 4 台低压加热器后进入除氧器。加热器设置了主路电动门和旁路电动门，在系统启动中应当加以考虑。除氧器上水主调节门和电动门必须设置相关逻辑，防止除氧器水位过高。

凝结水系统的补水来自凝结水补给水箱，水箱内的水通过凝结水补给水泵或凝结水补给水泵旁路进入凝汽器。在启动初期，由于凝汽器不存在真空，因此凝汽器的水必须通过凝结水补给水泵打入系统。如图 2-2 所示，利用凝结水补给水泵向凝汽器补水时，通过凝汽器补水主调节门、副调节门或调节门旁路门进入凝汽器。对管路的注水则通过一个电动门进入凝结水泵出口的母管中，对母管进行注水。

凝结水系统上水时，要对凝汽器进行补水，因此要考虑凝汽器补水的三路阀门逻辑。因为涉及凝汽器可能在某些时候并不需要补水，不需要补水门投入自动或参与自动调节，因此在凝汽器补水调节门处设置了允许补水按钮，只有当按钮按下时，才允许凝汽器进行补水。

对凝结水管路的注水则需要管路系统处于封闭状态（空气门等可以开启），如果除氧器允许上水，则除氧器可以作为排气区。管路注水时，凝结水泵再循环必须关闭，因此此调节门的逻辑关系需要增加凝结水泵全停时允许关闭的逻辑，而不是传统的强制打开。只有在凝结水泵启动后，再循环调节门才投入调节状态。

再循环调节门在设计时，应当考虑变频装置使用时的调节方案，在流量较低时频率低、转速低，不需要更多的冷却流量，因此凝结水泵再循环应该是转速的函数，而在工频转速下，则应考虑相应转速的最低流量。

2. 凝结水系统上水

根据以上分析，凝结水系统上水功能组的启动条件应包含以下几个部分：

（1）凝结水系统上水检查卡执行和完毕。

（2）凝结水补给水母管压力正常且有凝结水补给水泵运行。

（3）凝结水补给水箱液位正常。

（4）凝汽器补水允许按钮已按下。

以上条件满足后，按下启动按钮或由上级 APS 调用，启动凝结水系统上水程序：

第一步：投入凝汽器水位主调节门、副调节门、凝结水泵再循环调节门、除氧器上水调节门自动。

第二步：打开凝结水泵进出口门，轴封冷却器进出口门和旁路门、7、8 号低压加热器进出口门和旁路门、6 号低压加热器进出口门和旁路门，5 号低压加热器进口门，5 号低压加热器出口门，5 号低压加热器旁路门。

第三步：关闭 5 号低压加热器出口放水门、除氧器低位放水门、除氧器放水调节门、除氧器放水调节门前电动门、除氧器放水至锅炉疏水扩容器前电动门、前置泵滤网1前电动门、前置泵滤网2前电动门。

第四步：关闭凝结水泵出口放水门、凝结水泵再循环调节门和旁路门。

第五步：开启凝补水至凝结水管道注水门，开启除氧器上水主电动门。

第六步：除氧器上水旁路调门置自动位。

凝结水系统注水时，可能需要的时间很长，因为除氧器和凝汽器都必须注水到适当位置才能满足启动要求，而且整个机炉汽水系统的用水全部都利用这两路补水，因此补水所需时间较长。为了在补水期间能够进行其他工作，因此在本功能组完成信号中，要巧妙设计，仅仅要求相应状态完成即可。

以下启动完成条件满足任何一个均可认为注水完成。

（1）以下条件相与：

1）凝结水补给水泵运行。

2）凝汽器补水允许按钮已选。

3）凝汽器补水主调节门、副调节门在自动位。

4）凝结水管道注水电动门已开。

5）凝结水泵出口放水门已关。

6）凝结水再循环调节门、旁路门已关。

7）5号低压加热器出口门开启。

8）5号低压加热器旁路门开启。

9）5号低压加热器出口放水门已关。

10）除氧器低位放水门已关。

11）除氧器放水调节门已关。

12）除氧器放水调门前电动门已关。

13）除氧器放水至锅炉疏水扩容器前电动门已关。

（2）凝结水泵运行（此条件可以防止在凝结水泵允许时启动本功能组，增加了安全性）。

3. 凝结水系统启停

本部分包含凝结水系统的启动和停运两个功能组。凝结水系统的启动功能组完成凝结水系统的完整启动，但不包括凝结水系统注水。启动功能组完成凝结水系统从准备启动到凝结水泵启动至除氧器水位正常的完整功能，不仅仅是凝结水泵的启动。凝结水泵的启动和切换不属于本功能组范围。凝结水系统的停止功能完成凝结水系统的完整停运，不是单个凝结水泵停运功能组。

由于凝结水泵具有变频功能，变频启动时，对管道系统冲击小，且在凝结水系统初次启动时，可以完成注水功能，因此在启动过程中尽量使用变频的凝结水泵启动。

凝结水系统启动功能组中，最重要的是要设计好变频、工频和除氧器上水调门控制之间的无扰切换，无论启动变频泵、工频泵，上水调节门均能够自动进行判断和迅速进入调节状态，平稳调节除氧器水位。

当运行泵跳闸后，无论运行泵为变频泵或工频泵，在备用泵联启后，均能够实现水位的平稳、自动调节。

凝结水系统启动后，能够自动进行凝结水系统冲洗，确保凝汽器、凝结水管路和除氧器水质合格。凝结水系统的冲洗能够自动进行，并且能够通过自动或手动判断水质合格而进入相应的运行状态。

除氧器水位调节门还兼具凝结水压力调节门。当凝结水泵为变频运行方式时，为防止凝结水压力过低，影响凝结水用户的使用，在变频投入过程中，除氧器上水调节门还兼具凝结水压力调节功能。

凝结水系统启动功能组的启动条件应包含以下几个部分：

（1）凝结水泵启动检查卡执行完毕。

（2）凝汽器热井水位合适。

（3）闭式循环冷却水泵 A 运行或闭式循环冷却水泵 B 运行。本条件是因为凝结水泵需要闭式循环冷却水进行冷却，是启动凝结水泵的必要条件。

（4）闭式循环冷却水泵出口母管压力合适；确保闭式循环冷却水压力正常，凝结水泵冷却水供水充足。

（5）凝结水补给水压力大于 0.3MPa。

（6）凝结水母管压力大于 0.15MPa（凝结水注水完毕后，保持凝结水补给水泵运行，直到凝结水泵启动）。

（7）凝结水母管注水完毕。由于凝结水系统注水时，需要人工排气，因此注水完毕需要人工确认。

当满足以上条件后，启动凝结水系统启动功能组，凝结水系统功能组按照以下步骤顺序启动。

第一步：判断是否有凝结水泵运行，如果有凝结水泵运行，则跳步到第六步。如果没有凝结水泵运行，则执行以下步骤。

第二步：关闭除氧器上水主电动门、工作位凝结水泵出口电动门、非工作位凝结水泵出口电动门、凝结水泵再循环调节门、凝结水泵再循环调节旁路门。关闭这些阀门的作用是要将凝结水系统注水充分，凝结水母管压力提高至 0.15MPa 以上。凝结水母管压力提高后，可以提高凝结水系统启动的安全性。

第三步：开启工作位凝结水泵入口电动门、非工作位凝结水泵入口电动门。要开启两台凝结水泵入口电动门，避免一台凝结水泵启动后再开启另外一台凝结水泵入口电动门时，可能造成断水现象。如果在实际应用当中，若另外一台凝结水泵检修不能开启时，必然停电，则可以执行跳步跳过。

第四步：投入凝汽器水位主调节门、凝汽器上水副调节门、凝结水泵再循环调节门、凝结水泵变频器、除氧器上水调节门自动。这些调节门的自动状态均具有全程自动功能，在投入自动后，会自动判断当前的系统状态，自动进入相应的调整状态。

第五步：启动工作位凝结水泵。工作位凝结水泵可以是变频泵也可以是工频泵，但一般情况下，优先选择变频泵，工频泵仅仅作为备用。

第六步：开启工作位凝结水泵出口门。虽然出口门有联开功能，但是还要强制打开一次，确保工作正常。

第七步：投入凝汽器水位主调节门、凝汽器上水副调节门、凝结水泵再循环调节门、凝结水泵变频器、除氧器上水调门自动。重新投入自动，完善系统功能。

第八步：投入凝结水泵备用。

第九步：关闭凝补水至凝结水管道注水门。

当以上步骤全部完成后，凝结水系统进入自动运行状态，系统能够自动判断凝结水系统当前的运行状态，自主调节。

判断凝结水系统已经启动完成的条件必须包含以下条件：

（1）有凝结水泵运行。

（2）运行侧凝结水泵入出口门开。

（3）凝结水压力正常（大于1.0MPa）。

（4）以下调节门已投入自动：①凝汽器水位主调节门；②凝汽器水位副调节门；③凝结水泵再循环调节门；④变频自动已投入；⑤凝结水泵备用已投入；⑥凝结水补给水至凝结水管道注水门已关闭。

二、闭式循环冷却水系统 APS 功能组设计

（一）功能组系统概述

1. 闭式循环冷却水系统设备与作用

闭式循环冷却水系统见图 2-3。

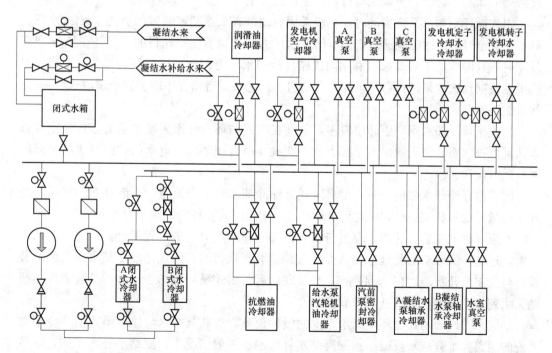

图 2-3　闭式水系统图

闭式循环冷却水膨胀水箱是作为闭式循环冷却水系统维持水位的一个重要设备，能够保持闭式循环冷却水系统运行稳定。膨胀水箱接收两路来水，一路来自凝结水补给水

泵，为闭式循环冷却水系统进行补水；另外一路来自凝结水系统。正常运行时，闭式循环冷却水来自凝结水，当凝结水补给水出现问题时，可以使用凝结水补给水泵进行补水。

冷却水泵为一运一备，A泵采用永磁调速装置，B泵为全速泵。全年多数时间下，一台闭式循环水-水热交换器运行可满足整个系统所需的冷却水要求，仅少数时间需两台闭式循环水-水热交换器同时投运。

闭式循环冷却水泵出口通过两路闭式循环冷却水冷却器后经过闭式循环冷却水压力调节装置进入闭式循环冷却水母管，闭式循环冷却水压力需要维持一定值，闭式循环冷却水压力一般通过A泵的永磁调速装置进行调整，当永磁调速装置发生问题而不得不使用B泵时，则使用闭式循环冷却水压力调节器进行调节。

闭式循环冷却水系统用户包含机侧和炉侧，机侧部分用户有流量调节装置，部分用户为手动门；炉侧均为手动阀门。正常运行中，由于机侧部分阀门的流量调节作用，会使闭式循环冷却水压力波动，闭式循环冷却水压力波动时通过闭式循环冷却水泵的调速装置进行调节。

2. 闭式循环冷却水系统控制

闭式循环冷却水系统控制功能组能够完成闭式循环冷却水系统的一键启动，既可以由上层APS调用，也可以由运行人员手动启动。

闭式循环冷却水功能组启动后，可以根据现场的状态自动进行判断和控制，进而安全地实现闭式循环冷却水系统的启动，能够避免事故的发生。本功能组能够自动检查系统所处的状态，自动完善系统运行，使之达到安全、完整、节能目标。

闭式循环冷却水系统启动时，一般采用启动带有永磁调速装置的A泵，闭式水压力调节装置全开，由永磁调速装置调节闭式水压力，达到节能降耗目的。但是在A泵出现故障时，只能启动工频B泵，利用闭式循环冷却水压力调节器进行压力调节。在启动过程中，根据预选的泵进行启动选择，自动启动预选泵。启动程序能够完全适应这些选择，并且能够安全启动。

闭式循环冷却水用户手动门较多，因此在闭式循环冷却水系统启动前应该根据检查卡认真检查状态，防止跑水或系统方式不正确。所有调节门、电动门均已经送电且能够进行远方操作。

闭式循环冷却水泵启动时，要求闭式循环冷却水有最小流量，不能够在闭式循环冷却水流量过低时长期运行，因此要求在检查卡中将闭式循环冷却水用户投入50%以上。

A泵永磁调速装置的调节应当与闭式循环冷却水压力调节装置配合，避免压力调节异常，这是一键启动的关键。在A泵永磁调速装置运行时，闭式循环冷却水压力调节装置应当强制全开状态，在A泵跳闸、B泵联启后，闭式循环冷却水压力调节装置应当超驰关闭到一个开度，然后进入调节状态。

膨胀水箱作为闭式循环冷却水系统的缓冲设备，也兼具补水功能。闭式循环冷却水系统的两路补水分别来自凝结水和凝结水补给水。一般情况下，凝结水补水工作，凝结水补给水补水作为备用，共同维持闭式循环冷却水水箱水位。当凝结水一路出现异常时，凝结水补给水部分能够自动判断并投入调整状态。

其他闭式循环冷却水用户的调节机构能够根据自身的实际情况及闭式循环冷却水系

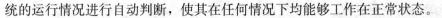

统的运行情况进行自动判断，使其在任何情况下均能够工作在正常状态。

闭式循环冷却水系统注水时，由于系统放空气门均为手动门，因此闭式循环冷却水注水完成与否需要人工判断，人工判断注水完成是其中的条件之一。

闭式循环冷却水泵初次启动后，应当加大流量，排出其中的空气，包括管道和冷却器中的空气，防止空气聚集，降低换热效果。

系统中所有电动门及泵本体的逻辑为常规逻辑，可参照传统逻辑进行相应修改。

闭式循环冷却水水系统启动时应当满足以下条件。

（1）系统检查卡执行完毕，检查卡中要确保有50%以上的用户。

（2）膨胀水箱水位正常或凝结水补给水泵已运行。

（二）闭式循环冷却水系统启停

1. 闭式循环冷却水系统启动

闭式循环冷却水系统启动条件满足后，点击启动键，APS按照以下步序顺序执行：

第一步：检查注水是否完成，当完成后，则直接进入第五步，否则顺序执行以下步骤。注水是否完成在界面上设置一个按钮，点按按钮可以设定人工检查是否完成。

第二步：投入闭式循环冷却水系统所有涉及的自动，尤其是膨胀水箱的两个补水门自动，防止在系统注水时水箱水位过低。

第三步：开启闭式循环冷却水系统内所有电动门、调节门，包括电动旁路门，以便系统内所有地方均注满水。

第四步：人工确认注水排气完毕。设置人工按钮，只有在确认后，才能进行下一步。

第五步：判断是否有闭式循环冷却水泵运行，如果有闭式循环冷却水泵运行，则直接跳至第十步。

第六步：关闭A、B闭式冷却水泵出口门，非工作位冷却器闭式循环冷却水侧出口门，非工作位冷却器循环水侧出口门，闭式循环冷却水母管压力调节旁路门，闭式循环冷却水用户调门的旁路电动门等相关阀门，准备进行闭式循环冷却水泵的启动。

第七步：投入A泵变频器、闭式循环冷却水压力调节器、闭式循环冷却水用户调节门的自动或联锁，使其进入自动控制状态。

第八步：启动已选的闭式循环冷却水泵。

第九步：闭式循环冷却水泵启动后，由APS控制闭式循环冷却水压力定值（即控制闭式循环冷却水的流量）在0.3～0.8MPa之间循环一次，最后设定值在0.3MPa。

第十步：重新投入以下A泵变频器、闭式循环冷却水压力调节器、闭式循环冷却水用户调节门的自动或联锁。

第十一步：投入闭式循环冷却水泵备用开关。

到此，闭式循环冷却水系统启动步序完成，闭式循环冷却水系统启动完成后，要满足以下条件才可以比较完善：

（1）有闭式循环冷却水泵运行。

（2）B泵运行或A泵运行且A闭式循环冷却水泵变频在自动位。

（3）闭式循环冷却水压力调节器在自动位。

（4）闭式循环冷却水箱补水门1、2在自动位。

（5）工作位闭式循环冷却水冷却器闭式循环冷却水侧及循环水侧进、出口门全开。

以上是闭式循环冷却水系统启动功能组所需要考虑的问题及启动步骤。

2. 闭式循环冷却水系统停止

闭式循环冷却水系统停运时，大致可以通过以下步序完成。

停运功能组启动条件除了必须是没有闭式循环冷却水用户，其余条件可不考虑。停运步骤为：

第一步：退出闭式循环冷却水泵联锁。

第二步：停运 A 闭式循环冷却水泵。

第三步：停运 B 闭式循环冷却水泵。

第四步：关闭 A、B 闭式循环冷却水泵出口门。

完成条件：B 闭式循环冷却水泵均停运和 A、B 闭式循环冷却水泵出口门均已关闭。

三、循环水系统 APS 功能组设计介绍

循环水系统功能组能够手动启动或被上级功能组调用。循环水功能组完成循环水系统的启动。循环水系统涉及开式循环冷却水系统，在循环水系统功能组中将开式循环冷却水系统一并考虑。

循环水系统功能组完成旋转滤网冲洗到循环水泵启动的全过程，适用于循环水的初次启动。循环水系统见图 2-4。

循环水系统启动的难点是循环水系统的注水。由于循环水系统管道粗、泵流量大，如果注水不充分发生水击的破坏力巨大，因此在循环水系统启动前，必须对循环水系统进行注水。循环水注水有多种方式，如果邻机循环水运行，则采用联络门注水，方便且安全。如果邻机也没有运行时，可以采用高潮位时闭锁循环水泵启动进行注水。无论采用何种注水方式，为防止出现事故，循环水注水需要人工仔细确认。

循环水系统注水完毕后就可以进入启动步序，但是由于可能存在的循环水垃圾较多堵塞旋转滤网，因此在循环水启动前必须首先启动旋转滤网。

当系统注水完毕后，可以启动凝汽器入口处二次电动滤网，防止启动时滤网差压大而损坏滤网。

循环水系统启动前有时候系统中仍然存在一些空气，为防止水击，在启动时应慎重。由于循环水泵可以承受一定时间的小流量，因此在启动初期循环水泵可以保持足够时间的 15°开度，确保循环水系统小流量充分注水，然后再开至 90°。

循环水系统启动的许可条件包含以下几个方面：

（1）循环水及开式循环冷却水系统检查卡执行完毕。

（2）循环水泵冷却水流量不小于 28t/h。

（3）轴承润滑水流量不小于 4t/h。

（4）循环水注水工作结束。必须仔细检查循环水注水情况，确保注水完毕。

当启动条件满足后，点按启动按钮进行循环水系统的启动步骤。

第一步：判断是否有循环水泵运行，如果有循环水泵运行，则跳至第六步。

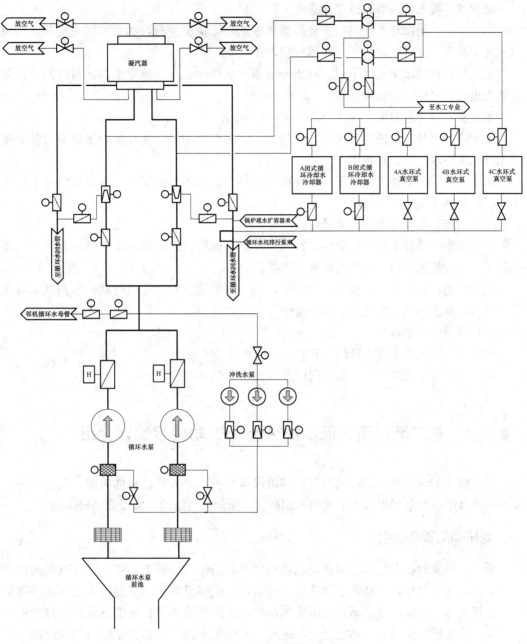

图 2-4　循环水系统图

第二步：调用旋转滤网功能组，对旋转滤网进行冲洗，并投入旋转滤网的联锁，使旋转滤网能够在适当的时候自动启动。

第三步：全开凝汽器入、出口电动门。

第四步：启动循环水泵，循环水泵出口蝶阀开至 15°，注水 20s。虽然注水检查已经完毕，但是为了防止水冲击，循环水泵出口蝶阀小开度运行 20s，可以对循环水系统充分注水。但是，循环水泵在小开度运行时长必须根据循环水泵特点确定。

第五步：循环水泵出口蝶阀开至 90°。全开出口蝶阀。

第六步：投入凝汽器入口二次滤网。

第七步：关闭循环水联络门。此步骤可根据实际情况进行，如果不需要关闭，则可以去掉本步骤，或将联络门切至就地控制，并跳步。

第八步：启动水室真空泵，运行10min后自动停运。水室真空泵的运行时间根据泵说明书进行，可以设定联锁停运。

第九步：开启两台电动滤水器入、出口电动门。

第十步：全开闭式循环冷却水热交换器入、出口电动门。全开是为了将所有热交换器循环水侧注水，以完整备用。

第十一步：关闭非工作位闭式循环冷却水热交换器出口电动门。本步骤将注水完毕的非工作位热交换器投入备用。

第十二步：投入电动滤水器运行。

第十三步：循环水压力正常后，投入循环水泵运行。此处判断条件必须是循环水压力正常后才能投入备用，否则循环水泵将联启。

到此为止，循环水系统步骤执行完毕，循环水系统进入正常运行状态。判断循环水运行是否正常的标准应满足以下几个条件：

（1）有循环水泵运行；

（2）凝汽器循环水进出口门已开启；

（3）两台电动滤水器入、出口门已开启。

第二节　高、低压加热器 APS 功能组设计介绍

高、低压加热器组一般在机组带负荷阶段慢慢投入，需要较长的时间。其撤出分为正常撤出和事故紧急撤出。本节主要介绍高、低压加热器组的正常投撤 APS 功能。

一、低压加热器功能组

低压加热器的投入功能组能够完成低压加热器系统的自动全部投入，在机组的启动阶段，低压加热器投入启动低压加热器功能组后，能够根据实际情况投入低压加热器运行，包括水侧，实现一键启动。低压加热器投入功能组也能够在机组正常运行过程中使用，在使用低压加热器投入功能组后，低压加热器系统能够自动进入全面正常运行状态。

（一）低压加热器系统与作用

低压加热器系统图如图 2-5 所示。

低压加热器系统分水侧和汽侧两部分，水侧部分在 7、8 号低压加热器合并，共用一个旁路，其余均有自己的进、出水电动门和旁路门。汽侧来自汽轮机抽汽，除 7、8 号低压加热器直接从汽轮机引入外，其余低压加热器均有抽汽电动门和抽汽止回门。汽轮机抽汽加热凝结水后凝结成水，一路通过逐级自流最后进入凝汽器，一路经过事故调整门直接进入凝汽器。

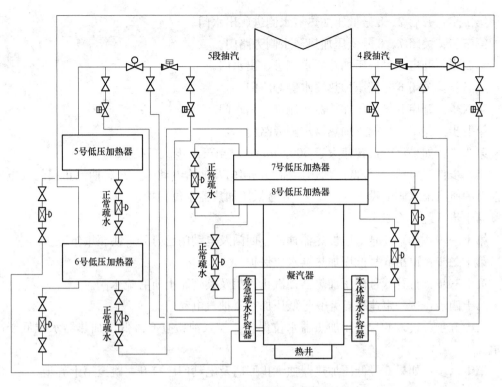

图 2-5　低压加热器疏水系统图

低压加热器系统投入时，主要解决的问题是如何控制低压加热器水位，在控制过程中不能因为低压加热器水位高而导致低压加热器退出。正常情况下，低压加热器汽侧凝结水自动实现逐级自流，但在事故情况下低压加热器事故疏水门能够自动开启，快速降低水位，使疏水进入凝汽器。因此，低压加热器系统投入和运行过程中，要优化低压加热器系统自动疏水和事故疏水门的逻辑，使之满足在控制要求。低压加热器系统自动疏水门和事故疏水门具有全程控制功能，在任何时候都能够投入自动。这是本功能组的关键所在。

低压加热器系统投入后，不需要等待水位正常、逐级自流及事故疏水均正常，模拟量的控制完全由模拟量自动控制，本功能组仅仅将模拟量控制部分自动投入正常即可。水侧则必须能够使凝结水流过低压加热器，不能使用旁路。

（二）低压加热器投入功能组

低压加热器投入功能组投入前，应满足以下条件：

（1）低压加热器投入检查卡执行完毕。

（2）凝结水系统启动正常，凝结水流量正常。

（3）凝结水系统（含低压加热器）注水完毕。

（4）汽轮机已挂闸

在以上条件满足后，顺序执行以下步骤，实现低压加热器自动投入。

第一步：投入5、6、7、8低压加热器正常疏水及事故疏水自动。

第二步：开启 7、8 号低压加热器水侧进、出水门。

第三步：关闭 7、8 号低压加热器水侧旁路门。

第四步：开启 6 号低压加热器水侧进、出水门。

第五步：关闭 6 号低压加热器水侧旁路门。

第六步：开启 5 号低压加热器水侧进、出水门。

第七步：关闭 5 号低压加热器水侧旁路门。

第八步：如果汽轮机转速大于 600r/min，跳至第十步。

第九步：开启 5、6 号低压加热器抽汽止回门及抽汽电动门，开启抽汽止回门及电动门前后的所有疏水阀。投入 5、6、7、8 号低压加热器水位保护。

第十步：跳至第二十一步。

第十一步：如果 6 号低压加热器抽汽止回门及电动门已打开，跳至第十五步。

第十二步：退出 6 号低压加热器水位保护。

第十三步：打开 6 号低压加热器抽汽止回门及其管路上所有疏水阀。

第十四步：按一定速率打开 6 号低压加热器抽汽电动门。

第十五步：投入 6 号低压加热器水位保护。投入前检查 6 号低压加热器水位低于高一值。

第十六步：如果 5 号低压加热器抽汽止回门及电动门已打开，跳至第十五步。

第十七步：退出 5 号低压加热器水位保护。

第十八步：打开 5 号低压加热器抽汽止回门及其管路上所有疏水阀。

第十九步：按一定速率打开 5 号低压加热器抽汽电动门。

第二十步：投入 5 号低压加热器水位保护。投入前检查 5 号低压加热器水位低于高一值。

第二十一步：投入 7、8 号低压加热器水位保护。

经过以上步骤，所有低压加热器将进入正常调节状态。

低压加热器随机投入后，逐级疏水和事故疏水将在适当的时候自动转换。在正常运行中，低压加热器投入功能组也可以随时进行，功能组能够自动判断并且使低压加热器工作在正常状态。

二、高压加热器 APS 功能组

（一）高压加热器系统与作用

高压加热器系统与控制要求高压加热器设备布置在汽机房室内，1、2、3 号高压加热器位于 12.6m 运转层，0 号高压加热器位于 21.3m 除氧器层。

高压加热器系统图如图 2-6 所示。高压加热器设置不同于常规设计，增加了 0 号高压加热器，0 号高压加热器与 3 号高压加热器使用三段抽汽，3 段抽汽先经过 0 号高压加热器，在不凝结的情况下进入 3 号高压加热器。高压加热器水侧设计与传统设计相似，仅多一组 0 号高压加热器。

高压加热器系统设置前置式蒸汽冷却器作为 0 号高压加热器，即在有单列、卧式、

100％容量的三级高压加热器基础上，增加了 0 号高压加热器，利用三级抽汽加热 1 号高压加热器出口给水，经过 0 号高压加热器的过热蒸汽再接入 3 号高压加热器，提高了热经济性。

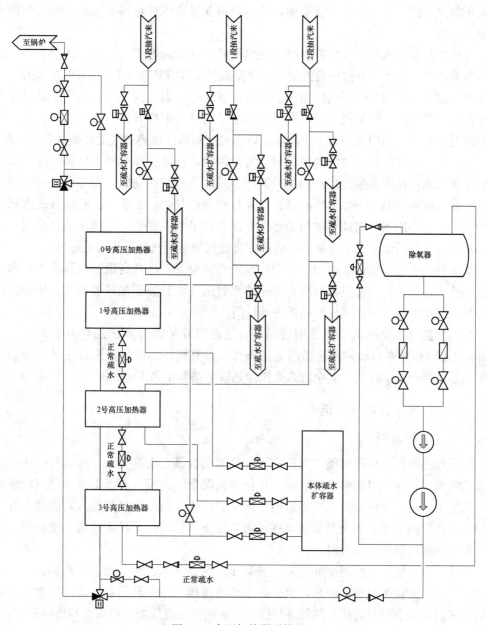

图 2-6　高压加热器系统图

高压加热器设备布置在汽机房室内 BC 列，其中，1、2、3 号高压加热器位于 12.6m 运转层，0 号高压加热器位于 21.3m 除氧器层。

高压加热器正常疏水采用逐级自流方式，即从较高压力的加热器排到较低压力的加热器，最后进入除氧器。正常运行时，高压加热器疏水是从 1 号高压加热器到 2 号高压加热器，从 2 号高压加热器到 3 号高压加热器，最后通到除氧器。另外，每台加热器还有危急疏水管道，用于排至凝汽器。低压加热器的正常疏水和危急疏水管路均设有疏水调节阀，用于控制低正常水位。每个调节阀前后均装有手动隔离阀。

0号高压加热器在正常运行时为无水位运行，在投运初期或事故状态会出现水位，0号高压加热器设置了危急疏水调节站，疏水管与3号高压加热器危急疏水汇合后接入凝汽器。

高压加热器投入时，应该控制高压加热器的温度升高速率（指在水侧投入时，高压加热器的温度升高速率和汽侧投入时高压加热器的温度升高速率）。在水侧投入时，由高压加热器注水门控制，由于高压加热器注水门管径小，因此高压加热器注水时温度升高速率能够满足要求。汽侧投入时，利用抽汽电动门进行温度升高速率控制，在高压加热器投入时，抽汽电动门应当有中停功能，以满足控制高压加热器温度升高速率的要求。

抽汽止回门和抽汽电动门的逻辑属于常规逻辑，在高压加热器水位高时应当联锁关闭。正常疏水控制阀和危急疏水门的控制应当具有全程控制功能，能够在任何时候投入自动，并且能够判断高压加热器的状态，并自动进行切换。3号高压加热器疏水到除氧器的允许条件中应当增加高压加热器疏水水质合格的判断条件，仅当水质合格时，才能将3号高压加热器疏水倒至除氧器，否则应将疏水倒至凝汽器进行水质处理。

高压加热器注水设计了电动注水门，在正常情况下，打开高压加热器注水门即可向高压加热器注水，高压加热器侧压力等于给水管道压力且高压加热器放气完毕后高压加热器注水完毕，可以开启高压加热器进出口门。

高压加热器水侧进出口门使用液动门，液动门开关需要高压加热器水侧压力达到5MPa以上，因此在启动初期液动门无法操作。只有高压加热器进出口液动门全关时高压加热器才能被全部隔离，其余状态高压加热器旁路和主路压力相同。

（二）高压加热器投入退出

1. 功能组介绍

高压加热器投入功能组能够完成高压加热器的自动、安全投入，在执行高压加热器投入功能组时，功能组能够自动完成。在任何情况下，运行人员或上级功能组均能够调用本功能组，从而完成对高压加热器的全面完整投入。高压加热器投入功能组实现了高压加热器在任何工况下的投退功能，在任何工况下，只要按下投入或退出按钮就可以实现高压加热器的顺序平稳投退。

高压加热器投入功能组能够自动完成高压加热器注水、水侧投入、汽侧投入、水质合格后的疏水回收等步骤。但是，由于高压加热器排气是手动门，因此高压加热器投入后运行人员应该手动对高压加热器进行排气，从而保证高压加热器端差和传热正常。

人工投入高压加热器后，高压加热器的疏水切换是自动进行的。但是3号高压加热器由于涉及水质问题，因此3号高压加热器的水质是切换的一个必要条件。3号高压加热器水质可以随时输入，当水质合格后，再自动判断其他条件，如果其他条件满足，则进行疏水自动切换。

高压加热器投入后，运行人员应当在适当的时候对高压加热器汽侧进行启动排汽一次，确保完全排汽。

高压加热器退出功能组能够实现自动退出高压加热器，不用任何人工干预。只要按下退出按钮，就可以实现高压加热器的顺序平稳退出，实现一键退出。

高压加热器投入时需要控制温度升高速率，包括投入水侧时控制温度升高速率和投入汽侧时控制温度升高速率。

投入水侧时，利用高压加热器注水门进行，由于高压加热器体积大，注水门管径小，在开启高压加热器注水门进行注水时能够满足高压加热器温度升高的要求，因此水侧的温度升高速率控制可以利用高压加热器注水门实现。

汽侧投入时，在实际操作中，均利用抽汽电动门进行。但是根据资料看，高压加热器抽汽电动门仅有开、关指令，无中停，无法进行控制。经过沟通，要增加停指令，步序按有停指令设计，如果现场无停指令，则需要运行人员就地进行控制。

2. 高压加热器投入

高压加热器投入功能组在启动时，必须满足以下条件：

(1) 高压加热器投入检查卡执行完毕。

(2) 汽动给水泵遥控自动已投入。

(3) 汽动给水泵转速大于 3000r/min。

(4) 给水流量大于 30%BMCR。

(5) 给水泵出口电动门已打开。

(6) 给水泵出口压力大于 5MPa。

(7) 3 号高压加热器水质已输入。

满足以上条件后，可以手动或调用高压加热器投入功能组，按照以下顺序，正常投入高压加热器。

第一步：投入 1 号高压加热器正常疏水调节阀、1 号高压加热器危急疏水调节阀、2 号高压加热器正常疏水调节阀、2 号高压加热器危急疏水调节阀、3 号高压加热器正常疏水调节阀、3 号高压加热器危急疏水调节阀自动。

第二步：如果高压加热器进出口液动门已全开，跳至第六步。

第三步：开启高压加热器注水电动门，确认高压加热器注水已完毕，给水泵出口压力大于 5MPa 后进行下一步。

第四步：打开高压加热器进出口液动阀。

第五步：关闭高压加热器注水电动门。

第六步：如果汽轮机转速不小于 600r/min，跳至第九步。判断是否是高压加热器随机投入，如果不是，则需要控制温度升高速率。

第七步：开启一级抽汽止回阀、一级抽汽电动门、一级抽汽止回阀前疏水阀、一级抽汽止回阀后疏水阀、一级抽汽电动门后疏水阀1、一级抽汽电动门后疏水阀2、一级抽汽电动门后疏水阀3、二级抽汽止回阀、二级抽汽电动门、二级抽汽止回阀前疏水阀、二级抽汽止回阀后疏水阀、二级抽汽电动门后疏水阀、三级抽汽止回阀、三级抽汽电动门、三级抽汽止回阀前疏水阀、三级抽汽止回阀后疏水阀1、三级抽汽止回阀后疏水阀2、三级抽汽电动门前疏水阀、三级抽汽电动门后疏水阀1、三级抽汽电动门后疏水阀2、0 号高压加热器危急疏水调节阀。由于是随机启动，因此可以全部直接开启这些阀门，投入高压加热器。

第八步：跳至结束。高压加热器投入完毕，直接跳过后面步骤至结束。以下步骤是在机组正常运行时高压加热器的投入步骤。

第九步：如果二级抽汽止回阀打开且二级抽汽电动门打开，跳至第十五步，判断2号高压加热器是否投入。

第十步：退出高压加热器水位保护。

第十一步：打开二级抽汽止回阀、二级抽汽止回阀前疏水阀、二级抽汽止回阀后疏水阀、二级抽汽电动门后疏水阀。

第十二步：按一定速率打开二级抽汽电动门，检测1号高压加热器水位低于高一值15s（一定速率指在调试时确定的速率，此速率要求不能引起水位波动过大）。

第十三步：投入二级抽汽止回阀前疏水阀、二级抽汽止回阀后疏水阀、二级抽汽电动门后疏水阀联锁。

第十四步：投入高压加热器水位保护。

第十五步：如果一级抽汽止回阀打开且一级抽汽电动门打开，、跳至第二十步，判断1号高压加热器是否投入。

第十六步：退出高压加热器水位保护。

第十七步：打开一级抽汽止回阀，打开一级抽汽止回阀前疏水阀，打开一级抽汽止回阀后疏水阀，打开一级抽汽电动门后疏水阀1，打开一级抽汽电动门后疏水阀2，打开一级抽汽电动门后疏水阀3。

第十八步：按一定速率打开一级抽汽电动门。检测1号高压加热器水位低于高一值15s。

第十九步：投入一级抽汽止回阀、一级抽汽止回阀前疏水阀、一级抽汽止回阀后疏水阀、一级抽汽电动门后疏水阀联锁。

第二十步：投入高压加热器水位保护。

第二十一步：如果三级抽汽止回阀打开且三级抽汽电动门打开，跳至第二十七步。

第二十二步：退出高压加热器水位保护，打开0号高压加热器危机疏水调节阀。

第二十三步：打开三级抽汽止回阀、三级抽汽止回阀前疏水阀、三级抽汽止回阀后疏水阀1、三级抽汽止回阀后疏水阀2、三级抽汽电动门前疏水阀、三级抽汽电动门后疏水阀1、三级抽汽电动门后疏水阀2。

第二十四步：按一定速率打开三级抽汽电动门，检测3号高压加热器水位低于高一值15s，0号高压加热器水位低于低一值（无水）15s。

第二十五步：投入以下联锁：三级抽汽止回阀前疏水阀、三级抽汽止回阀后疏水阀1、三级抽汽止回阀后疏水阀2、三级抽汽电动门前疏水阀、三级抽汽电动门后疏水阀1、三级抽汽电动门后疏水阀2，使之自动控制。

第二十六步：投入高压加热器水位保护。

第二十七步：检测1号高压加热器水位低于高一值15s，2号高压加热器水位低于高一值15s，3号高压加热器水位低于高一值15s，0号高压加热器水位低于低一值（无水）后执行下一步。

第二十八步：投入高压加热器水位保护。

第二十九步：提示：进行启动排汽。

以上步骤执行完毕，高压加热器将自动投入运行，高压加热器水位通过调节阀自动进入正常水位。判断高压加热器投入功能组是否完成的条件包括以下三个方面：

1）以下阀门已打开：一级抽汽止回阀、一级抽汽电动门、二级抽汽止回阀、二级抽汽电动门、三级抽汽止回阀、三级抽汽电动门、0号高压加热器危急疏水调节阀。

2）以下自动已投入：1号高压加热器正常疏水调节阀、1号高压加热器危急疏水调节阀、2号高压加热器正常疏水调节阀、2号高压加热器危急疏水调节阀、3号高压加热器正常疏水调节阀、3号高压加热器危急疏水调节阀。

3）高压加热器水位保护已投入。

如果条件不满足，则可以再次启动，完善高压加热器投入运行状态，满足完成条件。

3. 高压加热器退出

高压加热器退出功能组能够实现高压加热器一键退出。高压加热器退出功能组的启动条件包含：

（1）高压加热器退出检查卡执行完毕。

（2）负荷小于80%（根据汽轮机要求确定）。

（3）高压加热器进出口门全部在开位。

满足以上条件，可以手动启动高压加热器退出功能组，自动执行以下步骤，退出高压加热器。

第一步：退出高压加热器保护。退出高压加热器保护是考虑到在退出时，可能由于虚假水位引起波动导致高压加热器跳闸。

第二步：投入1号高压加热器正常疏水调节阀、1号高压加热器危急疏水调节阀、2号高压加热器正常疏水调节阀、2号高压加热器危急疏水调节阀、3号高压加热器正常疏水调节阀、3号高压加热器危急疏水调节阀自动。

第三步：如果三级抽汽电动门已关闭且三级抽汽止回阀已关闭，跳至第七步。

第四步：按一定速率关闭三级抽汽电动门。

第五步：关闭三级抽汽止回阀。

第六步：打开以下阀门：三级抽汽止回阀前疏水阀、三级抽汽止回阀后疏水阀1、三级抽汽止回阀后疏水阀2、三级抽汽电动门前疏水阀、三级抽汽电动门后疏水阀1、三级抽汽电动门后疏水阀2。

第七步：如果一级抽汽电动门已关闭且一级抽汽止回阀已关闭，跳至第十一步。

第八步：按一定速率关闭一级抽汽电动门。

第九步：关闭一级抽汽止回阀。

第十步：打开一级抽汽止回阀前疏水阀、一级抽汽止回阀后疏水阀、一级抽汽电动门后疏水阀1、一级抽汽电动门后疏水阀2、一级抽汽电动门后疏水阀3。

第十一步：如果二级抽汽电动门已关闭且二级抽汽止回阀已关闭，跳至第十五步。

第十二步：按一定速率关闭二级抽汽电动门。一定速率指在调试时确定的速率，此速率要求不能引起水位波动过大。

第十三步：关闭二级抽汽止回阀。

第十四步：打开二级抽汽止回阀前疏水阀、二级抽汽止回阀后疏水阀、二级抽汽电动门后疏水阀。

第十五步：检测以下调节门开度（要求大于90％）：1号高压加热器危急疏水调节阀、2号高压加热器危急疏水调节阀、3号高压加热器危急疏水调节阀。检测以下调节门开度（要求小于3％）：1号高压加热器正常疏水调节阀、2号高压加热器正常疏水调节阀、3号高压加热器正常疏水调节阀。

第十六步：人工确认是否退出水侧，如果不需要退出水侧，跳至结束。

第十七步：关闭高压加热器进出口液动门，关闭高压加热器注水门。

第十八步：关闭一级抽汽止回阀前疏水阀、一级抽汽止回阀后疏水阀、一级抽汽电动门后疏水阀1、一级抽汽电动门后疏水阀2、一级抽汽电动门后疏水阀3、二级抽汽止回阀前疏水阀、二级抽汽止回阀后疏水阀、二级抽汽电动门后疏水阀、三级抽汽止回阀前疏水阀、三级抽汽止回阀后疏水阀1、三级抽汽止回阀后疏水阀2、三级抽汽电动门前疏水阀、三级抽汽电动门后疏水阀1、三级抽汽电动门后疏水阀2。

第十九步：空步骤，标志为结束步骤。

当以上步骤执行完毕后，高压加热器完全退出，高压加热器退出后，应包含以下启动完成信号：

（1）以下阀门已关闭：一级抽汽止回阀、一级抽汽电动门、二级抽汽止回阀、二级抽汽电动门、三级抽汽止回阀、三级抽汽电动门。

（2）以下调节门开度（要求大于90％）：1号高压加热器危急疏水调节阀、2号高压加热器危急疏水调节阀、3号高压加热器危急疏水调节阀。

（3）以下调节门开度（要求小于3％）：1号高压加热器正常疏水调节阀、2号高压加热器正常疏水调节阀、3号高压加热器正常疏水调节阀。

（4）高压加热器水位保护已退出。

第三节　锅炉上水、冲洗及给水泵汽轮机冲车 APS 功能组

在机组的启动阶段锅炉上水、冲洗、给水泵汽轮机冲车主要涉及了机组的整个给水系统，常依靠运行人员手动操作和判断，实现上述功能的 APS 需要综合考虑可能出现的各种情况，合理设置断点。本节介绍锅炉上水、冲洗和给水泵汽轮机冲车的 APS 功能组。

一、锅炉上水 APS 功能组设计介绍

（一）功能组系统介绍

给水系统启动功能组完成给水系统从注水、上水到锅炉启动及带负荷的全过程控制，通过给水系统的全程控制，给水系统能够在不需要人为干预的情况下，自动识别系统运行状态，自动进行状态调整，满足系统当前的运行要求。

给水管道静态注水实现了给水泵启动前的管道自动注水及完成给水泵启动前系统的准备。运行人员启动本功能后，自动打开相关阀门，对给水系统注水，由于系统存在手动放气门，因此需要运行人员确认排气完成。

锅炉上水功能组能够完成前置泵启动和锅炉上水工作。考虑到在上水阶段系统节能，因此使用前置泵上水。功能组的完成条件不要求锅炉上水至正常水位，而仅仅是完成正常上水的步骤，即完成锅炉正常上水步骤即可。在上水过程中，可以从事完成后续的汽动给水泵启动工作。当分离器水位大于 1m 时，自动停止上水，等待汽动给水泵启动。

上水功能组能够自动根据锅炉冷热态确定上水速度，充分利用自动保障锅炉安全、快速上水，从而避免比较粗糙的人为控制过程。

在启动前置泵后，可能会造成汽动给水泵旋转，因此要求给水泵润滑油系统正常运行，并且为了防止给水泵卡涩，也启动给水泵汽轮机盘车运行。

汽轮机给水和给水泵系统图如图2-7、图 2-8 所示。

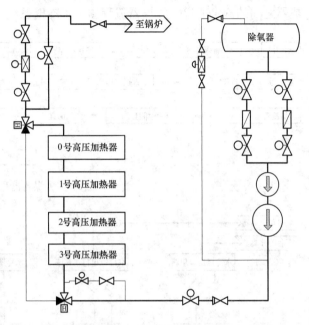

图 2-7 汽轮机给水系统图

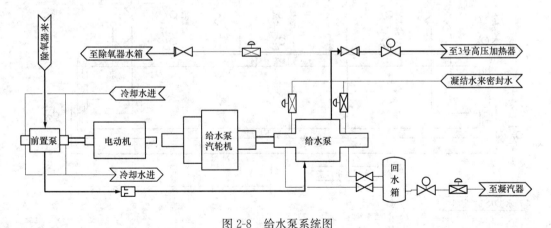

图 2-8 给水泵系统图

1. 省煤器和水冷壁

给水由锅炉左侧单路经过止回阀和电动闸阀后进入省煤器进口集箱，流经省煤器管组、中间集箱和悬吊管，然后汇合在省煤器出口集箱，经连接管道分别引入水冷壁左右侧墙下集箱，水冷壁下集箱为四周相连通的环形集箱，水经前后墙下集箱螺旋进入炉膛四周水冷壁，然后进入中间集箱，经中间集箱混合后再由连接管引出，经过渡段形成垂直段水冷壁。在锅炉启动阶段和低于最低直流运行工况（30％BMCR）时，水在水冷壁内吸热形成汽水混合物，汇集至水冷壁上集箱，通过水冷壁引出管进入汽水分离器，在汽水分离器内进行汽水分离，分离后的蒸汽引至过热器，水则通过调节进入除氧器或大气式扩容器至冷凝器等地方，进行工质和热量的回收。在高于最低直流运行工况（30％BMCR）时，水在水冷壁内吸热形成未过热蒸汽，汇集至水冷壁上集箱，通过引出管进入汽水分离器后，直接由连接管道引至过热器，此时的汽水分离器仅作连接水冷壁与过热器之间的汽水通道。省煤器流程图和水冷壁系统图分别如图 2-9 和图 2-10 所示。

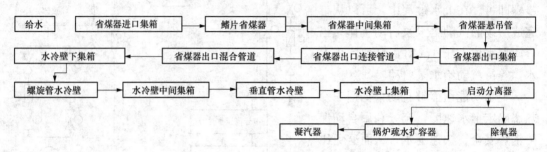

图 2-9　省煤器流程图

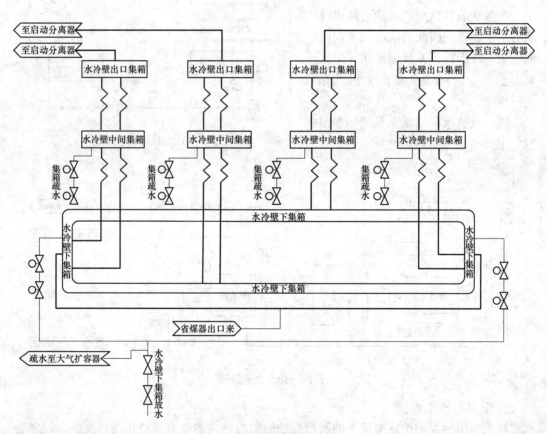

图 2-10　水冷壁系统图

2. 启动系统

锅炉的启动系统为简单疏水大气扩容式启动系统。2 只内置式启动分离器布置在锅炉的前部上方，分离器外径 φ68、壁厚 90mm，长 3.7m。每个分离器顶部布置 1 根外径为356m、壁厚50mm的管接头，和顶棚过热器入口集箱相连，每个筒身布置2根外径为324、壁厚50mm的管接头，同水冷壁出口集箱相连，下部通过1根外径为324mm、壁厚40mm的管接头与储水箱相连。当锅炉处于启动或低负荷运行时（30%BMCR以下），来自水冷壁的汽水混合物在启动分离器中分离，蒸汽从分离器顶部引出，进入顶棚包墙和过热器系统，分离下来的水经分离器进入储水箱中，储水箱直径680mm、壁厚90mm、长20.5m，储水箱设有水位控制，储水箱下方设1根外径为324mm疏水管分两路通至除氧器和大气式扩容器。在大气扩容器中，汽化的蒸汽通过排汽管道通向炉顶上方排入大气；凝结水则进入集水箱经疏水泵回收至冷凝器。大气式扩容器和集水箱布置在K3、K4柱之间的钢架副跨外，支座标高分别为8.28m和4.04m。

在启动系统管道上设有3只液动调节阀，其中1只为正常水位调节阀（NWL），为了回收工质的热量，只要水质合格并满足NWL的开启条件，即可通过该阀将分离器中的疏水回收至除氧器。另2只为高水位调节阀（HWL），布置在大气式扩容器的进口管道上，当分离器中的水质不合格或分离器水位过高时，通过该阀将分离器中大量的疏水排入大气式扩容器。经扩容后的疏水进入疏水箱，经由2台疏水泵排入凝汽器或循环水回水管道。疏水箱上还装有排污和溢流管路，排入机组排水槽，并设有来自杂用水的冷却水管路。锅炉启动系统系统图如图2-11所示。

为保持启动系统处于热备用状态，启动系统还设有暖管管路，暖管水源取自省煤器出口，经启动系统管道、阀门后进入A侧过热器Ⅰ级减温水管道，再随喷水进入过热器Ⅰ级减温器。

锅炉上水自除氧器开始，经过前置泵、给水泵、高压加热器，通过给水隔离门和给水调节门进入省煤器，省煤器满水后，经过省煤器出口管接入水冷壁底部联箱，继续上水，水冷壁水位升高至顶部出口集箱，最终通过八个导气管进入汽水分离器，即锅炉的启动系统。当汽水分离器水位达到1m以上时，则认为锅炉上水完成。

为了锅炉正常上水，在上水过程中必须关闭从除氧器开始至锅炉启动系统的所有放水门，打开相应的放空气门，防止跑水和憋气。

由于除氧器水平位置较高压加热器高，因此给水管道注水时可以利用除氧器静压注水，检查所有给水管道及前置泵、给水泵放水门关闭后，打开前置泵入口电动门及给水泵出口电动门和给水泵再循环即可给系统注水，由于注水时需要将空气排出，因此锅炉上水电动门或调节门应当打开。

当给水系统注水完毕后，可以启动前置泵，利用前置泵给锅炉上水。由于前置泵压头达到2MPa，因此满足给锅炉上水的压力和流量，实际应用也能证明这一点。在上水过程中，利用锅炉给水调节门调节给水流量，满足锅炉上水的要求。

锅炉给水流量的控制是整个系统的核心，属于全程给水设计范畴。在整个控制模块中，给水流量控制应当能够判断给水的全过程，达到全程不需要人工干预的要求。给水流量的控制包含给水泵转速控制和给水调节门控制两个部分，以及给水调节门控制和给水电动门切换两个部分。这是本功能组以及给水泵启动功能组对自动控制的要求之一。

另外，给水泵再循环的控制也应该根据给水泵厂家要求进行相应的自动设置，定值的选取可以根据曲线进行计算得出，从而达到节能降耗的目的，最好不要粗放控制，固定最低给水流量或开环控制。锅炉上水部分可分为给水系统注水功能组和锅炉上水两个部分来设计，同时考虑除氧器加热功能组。

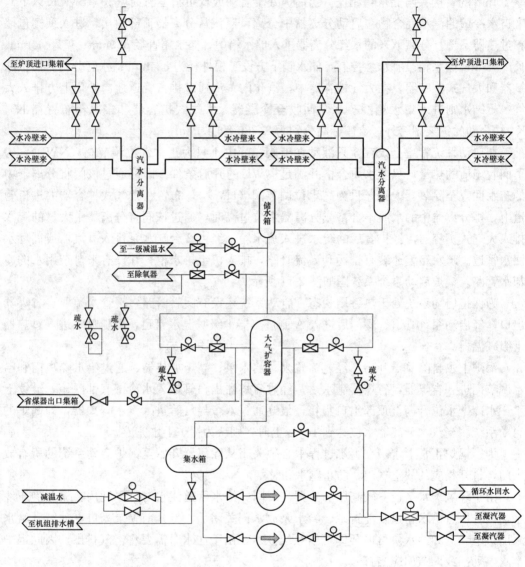

图 2-11　锅炉启动系统图

（二）注水与上水功能组

1. 给水系统注水功能组

给水系统注水功能组在启动前必须要满足以下条件：

（1）给水管路静态注水检查卡执行完毕。

（2）有凝结水泵运行。

（3）5 号低压加热器出口门已开启。5 号低压加热器出口门开启是保证凝结水通路畅通，除氧器补水正常。

满足以上条件后，即可进入给水系统注水功能组，完成给水系统注水操作。

第一步：投入凝结水泵变频、除氧器上水调节门、给水泵固定端密封水调节门、给水泵自由端密封水调节门自动。

第二步：开启前置泵入口 A 滤网前后电动门、前置泵入口 B 滤网前后电动门、给水泵出口电动门、给水泵再循环、给水泵二级抽头电动门、高压加热器注水电动门、高压加热器进出口液动阀、锅炉主给水电动门、锅炉主给水旁路调节门、锅炉主给水旁路调节门前后电动门、锅炉一级减温水总门、锅炉二级减温水总门。

第三步：人工确认注水完毕且除氧器水位正常。

第四步：关闭主给水电动门、锅炉一级减温水总门、锅炉二级减温水总门、给水泵二级抽头电动门、锅炉主给水旁路调节门、暖管出口管道电动门。

完成以上步骤后，给水系统注水完成，完成的条件判断至少包含以下条件之一：

（1）条件一：人工确认高压加热器注水排气完毕；主给水电动门关闭；锅炉一级减温水总门关闭；锅炉二级减温水总门关闭；给水泵二级抽头电动门关闭；锅炉主给水旁路调节门开度小于 5%；暖管出口管道电动门关闭；暖管出口管道电动调节门关闭；高压加热器注水电动门已开启。

（2）条件二：前置泵已启动。

2. 锅炉上水功能组

当完成给水系统注水功能组后，表明给水系统已完成注水，可以启动前置泵，且进行锅炉上水操作。

锅炉上水功能组完成锅炉上水功能，需要启动前置泵，因此启动前置泵的工作包含在锅炉上水功能组中。

锅炉上水功能组启动条件如下：

（1）锅炉上水检查卡执行完毕（检查卡的内容必须包含对手动门的检查）。

（2）给水管道注水完毕条件存在。

（3）有凝结水泵运行（为了保证锅炉上水过程中除氧器水位正常）。

（4）除氧器温度在允许范围内（除氧器温度需要与锅炉匹配）。

（5）给水泵汽轮机润滑油压正常（前置泵启动后，可能造成给水泵转速升高，因此润滑油系统运行正常）。

满足以上条件后，可以执行以下步骤进行锅炉上水操作。

第一步：如果分离器压力不小于 0.1MPa 或高压加热器出口压力大于 0.2MPa，跳至第三步。

第二步：调用锅炉疏水放气功能组，将锅炉侧空气门打开。

第三步：投入给水泵固定端密封水调节门、给水泵自由端密封水调节门、除氧器上水调节门、凝结水泵变频、凝汽器补水主调门、凝汽器补水副调门自动。

第四步：如果前置泵已经启动，跳至第八步。

第五步：开启前置泵入口工作位滤网前后电动门、给水泵出口电动门、高压加热器进出口液动阀、锅炉主给水旁路调节门前后电动门。

第六步：关闭非工作位前置泵滤网前后电动门、给水泵二级抽头电动门、锅炉主给水电动门、锅炉一级减温水总门、锅炉二级减温水总门、省煤器出口放空气门、关闭汽水分离器至除氧器电动门、关闭汽水分离器至过热器电动门，置给水泵再循环门开度为20%、置锅炉主给水旁路调节门开度为0%。

第七步：启动前置泵。

第八步：投入给水泵再循环自动。

第九步：根据除氧器水温和汽水分离器温差设定主给水旁路流量设定值，投入主给水旁路自动。

第十步：投入汽水分离器底部水位调节阀（两个）、给水泵固定端密封水调节门、给水泵自由端密封水调节门、除氧器上水调节门、凝结水泵变频、凝汽器补水主调节门、凝汽器补水副调节门自动。

第十一步：启动给水泵汽轮机顶轴油泵。

第十二步：打开盘车电磁阀。

当以上步骤执行完毕，锅炉上水应该在正常进行状态，检查给水流量符合规定。当以下任一条件满足时，人为锅炉上水功能组执行完毕。

（1）条件一：前置泵已运行；投入锅炉主给水旁路调节门（控制给水流量）、汽水分离器底部水位调节阀（两个）（控制锅炉汽水分离器液位）、给水泵固定端密封水调节门、给水泵自由端密封水调节门（防止热水跑出）、除氧器上水调节门或凝结水泵变频（自动控制给水流量）、凝汽器补水主调节门、凝汽器补水副调节门（投入自动是为了保证凝汽器水位，保证水源充足）自动；给水泵汽轮机转速大于50r/min。

（2）条件二：分离器水位大于1m（大于1m说明锅炉上水已完成）；前置泵运行（前置泵运行表明本功能组运行正常，为后续工作做准备）。

（3）条件三：给水泵汽轮机转速大于3000r/min（当给水泵汽轮机转速大于3000r/min时，认为锅炉已经上水完毕，因为在自动控制中，达到此步骤时锅炉上水已经完成，且如果3000r/min仍然没有完成，则锅炉上水会自动进行）。

（三）除氧器加热功能组

1. 除氧器加热系统作用

除氧器加热的目的是满足锅炉上水的温度要求，减少锅炉上水时水与锅炉金属的壁温差，在锅炉中，壁厚最厚的部分在汽水分离器，因此要控制汽水分离器壁温，除氧器加热的温度应当根据汽水分离器壁温确定。本功能组自动完成除氧器加热。

除氧器加热系统图如图2-12所示：

除氧器选用GC-1146/GS-150型卧式无头除氧器，主要作用是除去凝结水中的氧和二氧化碳等非冷凝气体，其次将凝结水加热到除氧器运行压力下的饱和温度，加热汽源是辅助蒸汽、四级抽汽及其他方面的余汽、疏水等，从而提高了机组的热经济性，并将达到标准含氧量的饱和水储存于除氧器的水箱中随时满足锅炉的需要。

除氧器加热初期汽源来自辅助蒸汽，辅助蒸汽经过电动门和调节门以及手动门进入除氧器，对除氧器进行加热，调节门设置有旁路门，方便在调节门故障时使用。四级抽汽，加热主要在机组运行正常时使用，使除氧器处于滑压运行状态。除氧器设有排汽口，用于除去凝结水的不凝结气体。

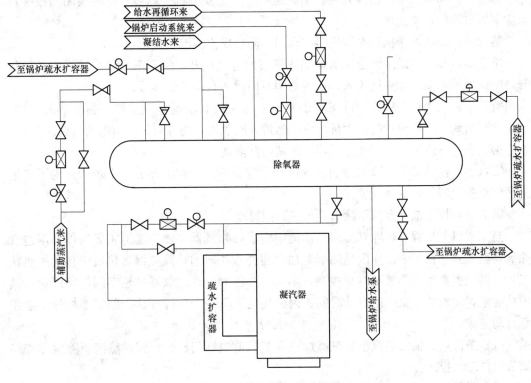

图 2-12　除氧器加热系统图

2. 除氧器加热控制功能组

在除氧器上水至低一值后对除氧器进行加热，加热的压力根据汽水分离器壁温要求确定。

除氧器加热功能组的主要设计应该是除氧器加热调节门的 MCS 设计，在一般情况下，投入除氧器加热的步骤比较简单，仅仅是开启调门前电动门，调节门投自动。但是要求调节门能够全程自动投入。

除氧器加热需要较长时间，在除氧器投加热期间我们可以进行其他工作，以节约启动时间，设计除氧器加热的功能组应该加以考虑。本功能组的完成条件仅仅是将加热通路打通，且除氧器加热调节门投入自动即可。

四级抽汽至除氧器电动门的逻辑不同于常规逻辑，为了满足自动控制的要求，四级抽汽至除氧器电动门的逻辑最好具有以下功能：当四级抽汽压力低于除氧器压力 0.1MPa 时，自动关闭，防止蒸汽倒流；四级抽汽压力大于除氧器压力后自动打开，打开 5min 后逐渐关闭除氧器加热调节门及电动门，辅助蒸汽至除氧器加热逐步退出运行。

除氧器加热功能组投运时应当满足以下条件：

(1) 除氧器加热投入检查卡执行完毕。

(2) 辅助蒸汽压力大于 0.3MPa。

(3) 除氧器水位大于低二值。

满足以上条件后，可以执行以下步骤，从而对除氧器进行加热。

第一步：如果发电机已经并网，则跳至第三步。发电机并网后，不再关闭四级抽汽至除氧器电动门，防止误关。

第二步：关闭四级抽汽至除氧器电动门。防止倒汽至汽轮机。

第三步：如果辅助蒸汽至除氧器加热调门前电动门开，跳至第六步。如果电动门打开，则认为辅助蒸汽加热已投入，仅需对调节门投入自动控制即可。

第四步：关闭辅助蒸汽至除氧器加热调节旁路门和辅助蒸汽至除氧器加热调节门。防止在开启调节门前电动门时大量蒸汽突然进入除氧器，为开启调门前电动门做准备。

第五步：开启辅助蒸汽至除氧器加热调门前电动门。

第六步：辅助蒸汽至除氧器加热调门开度置位 5%，延时 5min。本步骤是为了将辅助蒸汽至除氧器加热管路暖管。

第七步：投入辅助蒸汽至除氧器加热调门自动。

当完成以上步骤后，除氧器加热功能组完成，除氧器加热功能组完成条件并不包含除氧器温度到达目标值。原因是除氧器加热需要较长时间，除氧器加热属于自动加热状态，可以根据实际加热情况自动控制，不用人为控制。在除氧器加热期间，可以执行其他功能组，缩短整个机组的启动时间。因此满足以下一个条件即认为除氧器加热功能组已启动完成。

（1）条件一：辅助蒸汽至除氧器加热调节门前电动门已开；辅助蒸汽至除氧器加热调节门自动已投入。

（2）条件二：四级抽汽至除氧器电动门已打开；机组并网；除氧器压力大于 0.35MPa。

（3）条件三：除氧器压力大于 0.45MPa。

二、锅炉冲洗 APS 功能组设计介绍

（一）锅炉冷态冲洗 APS 功能组

1. 锅炉冷态清洗流程与要求

锅炉冷态清洗功能组能够完成锅炉上水完成后的自动清洗，使整个系统的水质满足要求。锅炉冷态清洗是超临界直流机组启动前的必需步骤，只有当锅炉冷态清洗合格后，锅炉才能点火，机组才能启动。

锅炉冷态清洗包含两个部分，一部分为开式清洗，主要是在锅炉汽水分离器中铁含量大于 $500\mu g/L$ 时，汽水分离器水进入集水箱后，直接进入机组排水槽排出系统。第二部分为闭式冲洗，当铁含量小于 $500\mu g/L$ 时，集水箱水通过锅炉疏水泵打回凝汽器，通过凝结水的精处理系统进行处理，合格的水进入除氧器再通过给水泵打入锅炉，如此进行循环，直到汽水分离器出口铁含量小于 $100\mu g/L$，锅炉可以点火。

锅炉冷态冲洗流程是给水由锅炉左侧单路经过止回阀和电动闸阀后进入省煤器进口集箱，流经省煤器管组、中间集箱和悬吊管，然后汇合在省煤器出口集箱，经连接管道分别引入水冷壁左右侧墙下集箱，水冷壁下集箱为四周相连通的环形集箱，水经由前后墙下集箱螺旋进入炉膛四周水冷壁，然后进入中间集箱，经中间集箱混合后再由连接管

引出，经过渡段形成垂直段水冷壁。其流程为：

开式清洗流程（分离器出口 Fe 含量大于 $500\mu g/L$、SiO_2 含量大于 $100\mu g/L$）：凝汽器—低压加热器—除氧器—高压加热器—省煤器—水冷壁—分离器—扩容器—机组排水槽。

闭式清洗流程：凝汽器—凝结水精处理—低压加热器—除氧器—高压加热器—省煤器—水冷壁—分离器—扩容器—凝汽器。

冷态清洗上水温度 $105\sim120\,^{\circ}\text{C}$，给水与锅炉金属温差小于 $111\,^{\circ}\text{C}$，流量 $25\%\sim30\%$ BMCR，可变流量清洗。分离器出口 Fe 含量小于 $100\mu g/L$、SiO_2 含量小于 $50\mu g/L$，冷态清洗完成。

锅炉清洗时，流量必须达到 30%BMCR，因此汽动给水泵必须是启动状态，且给水系统处于正常调整状态，所有自动均投入。当给水系统自动均投入后，系统能够自动判断当前的状态，进而自动进行冷态清洗工作。

锅炉清洗的主要自动要求是给水泵汽轮机必须投入自动，锅炉上水电动门旁路门必须在自动状态，锅炉给水泵再循环必须在自动状态。

2. 锅炉清洗功能组启动条件与程序

锅炉冷态清洗的难点是如何判断水质。在冷态阶段，水质需要手动化验，因此在功能组中，必须设计能够人机互动的界面，可以人工输入化验数值，由系统自动进行判断，提示或者自动进入相应的冲洗程序，当判断冲洗合格后，提示冲洗合格，进而进行点火程序。锅炉清洗功能组的启动条件包含以下几个方面：

（1）锅炉冷态冲洗检查卡执行完毕。

（2）汽动给水泵转速大于 2800r/min 且投遥控自动；确保汽动给水泵正常才能够进行冷态冲洗。

（3）分离器水质已输入；检查输入的水质是否是当前的数据。

（4）省煤器入口水质已输入；检查水质输入是否是当前数据。

（5）分离器水位大于 1m；判断锅炉已经上水完成。

（6）主给水旁路门在自动；保证锅炉冲洗流量可控，且自动完成。

（7）锅炉疏水泵出口至凝汽器集水井放水手动门已打开；可以回收锅炉疏水，循环处理冲洗水。

（8）MFT 未复位。在 MFT 复位后，禁止锅炉冲洗。

在确保许可条件满足后，可以启动锅炉冲洗功能组，进行锅炉冷态冲洗。

第一步：投入锅炉疏水扩容器 HWL-1、锅炉疏水扩容器 HWL-2、锅炉疏水扩容器至机组排水槽减水调节门、锅炉疏水至凝汽器调节门自动。

第二步：打开锅炉疏水扩容器 HWL-1 门前电动门、锅炉疏水扩容器 HWL-2 门前电动门、锅炉疏水扩容器底部集箱放水至机组排水槽电动门。

第三步：关闭汽水分离器至除氧器 HWL 调门前电动门。

第四步：给水流量设定值设定为 30%。

第五步：开启省煤器出口放空气电动门 30s。

第六步：关闭省煤器出口放空气门。

第七步：设定给水流量定值为 30%，延时 2min。

第八步：给水流量设定值在 10％～30％之间循环。

第九步：关闭锅炉疏水扩容器底部集箱放水至机组排水槽电动门，投入锅炉疏水泵再循环自动。

第十步：启动已选锅炉疏水泵。

第十一步：停运锅炉疏水泵。

第十二步：提示关闭锅炉疏水泵出口至凝汽器集水井放水手动门，恢复锅炉疏水回收系统，准备回收锅炉疏水。

第十三步：打开锅炉疏水扩容器底部集水箱放水至机组排水槽电动门，等待集水箱放水完毕。

第十四步：关闭锅炉疏水扩容器底部集水箱放水至机组排水槽电动门，等待水位大于正常值。前几步主要为了冲洗锅炉疏水回收系统，使水质合格。

第十五步：确认锅炉疏水至凝汽器回收系统已正常。

第十六步：启动已选锅炉疏水泵。

第十七步：投入锅炉疏水泵至凝汽器调节门自动，投入未选锅炉疏水泵备用。

第十八步：给水流量设定值在 10％～30％之间循环。

第十九步：打开 NWL 前电动门，NWL 调节门置 100％，延时 5min。

第二十步：投入锅炉疏水泵至凝汽器调节门自动，投入未选锅炉疏水泵备用。水质正常后，执行下一步。

第二十一步：给水流量置零。准备启动风机点火，锅炉点火前，需要解除给水流量强制条件，进入自动调节状态。

以上步骤完成后，满足以下条件之一即认为冷态冲洗完成。

(1) 分离器出口水质合格（Fe<100μg/L）且省煤器入口水质合格（Fe<50μg/L）。

(2) MFT 已复位。

(3) 汽水分离器压力不小于 0.1MPa

（二）锅炉热态冲洗 APS 功能组

1. 锅炉热态冲洗流程与要求

锅炉热态冲洗是在锅炉加热到一定程度的时候，锅炉水质优于锅炉温度的升高而变差，在这个温度段进行热态冲洗可以以最快的速度使锅炉水质满足要求，从而使整个热力系统运行在安全的状态，避免热力系统结垢。锅炉热态冲洗系统主要是利用锅炉启动系统，使锅炉工质能够回收，并且经过凝结水系统精处理，使整个热力系统的工质逐步合格。

热态冲洗也分为开式冲洗和循环冲洗。当分离器出口温度达到 150℃，分离器出口压力达到 0.38MPa（或分离器出口温度达到 190℃分离器出口压力达到 1.17MPa）时，锅炉进行清洗。当分离器水质 Fe 含量大于 100μg/L 或 SiO₂ 含量大于 50μg/L 时，NWL 关闭，HWL 开启，锅炉疏水泵不启动，集水箱放水至机组排水槽。当水质优于上述值时，启动锅炉疏水泵，锅炉疏水至凝汽器，进行循环清洗（具体的水质要求根据需要再定，上述为锅炉厂要求）。当 Fe 含量小于 50μg/L 且 SiO₂ 含量小于 30μg/L 时，热态清洗结束。热态清洗时，要求维持锅炉燃烧率。

为了满足热态冲洗要求，必须全面考虑给水、燃料和高压旁路、低压旁路的配合关系，给水要满足要求，燃料必须能够满足锅炉达到热态冲洗条件，高压旁路、低压旁路的控制能够满足稳定压力的要求，使热态冲洗阶段保持合格的压力，避免压力波动，饱和温度波动过大。

因此，给水控制、燃料控制、高压旁路、低压旁路的自动必须能够满足全程控制条件下的热态冲洗设计，并且与APS有相应的接口，能够接受APS的控制。

2. 锅炉热态冲洗功能组启动条件与程序

本功能组能够自动根据系统的运行情况进行锅炉热态冲洗工作，功能组启动后，当条件满足时，自动进行冲洗，直到冲洗合格。

热态冲洗功能组的启动条件如下：

（1）热态冲洗检查卡执行完毕。

（2）锅炉压力不小于 0.5MPa（压力正常后启动）。

（3）凝汽器水位正常（系统水质不合格要外排，所以需要凝汽器水位正常）。

（4）凝补水箱水位正常（为补充水备用足够用水）。

（5）汽水分离器 Fe 已输入（化学分析，输入当前值）。

（6）汽水分离器 SiO_2 已输入（化学分析，输入当前值）。

（7）汽水分离器水位大于 1m。

当以上条件满足后，启动锅炉热态冲洗功能组。

第一步：投入凝汽器补水调节门、除氧器补水调门自动与工频泵运行或变频泵运行于变频自动、HWL-1 调节门、HWL-2 调节门、高压旁路、高压旁路减温水、低压旁路、低压旁路减温水、集水箱排水减温水电动调节门、疏水泵出口母管电动调节门自动。

第二步：如果汽水分离器 Fe 含量不大于 $100\mu g/L$ 或 SiO_2 含量不大于 $50\mu g/L$，跳至第七步。水质初步合格，跳过外排阶段。

第三步：关闭 HWL 调节门前电动门；开启集水箱至机组排水槽电动门；退出锅炉疏水泵联锁。

第四步：停运两台锅炉疏水泵。停运疏水泵，将不合格的水排出系统外。

第五步：关闭两台疏水泵出口电动门。

第六步：检查 Fe 含量不大于 $100\mu g/L$，SiO_2 含量不大于 $50\mu g/L$，合格后进入下一步，否则一直等待。

第七步：关闭集水箱至机组排水槽电动门，集水箱水位正常后进行下一步。

第八步：启动已选的锅炉疏水泵。

第九步：开启已选锅炉疏水泵出口电动门。

第十步：投入锅炉疏水泵联锁。

第十一步：检查 Fe 含量小于 $50\mu g/L$ 且 SiO_2 含量小于 $30\mu g/L$ 时，进行下一步。

第十二步：打开 NWL 门前电动门。

第十三步：NWL 置 5%，延时 10min（为了避免管道水冲击，开启暖管）。

第十四步：投入 NWL 自动。水质合格后，可以直接回收至除氧器。

以上步骤执行完毕后，检查以下任一条件满足，即认为锅炉热态冲洗完成。

（1）条件一：汽水分离器压力不小于0.8MPa；Fe含量小于50μg/L；SiO$_2$含量小于30μg/L；

（2）条件二：汽水分离器压力大于3MPa。

三、给水泵汽轮机冲车APS功能组设计介绍

（一）系统概述

本系统涉及给水泵汽轮机汽水、轴封系统，给水泵汽轮机供油系统，给水泵汽轮机调节油系统和给水泵汽轮机疏水系统。涉及的系统如图2-13所示的给水泵汽轮机蒸汽疏水系统图和图2-14所示的给水泵汽轮机油系统图。

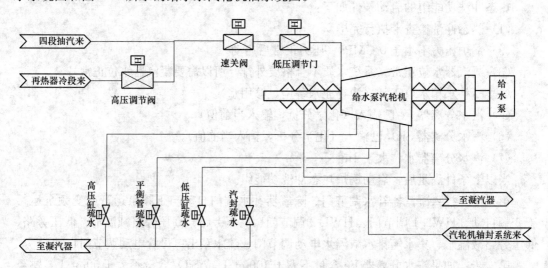

图2-13　给水泵汽轮机蒸汽疏水系统图

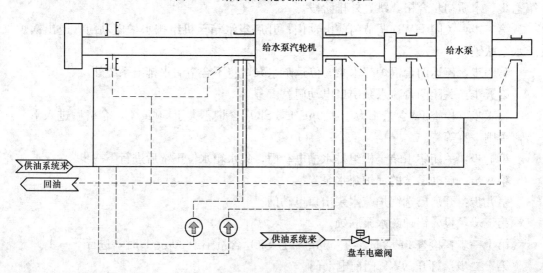

图2-14　给水泵汽轮机油系统图

给水系统与传统设计有所不同，本机组仅仅设计了一台100％容量汽动给水泵。给水泵泵体设计与传统相似，前置泵仅设计冷却水，无密封水。给水泵密封水来自凝结水

系统，因此在给水泵启动时凝结水系统应正常。

1. 给水泵汽轮机汽水、轴封系统

汽动给水泵汽轮机有三路汽源：低压工作汽源（四段抽汽）、低压备用汽源（辅助蒸汽）、高压备用汽源（冷段再热蒸汽）。高压汽源和低压汽源均由调节器控制，汽源的切换也由调节器自动完成。

低压备用蒸汽作为启动用汽，接至低压工作蒸汽管路电动隔离阀后，接入给水泵汽轮机，做功方式同低压工作蒸汽。

高压备用蒸汽由高压调节门控制，高压调节门前装设一个隔离阀，高压调节门法兰连接在速关阀上。高压备用蒸汽经高压调节门调节后依次经过速关阀、调节门后进入喷嘴做功。此时低压调节汽阀全开，不起调节作用。

给水泵汽轮机没有排气蝶阀，其排汽直接接入凝汽器。

给水泵汽轮机轴封系统用来建立真空，阻止空气进入汽轮机汽水系统。轴封汽源来自主机低压轴封，轴封汽管路上装有滤网和节流阀，由管路导入前后汽封体，少量蒸汽经前后冒汽口排出，进入主机轴封加热器。

为防止启停时发生汽缸积水现象，给水泵汽轮机设置了疏水装置。疏水装置由气动阀、截止阀组成，气动阀为气关式。

2. 给水泵汽轮机供油系统

给水泵汽轮机润滑油系统用于对给水泵汽轮机和所带的给水泵轴承提供滑油用油。该系统为闭式循环系统，工质为汽轮机油。顶轴装置用于盘车时通过高压油顶起转子，使转子不与轴瓦直接接触，减少摩擦力。盘车装置在汽轮机转子停稳后立即对其进行均匀的盘动，使汽轮机转子均匀地冷却，并防止弯曲。

供油装置为集中油站，供汽轮机润滑油、调节油和盘车油。

正常工况下由给水泵汽轮机润滑油泵供给汽轮机和给水泵的润滑油，经过节流阀、冷油器和润滑油滤油器。供给给水泵汽轮机调节系统的润滑油经过滤油器。

供给汽轮机的盘车油，不经过节流阀、冷油器和滤油器，直接取自主油泵出来的油，并且要求2台油泵同时运行。

在事故状态下，供给润滑系统的油不经过节流阀、冷油器和润滑油滤油器，直接由事故油泵从油箱中打出。

顶轴装置用于盘车时通过高压油顶起转子，使转子不与轴瓦直接接触，减少摩擦力。同时也防止轴瓦损伤。顶轴装置中1台电动机带2个独立的泵，顶轴油压力在8.0MPa左右，转子浮起不小于0.03～0.05mm。

油蜗轮盘车基本原理是通过压力油冲转固定在汽轮机转子上的蜗轮，因此动静之间没有机械连接。盘车控制装置的任务是控制进入油蜗轮的压力油量来实现盘车的启停和盘车转速高低。盘车时需要大量的压力油，由2台油泵来提供。汽轮机启动时应当停止盘车才能建立速关油。

3. 给水泵汽轮机调节油系统

给水泵汽轮机调节油系统为给水泵汽轮机保安油系统，对于高低压调节门的控制油也为低压油，来自给水泵汽轮机的供油系统。该系统为闭式循环系统，工质为汽轮机油。

系统中配置了速关组合件，危急遮断器，危急保安装置来控制速关阀。当运行中出现事故时，它能在最短时间内切断进入汽轮机的蒸汽，保证给水泵汽轮机的安全。

（1）危急遮断器作用：当汽轮机转速超过最高连续运行转速的 9%～10%时，通过危急保安装置使汽轮机停机。

（2）速关组合件作用：启动时建立速关油，速关阀完全打开，给水泵汽轮机挂闸。事故情况下接受 METS 信号，以及就地打闸，泄去速关油，实现紧急停机。

（3）危急保安装置作用：当汽轮机在运行中出现故障时，危急保安装置将速关阀中速关油泄掉，使速关阀关闭，切断进入汽轮机的汽源。

（4）速关阀作用：速关阀是新蒸汽管网和汽轮机之间的主要关闭机构，当运行中出现事故时，它能在最短时间内切断进入汽轮机的蒸汽。试验装置能在不影响汽轮机正常运行的情况下，检验阀杆动作是否灵活。

4. 给水泵汽轮机疏水系统

启动时，进入汽轮机的热蒸汽在冷的管壁和汽缸壁上凝结成水。如果汽缸积水，汽轮机就不能均匀地加热，汽缸壁将出现温度差，而引起不应有的热应力；大量的凝结水进入通流部分将对叶片造成很大的损害。

启动时的疏水启动前，进汽管道必须进行充分疏水。启动前，打开疏水装置的所有阀门，直至汽轮机冲转。

考虑到刚停机时汽缸炽热，不宜立即疏水，以防冷空气倒流入汽缸。一般停机 1h 后打开疏水装置的所有阀门，充分疏水。

（二）给水泵汽轮机冲车功能组

1. 功能组概述

给水泵汽轮机冲车功能组包含锅炉疏水排汽准备、给水泵汽轮机汽源投入、冲车至 2800r/min 三部分。本功能组一键完成三部分的功能执行，使给水泵汽轮机从静止状态冲转至备用状态。

给水泵汽轮机冲车可以在锅炉上水期间完成，用以节约启动时间，因此给水泵汽轮机冲车时汽动给水泵出口是处于开启状态，用汽动给水泵再循环和锅炉上水流量共同控制汽动给水泵最小流量，防止泵汽蚀。

如果启动功能组时给水泵汽轮机转速已经达到 150r/min，则认为给水泵汽轮机正在冲车中，如果按此按钮，则跳步至 DCS 发指令至 MEH 进行冲车操作，继续进行冲车步骤，直到允许投入遥控。

如果给水泵汽轮机转速已经超过 3300r/min，则为了安全，不允许进行此功能组调用，需要手动检查确认。

2. 功能组关键技术与要求

给水泵汽轮机冲转功能组关键技术是如何控制 MEH 进行给水泵汽轮机冲车，经研究，MEH 实现对给水泵汽轮机转速的控制，通过与 DCS 通信接口或硬接线，DCS 能够发送指令和采集相关参数或状态，从而实现对给水泵汽轮机的控制。在给水泵汽轮机冲车过程中，DCS 发送给水泵汽轮机冲车指令，MEH 自主完成给水泵汽轮机从静态到 2800r/min 的工作，并且自动投入遥控，进而由 DCS 控制给水泵汽轮机转速，控制给水流量。

给水泵再循环和锅炉上水调节门的控制要满足给水泵安全要求和节能要求，同时也要满足锅炉的安全、节能及机组运行的要求。两者与给水泵转速要协调控制，统一考虑，不能单独设计。这是对模拟量设计的要求，也是 APS 与 MCS 之间的接口设计要求。

给水泵汽轮机汽封必须跟主机汽封一起投入，给水泵汽轮机真空与主机真空同时建立。在检查卡中，需要对给水泵汽轮机真空系统检查。

给水泵汽轮机有顶轴油泵提供顶轴油压，采用给水泵汽轮机润滑油泵供油且由喷油电磁阀进行给水泵汽轮机盘车。在喷油电磁阀打开时可能造成润滑油压低使泵联锁启动。在调试时如果出现此种情况可以在步序中加入启动备用油泵，或者使用联锁启动，在给水泵汽轮机转速升高盘车退出后停运备用泵。

给水泵汽轮机转速大于 120r/min 时可以停运顶轴油泵。在停机过程中，当转速小于 300r/min 时投入喷油电磁阀。

给水泵汽轮机冲转后关闭喷油电磁阀。

汽轮机启动时，进汽参数可在定参数和变参数两者中选择一种。前者是整个启动过程进汽压力，温度为规定的额定值；后者在启动过程中新蒸汽压力、温度逐渐变化。采用变参数启动时，启动初始阶段，用压力较低且有 50℃ 以上过热度的蒸汽冲转汽轮机，以后逐渐提升新蒸汽压力温度直至达到额定值，H 形汽轮机冷态启动时，汽缸、转子温度小于 150℃，如锅炉和装置操作条件允许，尽可能采用变参数启动。

给水泵汽轮机气源操作及切换也是本功能组的关键点。启动时，首先开启厂用汽供汽管路隔离阀，速关阀前进汽管路疏水、暖管，开启速关阀、调节汽阀冲转机组，按启动曲线要求低速暖机后，用约 2min 时间使机组转速从暖机转速升至下限运行转速，机组转速由调节器自动控制后，调整给水泵的再循环门和出水门，给水泵向锅炉供水。当主要负荷达到与汽源切换点相应的工况后，开启工作汽隔离阀前疏水阀，开启工作汽隔离阀，逐渐关闭厂用汽隔离阀，操作时要注意保持汽轮机进汽压力稳定。关闭进汽管路、汽封送汽管路疏水阀。

给水泵汽轮机冲转采用辅助蒸汽，四级抽汽和冷段再热器汽源关闭。满足切换条件（四级抽汽压力 0.5MPa，且四级抽汽温度达到 280℃，汽源自动切换）切换至四级抽汽供汽。全开四级抽汽电动门，四级抽汽电动门全开后关闭辅助蒸汽供汽。机组负荷 30% 以上开启冷段再热器至给水泵汽轮机电动门。

3. 功能组启动条件与程序

给水泵汽轮机冲车功能组在启动前应当满足以下条件：

(1) 给水泵汽轮机冲车检查卡执行完毕。

(2) 前置泵已启动。

(3) 给水泵汽轮机润滑油压正常。

(4) 给水泵汽轮机调节油压正常。

(5) 给水泵汽轮机轴封供汽压力正常。

(6) 凝汽器压力小于 27kPa。

(7) 除氧器水位正常。

满足以上条件后，功能组可以启动，按照以下的步骤顺序进行。

第一步：关闭主给水电动门；投入给水旁路调门、锅炉汽水分离器底部 HWL-1、HWL-2、给水泵再循环、给水泵汽轮机排气管喷水调门自动。为了在给水泵汽轮机冲车过程中整个系统能够协调控制，保护给水泵汽轮机安全，保护锅炉水位正常，所以要投入这些自动，让设备自主调节。

第二步：如果给水泵汽轮机转速已经大于 150r/min，转到第七步。给水泵汽轮机转速大于 150r/min 后，则认为给水泵汽轮机已经有蒸汽进入给水泵汽轮机，为了安全，要调过一些步骤，直接转至第七步。

第三步：开启给水泵汽轮机高压缸疏水阀、给水泵汽轮机气缸平衡管疏水阀、给水泵汽轮机汽封母管疏水阀、给水泵汽轮机低压缸疏水阀、辅汽供给水泵汽轮机用汽电动门前疏水阀、四级抽汽供给水泵汽轮机电动门后疏水阀、汽泵出口电动门。

第四步：打开辅助蒸汽供给水泵汽轮机用汽电动门。

第五步：判断以下条件全部满足：

1）给水泵系统就绪；

2）四级抽汽至给水泵汽轮机蒸汽压力正常；

3）无 METS 停机条件；

4）给水泵汽轮机润滑油压正常；

5）给水泵汽轮机调节油压正常；

6）给水泵汽轮机排汽压力正常；

7）给水泵汽轮机轴封供汽压力正常；

8）除氧器水位正常；

9）前置泵已运行；

10）给水泵汽轮机高压缸疏水阀已打开；

11）给水泵汽轮机气缸平衡管疏水阀已打开；

12）给水泵汽轮机汽封母管疏水阀已打开；

13）给水泵汽轮机低压缸疏水阀已打开；

14）给水泵汽轮机 MTSI 正常；

15）给水泵汽轮机盘车正常；

16）无给水泵汽轮机报警信号。

第六步：远程复位给水泵汽轮机。

第七步：DCS 发给水泵汽轮机冲车指令。由于 MEH 设计为可以自动冲车，只需要 DCS 将指令发送至 MEH，MEH 将启动相关程序，将转速从 0 自动升至 3000r/min，经过条件判断后，发送给水泵汽轮机遥控允许反馈至 DCS。本步骤的完成条件是给水泵汽轮机转速大于 2800r/min、盘车电磁阀已关闭、顶轴油泵已停运、给水泵汽轮机遥控允许等条件全部满足。

第八步：关闭给水泵汽轮机高压缸疏水阀、给水泵汽轮机气缸平衡管疏水阀、给水泵汽轮机汽封母管疏水阀、给水泵汽轮机低压缸疏水阀、辅助蒸汽供给水泵汽轮机用汽电动门前疏水阀、四级抽汽供给水泵汽轮机电动门后疏水阀。

第九步：投入给水泵汽轮机遥控自动。投入给水泵汽轮机遥控自动后，给水泵汽轮机即可以由 DCS 进行远方控制。

第十步：投入锅炉给水旁路调节门、锅炉汽水分离器底部 HWL-1、HWL-2、给水泵再循环自动。这些自动投入后，给水系统将进入全自动调整的正常状态。

给水泵汽轮机冲车完毕的判断，是满足以下之一条件。

（1）条件一：给水泵汽轮机已挂闸、给水泵汽轮机转速大于 2800r/min、顶轴油泵已停运、锅炉主给水旁路调门自动已投入、锅炉汽水分离器底部 HWL-1，HWL-2 自动已投入、给水泵再循环自动已投入。

（2）条件二：给水泵汽轮机遥控已投入。

第四节　机侧汽油水主要系统 APS 功能组设计

机侧汽油水主要系统 APS 功能组包括了定子冷却水系统、转子冷却水系统、辅助蒸汽系统、轴封系统、真空系统、汽轮机润滑油系统和抗燃油系统等。为机侧重要辅助系统，上述系统的 APS 功能涉及的设备较多且步序要求严格。本节对上述 APS 功能组进行介绍。

一、定子、转子冷却水系统 APS 功能组设计介绍

本功能组包含定子、转子冷却水启动功能组和定子、转子冷却水停运功能组。本功能组能够实现发电机定子和冷却水的顺序启动或停运，能够在启动条件满足的情况下，按照提示及要求完成定子冷却水的启动或停运操作。

定子、转子冷却水系统如图 2-15 和图 2-16 所示。

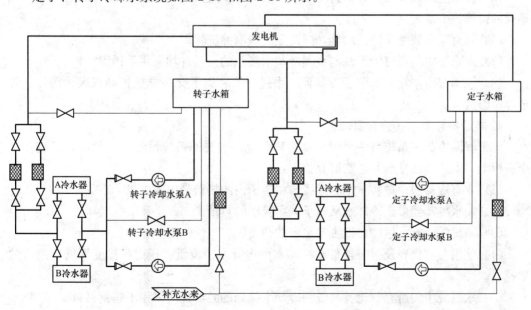

图 2-15　定子冷却水系统图

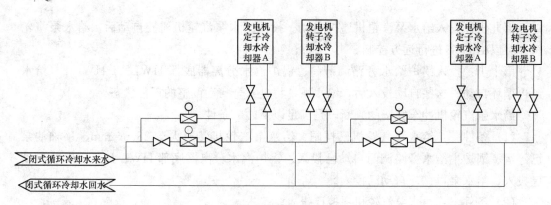

图 2-16　转子冷却水系统图

定子、转子冷却水系统为发电机定子和转子提供冷却水，定子冷却水和转子冷却水是两个独立的系统。

（一）定子、转子冷却水系统特点及功能

1. 定子冷却水系统特点及功能

定子冷却水系统是一个采用充氮隔离方式的内冷水闭式循环系统，主要的系统设备和检测仪表组装在一块底板上。系统的特点及功能简介如下：

（1）采用冷却水通过定子空心导线机端部铜屏蔽冷却导管，将定子机端部铜屏蔽损耗产生的热量带出发电机。

（2）用水冷却器带走冷却水从定子线圈吸取的热量。

（3）系统中设有水过滤器以去除水中的杂质。

（4）用旁路式离子交换器对冷却水进行软化，控制其电导率。

（5）使用监测仪表机报警器件等设备对冷却水的电导率、流量、压力级温度等进行连续的监控。

（6）具有定子线圈反冲洗功能，提高定子线圈冲洗效果。

（7）水系统中的所有管道及与线圈冷却水接触的元器件均采用不锈钢材料。

（8）该系统由水箱、水泵、冷却器、水过滤器、离子交换器机控制仪表、阀门、管道等所组成。

2. 转子冷却水系统特点及功能

转子线圈冷却水系统是一个内冷水循环系统，主要的系统设备和检测仪表组装在一个底板上。本系统的特点及功能简介如下：

（1）才有冷却水通过转子空心导线，将转子内的热量带出发电机。

（2）用水冷却器带走冷却水从转子线圈吸取的热量。

（3）系统中设有水过滤器以去除水中的杂质。

（4）使用监测仪表及报警器件对冷却水的电导率、流量、压力级温度等进行连续的监控。

（5）水系统中的所有管道及与线圈冷却水接触的元器件均采用不锈钢材料。

（6）该系统主要有水箱、水泵、冷却器、水过滤器机控制仪表、阀门、管道等所组成。

通过图 2-16 可以看出，定子和转子冷却水系统中，均为手动门操作，因此本功能组的启动主要以检查为主，在设备启动前后会根据现场需要，提示进行相应的操作。

（二）定子、转子冷却水系统功能组

1. 定子、转子冷却水控制要求

定子冷却水和转子冷却水的冷却器安装有调节门，要求通过调节门自动调节定子或转子冷却水的出水温度，使发电机定子和转子工作在正常的温度范围内。

定子或转子冷却水流量均使用泵再循环进行控制，通过调整再循环手动门，调整系统的压力和流量。由于泵是定速泵，且整个系统均为手动门，在系统启动时，根据检查卡认真检查所有阀门在正确位置，然后进行泵的启动。启动后根据系统提示，调整系统流量至正常。

2. 定子、转子冷却水控制功能组程序

定子、转子冷却水启动功能组的启动条件只有一条，就是需要将检查卡内容认真执行完毕。当检查卡执行完毕后，启动功能组，逐步完成定子、转子冷却水系统的启动工作。

第一步：如果定子冷却水泵已经启动，则跳到第四步。

第二步：关闭定子冷却器冷却水调节旁路门。

第三步：启动已选定子冷却水泵。

第四步：提示调节定子冷却水流量和压力。系统自动判断定子冷却水流量正常，压力正常后开始进行下一步。

第五步：投入定子冷却水泵联锁。

第六步：投入定子冷却器冷却水调节门自动。

第七步：如果转子冷却水泵已启动，跳至第十步。开始启动转子冷却水系统。

第八步：关闭转子冷却器冷却水调节旁路门。

第九步：启动已选转子冷却水泵。

第十步：提示调节转子冷却水流量和压力。当转子冷却水流量和压力正常时，进行下一步。

第十一步：投入转子冷却水泵联锁。

第十二步：投入转子冷却器冷却水调节门自动。

第十三步：提示投入离子交换器。

定子、转子冷却水启动步骤执行完毕后，应当同时满足以下几个条件才能判断启动功能组执行完毕，否则，本功能组可以在任何时候执行。

（1）有定子冷却水泵运行。

（2）有转子冷却水泵运行。

（3）定子冷却水压力、流量正常。

（4）转子冷却水压力、流量正常。

定子转子冷却水停运的功能组启动也需要有条件才能执行，防止误操作造成事故。定子、转子冷却水停运的条件包含以下几个方面：

（1）定子、转子冷却水系统停运检查卡执行完毕。

（2）汽轮机已打闸；确保机组已停运。

（3）发电机已解列；确保机组已停运。

（4）汽轮机转速小于 50r/min；确保机组已停运。

以上条件满足后，可以启动定子转子冷却水停运功能组，顺序执行以下步骤。

第一步：退出定子冷却水泵联锁，转子冷却水泵联锁。

第二步：停运 A、B 定子冷却水泵，停运 A、B 转子冷却水泵。

第三步：提示退出离子交换器。

至此，定子转子冷却水停运的功能组执行完毕，判断以下条件满足。

（1）定子冷却水泵全停。

（2）转子冷却水泵全停。

二、辅助蒸汽、轴封抽真空系统 APS 功能组设计介绍

（一）辅助蒸汽系统 APS 功能组

1. 系统介绍

本功能组完成辅助蒸汽系统的暖管及投入功能，功能组执行完毕后，能够保证辅助蒸汽系统已经正常运行。在辅助蒸汽系统投入时，要求运行人员按照检查卡仔细检查各阀门的状态，检查需要隔离的系统是否完全隔离，确保辅助蒸汽系统投入时不发生安全事故。

辅助蒸汽系统投入时的汽源一般为从邻机来。冷段再热器和四级抽汽的汽源切换通过联锁来实现。

辅助蒸汽系统如图 2-17 所示。

辅助蒸汽系统与邻机共用一条辅助蒸汽母管，配置独立的辅助蒸汽联箱。蒸汽由辅助蒸汽母管接至辅助蒸汽联箱，该辅助蒸汽联箱向锅炉空气预热器吹灰、给水泵汽轮机启动用汽、除氧器启动等用户供汽。

辅助蒸汽系统的功能是在机组启停及正常运行中，将来自邻机辅助蒸汽母管或来自本机组冷段再热蒸汽经调压后或四级抽汽管路的蒸汽，输送给本机组用户，另外在本机组正常运行时，也可向其他机组辅助蒸汽母管提供所需的辅助蒸汽。

机组启动前的辅助蒸汽汽源来自邻机辅助蒸汽母管，机组正常运行时，辅助蒸汽的汽源来自汽轮机四段抽汽，启动或低负荷时来自冷段再热蒸汽系统，冷段再热器供汽参数为 316.4℃、4.377MPa；四段抽汽供汽参数为 347.5℃、0.893MPa。

（1）在机组启动及低负荷期间由邻机辅助蒸汽母管供给；邻机至本机辅助蒸汽母管依次装有电动隔离阀、手动隔离阀。

（2）当机组高压缸排汽的压力、温度满足辅助蒸汽要求时，由冷段再热蒸汽管道供给；冷段再热器至辅助蒸汽管路上依次装有止回阀、电动隔离阀、气动调节阀、手动隔离阀。

（3）当机组四级抽汽的压力、温度满足辅助蒸汽运行要求时，由四抽蒸汽管道供给；四抽至辅助蒸汽母管管路上依次装有止回阀、电动隔离阀、手动隔离阀。

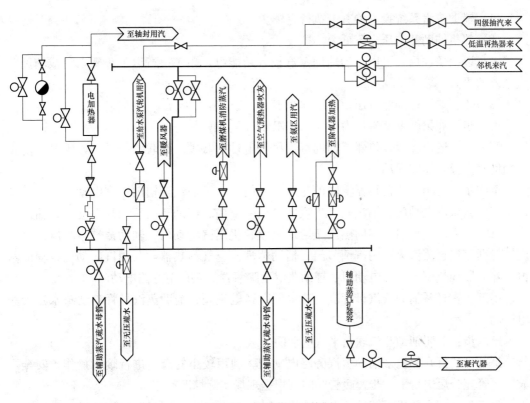

图 2-17 辅助蒸汽系统图

本机冷段再热器与四抽两路汽源汇总后接至辅助蒸汽母管，管路上装有一个隔离总阀；辅助蒸汽从辅助蒸汽母管接入辅助蒸汽联箱，管路上装有一个隔离阀。正常运行时，本机与邻机辅助蒸汽母管联络运行，辅助蒸汽母管汽源由邻机或本机供应。

辅助蒸汽暖管是辅助蒸汽投入的关键步骤，由于辅助蒸汽进汽电动门较大，很难控制辅助蒸汽联想温度升高速率，故设置旁路电动门，利用旁路电动门对辅助蒸汽系统进行升温升压。另外为了在暖管初期能够及时排出凝结水，因此设计了两路疏水器的旁路电动门，在启动初期要开启疏水器旁路疏水门加强疏水，防止水击或受热不均。

冷段再热器汽源用于当辅助蒸汽不正常时的一个备用汽源，当辅助蒸汽压力低于一定值时，冷段再热器供辅助蒸汽电动门打开，此时触发冷段再热器供辅助蒸汽压力调节投入闭环调节，维持最低的辅助蒸汽压力 0.4MPa。当四级抽汽至辅助蒸汽压力逐步升高或者由 3 号机来汽压力逐步升高时，冷段再热器供辅助蒸汽调节门逐步关闭，直到高于 0.45MPa 时，其门前电动门关闭，退出闭环调节。

为了防止四级抽汽至辅助蒸汽汽源切换时造成辅助蒸汽联箱压力波动，因此需要合理设计四级抽汽至辅助蒸汽电动门的逻辑，要求在四级抽汽压力大于辅助蒸汽联箱压力时，自动开启四级抽汽至辅助蒸汽电动门，四级抽汽自动投入。

2. 辅助蒸汽功能组投入条件与程序

辅助蒸汽投入功能组在设计时，必须充分考虑全面的安全情况，防止出现事故。在功能组启动前，要认真核对以下条件满足：

（1）辅助蒸汽系统投入检查卡执行完毕。

（2）邻机辅助蒸汽压力不低。

满足以上条件后，可以启动辅助蒸汽投入功能组，顺序执行以下步骤，完成辅助蒸汽系统的投入。

第一步：如果辅助蒸汽压力大于 0.3MPa，跳至第八步。

第二步：如果辅助蒸汽压力大于 0.1MPa，跳至第六步。

第三步：退出冷段再热器至辅助蒸汽供汽电动门联锁。此联锁的设计，主要是防止在辅助蒸汽投入期间误动。

第四步：关闭冷段再热器至辅助蒸汽电动门、四级抽汽至辅助蒸汽电动隔离门、辅助蒸汽联箱来汽电动门、辅汽联箱来汽电动门旁路门、辅助蒸汽至轴封电动门、辅助蒸汽至真空泵用汽电动门、辅助蒸汽至给水泵汽轮机用汽电动门、辅助蒸汽至暖风器电动门、辅助蒸汽至蒸汽灭火用汽调节门、辅助蒸汽至空气预热器吹灰用汽电动门、辅助蒸汽至除氧器加热调节门前电动门、辅助蒸汽至除氧器加热调节旁路电动门。

第五步：打开辅助蒸汽母管自动疏水器旁路电磁阀、辅助蒸汽母管自动疏水器旁路电磁阀。

第六步：关闭辅助蒸汽联箱来汽电动门。

第七步：打开邻机来辅助蒸汽旁路电动门。利用较小的阀门进行暖管操作，安全可靠。暖管充分后进行下一步，暖管时间可根据现场实际情况确定。

第八步：打开邻机来辅助蒸汽电动门。暖管结束，投入主管路联络门供汽。

第九步：打开辅助蒸汽母管来汽电动门旁路门。确定打开时间充分，暖管充分。具体时间以现场调试为主，保证安全。

第十步：打开辅助蒸汽联箱来汽电动门。打开供辅助蒸汽主电动门。

第十一步：投入冷段再热器至辅助蒸汽供汽电动门联锁，投入冷段再热器至辅助蒸汽供汽调节门自动，投入辅助蒸汽至蒸汽灭火用汽调节门自动。

以上步骤完成以后，辅助蒸汽系统应该能够正常运行，功能组完成条件有以下之一即可：

（1）条件一：辅助蒸汽压力大于 0.4MPa；四级抽汽至辅助蒸汽电动隔离门已打开；辅助蒸汽联箱来汽电动门已打开；冷段再热器至辅助蒸汽供汽电动门联锁已投入；冷段再热器至辅助蒸汽供汽调节门自动已投入。

（2）条件二：冷段再热器至辅助蒸汽供汽电动门联锁已投入且已打开；冷段再热器至辅助蒸汽供汽调节门自动已投入；冷段再热器压力大于 2MPa；辅助蒸汽联箱来汽电动门已打开；辅助蒸汽压力大于 0.4MPa。

（3）条件三：辅助蒸汽联箱来汽电动门已打开；邻机来辅助蒸汽电动门已打开且 3 号机辅助蒸汽压力不低；冷段再热器至辅助蒸汽供汽电动门联锁已投入；冷段再热器至辅助蒸汽供汽调节门自动已投入；辅助蒸汽压力大于 0.4MPa。

（二）轴封抽真空系统 APS 功能组

1. 系统介绍

本工程的真空系统涉及主机的真空系统、给水泵汽轮机真空系统、轴封系统和真空泵系统。由于给水泵汽轮机真空系统与主机真空系统一同设计，中间没有隔离，因此必须将所有涉及真空的操作合并在一起考虑，因此设计为投轴封抽真空功能组和退出轴封抽真空功能组。

投入和退出功能组均能够实现所有真空系统的一键投入或退出，避免了许多繁琐的操作，并且能够保证真空系统能够安全投入运行或安全退出。功能组在启动后，能够自动根据当前的运行状态，自动满足各项条件。相关系统图如图2-18～图2-20所示。

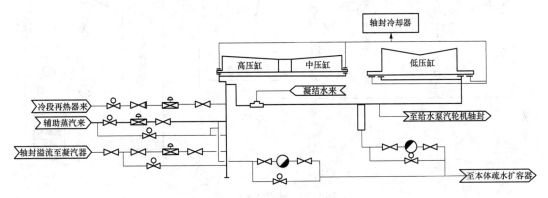

图 2-18　主机轴封系统图

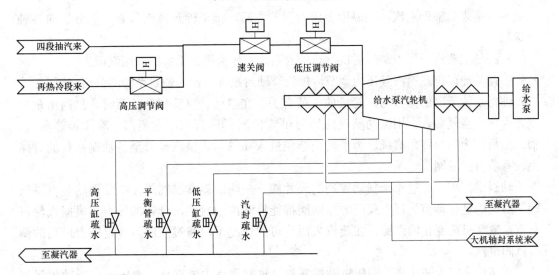

图 2-19　给水泵汽轮机轴封系统图

轴封蒸汽系统的主要功能是向汽轮机、给水泵汽轮机的轴封和主汽阀、调节门的阀杆汽封提供密封蒸汽，同时将各汽封的漏汽合理导向或抽出。在汽轮机的高压区段，轴封系统的正常功能是防止蒸汽向外泄漏，以确保汽轮机有较高的效率；在汽轮机的低压区段，则是防止外界的空气进入汽轮机内部，保证汽轮机有尽可能高的真空（也即尽可能低的背参数），也是为了保证汽轮机组的高效率。

轴封蒸汽系统是由轴端汽封、轴封供汽母管、轴封供汽母管压力调节机构、轴封冷却器、低压轴封减温器以及有关管道、阀门组成的闭式系统。

轴封蒸汽系统设置定压轴封供汽母管，母管内蒸汽来自三路外接汽源：

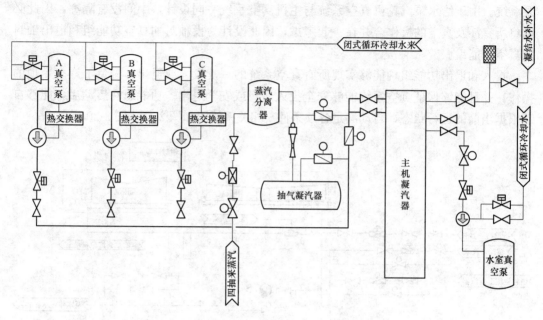

图 2-20　抽真空系统图

一路是来自辅助蒸汽，经温度、压力调节之后，接至轴封蒸汽母管，并分别向各轴封送汽。

一路是主蒸汽经压力调节后供汽至轴封系统，作为轴封系统的备用汽源。

一路是冷段再热蒸汽经压力调节后供汽至轴封系统，作为轴封系统的备用汽源。

轴封系统所需的蒸汽与汽轮机的负荷有关。在启动、空载和低负荷时，缸内出现真空，为防止空气漏入，用辅助蒸汽向轴封供应低温低压蒸汽，主蒸汽、冷段再热蒸汽、辅助蒸汽作为轴封备用汽源。为了防止杂质进入端轴封，供汽母管至各轴端密封的管路上设有蒸汽过滤网。

轴封供汽压力通过 4 个气动控制的膜片阀——辅助蒸汽供气阀、冷段再热蒸汽供汽阀、溢流阀进行调节。每个阀门的控制阀都能检测出轴封供汽母管的压力。根据汽轮机蒸汽参数和负荷变化的需要，在蒸汽来源许可的情况下，通过控制器整定压力最高的调节汽阀供汽。

在高负荷时为防止高、中压缸轴端漏汽，轴封用汽主要靠高、中压缸高压轴封漏汽（即自密封蒸汽）供给。在大约 15% 额定负荷时，高、中压缸调整器端的高压排汽压力已达到密封蒸汽压力，变成自密封。在大约 25% 额定负荷时，高、中压缸发电机端的中压排汽压力达到密封压力，变成自密封。此时，蒸汽排到汽封系统的母管，再从母管流向低压汽封。大约在 75% 负荷下系统达到自密封。如有任何多余的蒸汽，会通过溢流阀流往凝汽器。

为预防由于轴封系统的供汽压力可能超过系统设计允许压力，系统中装设两只安全阀，借以释放可能由于调节汽阀的误动作引起的超压。

从轴封供汽母管进入低压缸轴端汽封前，密封蒸汽需减温，以控制蒸汽温度在 121～177℃之间，防止高温蒸汽使汽封体和轴承座受热变形或损坏转子。蒸汽的减温由低压缸轴端汽封的温度传感器控制的喷水减温系统来调节并加强冷却，冷却水源取自凝结水。减温器后的管路上装设有一疏水袋，将疏水汇集后流入凝汽器。

同时，减温器后的低压轴封为给水泵汽轮机提供轴封汽源，由轴封汽管路导入给水泵汽轮机的前后汽封体。

主汽阀、调节汽阀阀杆漏汽都进入轴封冷却器被冷凝。凝结水被输至水封筒，通过调节门控制轴封冷却器水位，空气和其他没有凝结的气体则用轴加风机排向大气。

在汽轮机组正常运行时，轴封系统的蒸汽由系统内自行平衡。但此时压力调节装置、温度调节装置仍然进行跟踪监视和调节。此时，通过汽轮机轴封装置泄漏出来的蒸汽，通过轴封蒸汽回汽母管，被接到轴封冷却器（同时接收给水泵汽轮机的轴封漏气），尽可能地回收能量，确保汽轮机组的效率。

轴封系统中设置了许多疏水器和疏水阀门，这是防止在轴封系统刚启动时由于暖管形成疏水。而这些水危害整个系统的安全，所以需要及时排出。疏水阀门就是起到了排出疏水的作用。另外，疏水送至凝汽器背包，作为锅炉给水。

2. 轴封抽真空功能组启动条件与程序

传统操作是在机组热态时先投轴封，然后抽真空，防止轴封及轴承冷却。冷态时先抽真空后投轴封，防止局部受热。为了简化 APS 设计，进行以下分析。

冷态时，如果先投轴封蒸汽，由于转子处于盘车状态，因此转子受热会均匀，不会发生局部受热。轴封部件的结构决定了在轴封投运后均有一定的受热不均，只要控制温度升高速率，则不会造成故障。因此，如果冷态时先投轴封，则需要控制压力和温度升高速率，进行预暖。

热态时，如果先抽真空，外部空气会通过轴封间隙进入本体内部，因此造成大轴和轴封部件冷却，尤其对高中压轴封和转子及缸体损害较大，因此，热态时应该先送轴封蒸汽，然后再抽真空。

综上所述，无论是冷态还是热态，均可以先送轴封后抽真空。两者的区别就是冷态需要预暖，热态不需要。APS控制时，根据轴封处温度确定轴封蒸汽压力和温度。

另外一个重要问题是无论何时都应该是先投轴封正常后再启动轴加风机，防止轴加风机造成轴承和轴封部件强冷。

根据系统图得知高、中压缸轴封供汽无阀门，因此在轴封母管暖管时应当加以考虑。

为避免轴封母管在暖管时积水，因此需要在检查卡中详细列出各疏水手动门，并按照规定开启。为了避免自动疏水器疏水不畅，需要在暖管初期加强疏水检查，确保疏水正常及暖管正常。当轴封温度和压力上升至正常后关闭。

另外，在暖管期间，由于高、中压缸轴封无手动门隔离，因此其参与了暖管过程，为避免水击，需要确保足够的暖管时间并且确保疏水正常。另外当机组处于热态时，为避免高、中压缸轴封处冷却，应根据轴封母管温度及高、中压缸轴封处温度尽快暖管投入轴封，因此应很好设计暖管程序。

由于低压缸轴封温度较低，因此无论何时都可以在暖管时投入。

在轴封系统内设置了两个疏水器旁路电动门，因此可以利用这两个电动门进行控制，当高压轴封压力和温度正常后才能关闭。

本机组给水泵汽轮机无排汽蝶阀，无法与主机隔离，因此给水泵汽轮机轴封和真空与主机同时建立。由于投轴封要求给水泵汽轮机的盘车投入。

给水泵汽轮机轴封暖管与投入与主机相同，均在暖管时同时投入。

真空系统基本包含全部汽轮机系统设备的检查，因为真空系统涉及汽轮机的所有设备，含凝结水、高低压加热器、给水系统、轴封系统和抽真空系统。

本机组抽真空系统在传统的三台水环式真空泵设计的系统中插入了射汽抽气器，用以提高系统效率，降低厂用电率。在启动初期先启动两台或三台真空泵，增加抽气量，加快真空建立。对于蒸汽喷射器，需要同步对管路及蒸汽喷射器及蒸汽分离器抽真空，在正常运行后蒸汽喷射器投入工作状态。

经过以上分析，确定投轴封抽真空功能组的设计要求，在启动功能组前，必须要满足以下条件：

（1）检查卡执行完毕。

（2）循环水压力正常。

（3）凝结水压力大于 1.5MPa。

（4）主机盘车电流正常与转速大于 2r/min。

（5）给水泵汽轮机转速大于 50r/min。

（6）辅助蒸汽母管压力正常。

（7）轴封冷却器凝结水侧入口电动门开启。

（8）轴封冷却器凝结水侧出口电动门开启。

（9）轴封冷却器凝结水侧旁路门关闭。

当满足以上条件后，启动功能组，按照以下步骤执行。

第一步：如果轴封蒸汽母管压力大于 10kPa，跳至第九步。

第二步：开启辅助蒸汽至轴封母管门后管道疏水器旁路电动门、高压轴封母管疏水器旁路电动门、开启辅助蒸汽至给水泵汽轮机供汽电动门前疏水阀、一级抽汽止回阀前疏水阀、二级抽汽止回阀前疏水阀、三级抽汽止回阀前疏水阀、四级抽汽止回阀前疏水阀、五级抽汽止回阀前疏水阀、六级抽汽止回阀前疏水阀、A 主汽支管疏水阀、B 主汽支管疏水阀、主汽支管疏水总阀、高压缸疏水阀 1、高压缸疏水阀 2、高压缸疏水阀 3、再热蒸汽管道疏水气动阀 AA402、A 热段再热器支管疏水阀、B 热段再热器支管疏水阀、蒸汽喷射器入口电动门、蒸汽喷射器出口电动门、低压轴封至给水泵汽轮机供汽电动门、蒸汽喷射器旁路电动门、给水泵汽轮机高压缸疏水、给水泵汽轮机平衡管疏水、给水泵汽轮机低压缸疏水、给水泵汽轮机汽封管疏水。

第三步：关闭低段再热器至轴封母管调节门前电动门、辅助蒸汽至轴封调节旁路门、辅助蒸汽至轴封调节门前电动门、辅助蒸汽至轴封用汽电动门后减温水调节门前电动门、轴封母管溢流旁路电动门。

第四步：投入轴封加热器联锁。

第五步：投入低段再热器至轴封母管调节门、辅助蒸汽至轴封用汽电动门后减温水调节门自动、辅助蒸汽至轴封母管调节门、低压轴封蒸汽喷水调节门、低压缸喷水调节门、蒸汽喷射器蒸汽入口调节门自动。轴封母管溢流调节门置 20%。

第六步：如果凝汽器压力小于80kPa，跳至第八步。

第七步：打开真空破坏门。

第八步：开启辅助蒸汽至轴封供汽电动门，开启辅助蒸汽至轴封用汽电动门后减温水调节门前电动，开辅助蒸汽至轴封调节门前电动门，辅助蒸汽至轴封母管调节门投入自动。

第九步：启动轴封加热器风机。

第十步：投入另一台轴封加热器风机备用。

第十一步：辅助蒸汽至轴封母管调节门自动投入，压力正常；投入辅助蒸汽至轴封用汽电动门后减温水调节门、低压轴封蒸汽喷水调节门、低压缸喷水调门、蒸汽喷射器蒸汽入口调节门、轴封母管溢流调节门自动。

第十二步：关闭真空破坏门、辅助蒸汽至轴封母管门后管道疏水器旁路电动门、高压轴封母管疏水器旁路电动门。

第十三步：启动已选真空泵。

第十四步：关闭辅助供汽阀门站疏水电动门。

第十五步：投入三台真空泵联锁。

当以上条件执行完毕后，真空系统能够正常运行。检查以下任一条件满足，则认为功能组启动完成。

（1）条件一：任一真空泵运行；任一轴封风机运行；凝汽器压力大于80kPa（绝对压力）；真空破坏门关闭；高压轴封母管温度大于111℃；投入辅助蒸汽至轴封母管调节门自动（压力正常）、辅助蒸汽至轴封用汽电动门后减温水调节门、低压轴封蒸汽喷水调节门、低压缸喷水调门、蒸汽喷射器蒸汽入口调节门、轴封母管溢流调节门自动。

（2）条件二：凝汽器压力小于10kPa。

（3）条件三：汽轮机转速大于1000r/min。

（4）条件四：给水泵汽轮机转速大于1000r/min。

为了满足真空系统的安全正常停运，设计了真空系统的停运功能组。真空系统停运功能组在启动前必须满足以下条件：

（1）锅炉MFT。

（2）汽轮机打闸。

（3）主汽压力小于1MPa。

（4）汽轮机转速小于2000r/min。

（5）给水泵汽轮机已打闸。

满足以上条件后，可以启动本功能组，从而完成真空系统的顺利退出。

第一步：关闭辅助蒸汽至蒸汽喷射器入口蒸汽电动门，辅助蒸汽至蒸汽喷射器调门开度为0%。

第二步：退出真空泵联锁。

第三步：停运真空泵。

第四步：开启真空破坏门。

第五步：退出轴封风机联锁。

第六步：停运轴封风机。

第七步：关闭低段再热器至轴封母管调节门前电动门、辅助蒸汽至轴封供汽电动门、辅助蒸汽至轴封调节旁路门、辅助蒸汽至轴封调节门前电动门、辅助蒸汽至轴封用汽电动门后减温水调节门前电动门、辅助蒸汽母管溢流旁路电动门。

第八步：投入低段再热器至轴封母管调节门、辅助蒸汽至轴封用汽电动门后减温水调节门、辅助蒸汽至轴封母管调节门、轴封母管溢流调节门、低压轴封蒸汽喷水调节门、蒸汽喷射器蒸汽入口调节门自动。

第九步：提示关闭低压轴封减温水手动门、关闭辅助蒸汽至轴封供汽电动门后手动门、关闭辅助蒸汽至轴封供汽减温水手动门。

完成以上步骤，即可完成真空系统的退出。真空系统退出功能组完成条件包含以下几个方面：

（1）真空泵停运。

（2）轴封风机全部停运。

（3）低段再热器至轴封母管调节门前电动门已关闭。

（4）辅助蒸汽至轴封供汽电动门已关闭。

（5）辅助蒸汽至轴封调节旁路门已关闭。

（6）辅助蒸汽至轴封调节门前电动门已关闭。

（7）辅助蒸汽至轴封用汽电动门后减温水调节门前电动门已关闭。

（8）辅助蒸汽母管溢流旁路电动门已关闭。

三、汽轮机油系统 APS 功能组设计介绍

（一）汽轮机润滑油系统 APS 功能组

1. 系统介绍

汽轮机润滑油系统启动功能组设计为一键启动，启动完成后主润滑油系统中的油烟风机、顶轴油泵、交流润滑油泵正常运行，备用油烟风机、直流油泵自动投入联锁，并提示投入盘车装置。

汽轮机润滑油系统图如图 2-21 和图 2-22 所示。

汽轮机润滑油系统是为汽轮机、发电机径向轴承和汽轮机推力轴承润滑和冷却、为盘车装置提供润滑油，同时还为装于前轴承座内的机械超速脱扣及手动脱扣装置提供控制用压力油。汽轮机润滑油系统设有可靠的主供油设备及辅助供油设备，在启动、停机、正常运行和事故工况下，满足汽轮发电机组的用油量。

润滑油系统为一个封闭的系统，工质为经油净化装置处理的 32 号透平油，来自润滑油主油箱。

润滑油储存在主油箱内，它由主轴驱动的主油泵将绝大部分压力油注入注油器，其将油箱内的油入后，分成两路。一路至主油泵进口，另一路通向冷油器和滤网旁路调节门，然后再至各轴承进行润滑和冷却，并在冷油器后接一路供顶轴油泵。

主油泵出口的压力油除进入注油器外，尚有小部分压力油经止回阀后到前轴承座内

的机械超速脱扣及手动脱扣装置。主油泵尚未启动前，先驱动高压油泵提供机械超速脱扣及手动脱扣装置的压力油，同时驱动交流润滑油泵供油，该油经冷油器至各轴承。当主机停机时，启动交流润滑油泵，若交流润滑油泵出口油压达不到规定值时，则启动直流润滑油泵，主机转速至0投入盘车装置。

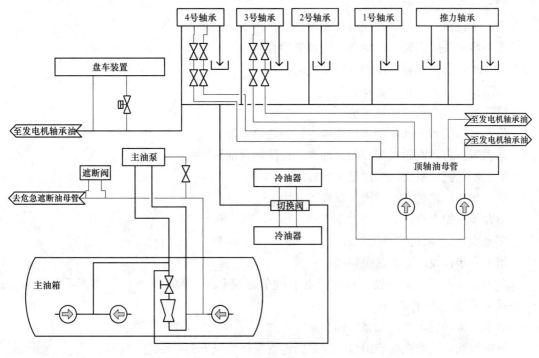

图 2-21　汽轮机润滑油系统图

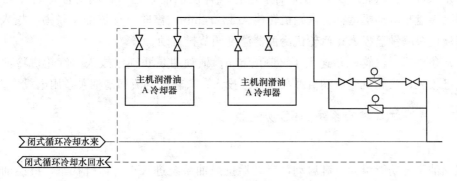

图 2-22　汽轮机润滑油闭式循环冷却水系统图

　　润滑油管路采用套装式，进油管套在回油管内，发电机和励磁机的进油管不采用套装式，汽轮机的每一道轴承座均有通气管，它们也套在回油管内，与回油套管上半部相通，回油套管内的油充满一半，即管内上半的油汽由除油雾装置的风机抽吸和排出，管内形成微负压，有利于回油通畅。

　　汽轮机润滑油系统的主机油冷油器通过闭式循环冷却水自动调整主机供油温度，闭式循环冷却水设计了自动调整门和旁路电动门，其余均为手动门。

　　汽轮机润滑油系统油侧无调整门，且没有电动门，仅有用于保护和实验的阀门，因此需要通过手动检查卡认真检查。

2. 汽轮机润滑油功能组启动条件与程序

汽轮机润滑油系统功能组在启动前必须要满足以下几个条件：

（1）汽轮机润滑油系统启动前检查卡执行完毕。

（2）汽轮机油箱油位正常。

满足条件后，可以手动或由功能组调用执行下面的步骤：

第一步：关闭汽轮机冷油器温度调节门旁路门。

第二步：投入汽轮机冷油器温度自动。

第三步：投入油箱加热器联锁。

第四步：启动已选排烟风机。

第五步：投入未选排烟风机联锁，检测油温不低。

第六步：启动汽轮机交流润滑油泵，检测润滑油压不低。

第七步：汽轮机交流润滑油泵联锁投入。

第八步：汽轮机直流润滑油泵投入备用。

第九步：如果汽轮机转速大于 1000r/min，跳至第十三步。

第十步：启动已选顶轴油泵。

第十一步：投入顶轴油泵联锁。

第十二步：提示手动投入盘车。由于盘车装置不能远控投入，因此需要手动投入，按提示完成后，进行下一步。

第十三步：投入顶轴油泵联锁。

汽轮机润滑油系统功能组启动完成的检查条件满足下列条件之一即可。

（1）条件一：汽轮机交流润滑油泵运行；有顶轴油泵运行；润滑油母管压力正常 0.12MPa；盘车电动机运行且汽轮机转速大于 2r/min；汽轮机交流油泵联锁已投入；汽轮机直流油泵联锁已投入；汽轮机冷油器温度调节投自动。

（2）条件二：汽轮机转速大于 2800r/min；顶轴油泵联锁已投入；汽轮机冷油器温度自动已投入；汽轮机交流润滑油泵联锁已投入；汽轮机直流润滑油泵备用已投入。

（二）汽轮机抗燃油系统 APS 功能组

1. 系统介绍

抗燃油系统功能组为一键启动，启动后抗燃油系统进入正常运行状态，抗燃油系统的压力由溢流阀自动控制，抗燃油温由回油冷却器的温度调节门控制。

抗燃油系统主要由抗燃油箱、高压油泵、控制单元、蓄能器、过滤器、冷油器、抗燃油再生装置等组成。系统的基本功能是提供电液控制部分所需的压力油，驱动伺服执行机构。

抗燃油系统如图 2-23 所示。

整个抗燃油系统由功能相同的两套高压泵设备组成，当一套投运时，另一套为备用，如果需要，则立即自动投入。每台高压油泵后有一个过压保护阀，用以防止抗燃油系统油压过高，当压力达到 17MPa±0.2MPa 时，过压阀动作，将油泵出口油直接送回油箱。

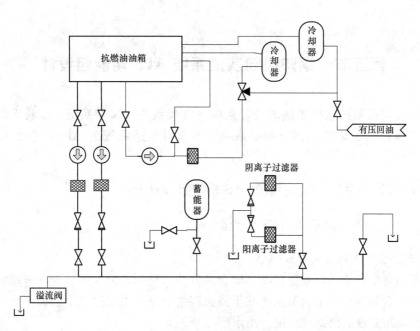

图 2-23 抗燃油系统图

系统工作时，由交流电动机驱动恒压变量柱塞高压油泵，油箱中的抗燃油通过油泵入口的滤网被吸入油泵。油泵输出的抗燃油经过抗燃油控制单元中滤油器、止回阀和过压保护阀，进入高压集管，并向蓄能器充油，建立起系统需要的油压。当油压达到14.5MPa时，高压油泵的控制阀和变量机构动作，使油泵的输出流量减小，达到与系统消耗油量的平衡。此时，油泵的变量机构使泵保持在一个恒压状态工作，抗燃系统维持14.5MPa的油压。

2. 抗燃油系统功能组启动条件与程序

抗燃油系统功能组在启动前必须具备的条件如下：

(1) 抗燃油系统启动前检查卡执行完毕。

(2) 抗燃油箱油位正常。

满足以上条件后，可以启动功能组，执行以下步骤：

第一步：投入油箱电加热联锁。

第二步：投入抗燃油电液冷却器入口调门自动，检测到油箱油温正常。

第三步：启动已选工作位抗燃油油泵。

第四步：投入抗燃油油泵联锁。

第五步：投入抗燃油循环泵联锁。

以上步骤执行完毕，抗燃油系统投运正常，启动完成后，应满足以下条件：

(1) 抗燃油油泵运行。

(2) 抗燃油母管压力正常。

(3) 抗燃油电液冷却器入口电磁阀联锁已投入。

(4) 抗燃油油泵联锁已投入。

(5) 抗燃油循环泵联锁已投入。

第五节　锅炉风粉灰渣系统 APS 功能组设计

锅炉风粉灰渣系统包括了底渣处理系统、吹灰系统、风烟系统、制粉系统、点火系统等。基本包括了炉侧大部分重要系统。本节对上述系统的 APS 功能组设计进行介绍。

一、锅炉底渣处理系统及吹灰系统 APS 功能组设计介绍

（一）锅炉底渣处理系统 APS 功能组

1. 底渣处理系统与控制要求

本功能组包含底渣处理系统启动和渣仓部分的启动两部分。底渣处理系统启动包含了碎渣机、张紧装置、风量调节系统和干渣机四个部分。由于这四个部分不可分割，因此用一个功能组实现底渣系统的统一操作。

风冷干式排渣系统流程图如图 2-24 所示。

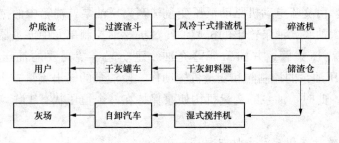

图 2-24　风冷干式排渣系统流程图

以 PLC/DCS 程控的设备有风冷式排渣机，碎渣机，液压关断门，风量调节门。其中液压关断门只需手动单操；风冷式排渣机、碎渣机之间需要顺序控制和联锁保护。

顺序控制要求：

（1）启动顺序：先启动碎渣机，确认正常运行后，再启动风冷干式排渣机，确认正常运行后，顺序启动结束。

（2）停止顺序：先停风冷干式排渣机，延时一段时间后（具体时间根据落渣情况可调，以碎渣机内没有存渣为宜），再停止碎渣机。

联锁保护要求：

（1）启动风冷干式排渣机前，必须确认张紧系统正常，当张紧压力低报警、两侧油缸行程超差报警、最大张紧极限报警时，须联锁停机（也是风冷干式排渣机的部分启动条件）。液压张紧站停止报警，提醒检修人员及时查找原因并恢复运行。

（2）当碎渣机因故停机时，应立即停止风冷干式排渣机，并报警，提醒运行人员根据情况立即采取相应措施。

（3）渣温、风冷干式排渣机电流、速度、渣仓连续料位要求做实时和历史趋势。

（4）风冷干式排渣机停机、碎渣机停机、液压张紧站停止及其他报警信号要求做报警及历史纪录。

（5）为更好地保护风冷干式排渣机设备，使风冷干式排渣机顺畅运行，要求在PLC/DCS中设风冷干式排渣机电流高报警及保护停机功能，当风冷干式排渣机反馈电流超过此设定值时就保护停机并报警。（设定值在14～31A之间可调，要求运行人员根据风冷干式排渣机稳定运行电流反馈值的基础上加1.5～2A作为保护设定值）。

（6）排渣机风量调节门控制程序建议设手自动调节功能（自动调节功能保留备用，自动时根据渣温自动调节风量调节门的开度。平时运行时由运行人员根据渣量及渣温情况手动设置风量调节门的开度，及是否需现场调整各手动风阀的开度）。

（7）渣仓连续料位计设高、高高报警，以提醒运行人员及时卸渣，高高报警或渣仓高料位开关报警时，为防止堆、堵料情况发生，影响上游设备运行，需进行联锁停机——停止碎渣机和风冷干式排渣机。风冷干式排渣机头部堵料检测开关报警时，联锁停止风冷干式排渣机。为方便调试及仪表故障时不影响其他设备程控运行，建议设置"联锁保护投入/解除"选择功能。

风冷干式排渣机是变频电动机，但是控制回路中反馈难以根据渣量进行控制，因此采用简单的负荷或煤量的比例函数进行控制。风量调节门的调节以温度为主，维持渣温在正常范围内。

2. 底渣处理系统功能组启动条件与程序

锅炉底渣处理系统启动功能组启动条件为：

（1）底渣处理系统启动检查卡执行完毕。

（2）风冷干式排渣机液压张紧装置缸压超低报警无。

（3）风冷干式排渣机液压张紧最大极限报警无。

（4）风冷干式排渣机液压张紧位移超差报警无。

（5）风冷干式排渣机液压张紧装置综合故障无。

（6）风冷干式排渣机液压张紧装置正常运行。

满足以上条件后，可以启动锅炉底渣处理系统功能组，依次执行以下步骤：

第一步：启动干除渣液压泵。

第二步：启动渣仓布袋除尘器排尘风机，启动后，检测除尘器差压不高。

第三步：启动碎渣机，启动正常后，检测碎渣机正常运行，碎渣机正转，碎渣机无过载信号。以上条件满足1min后执行下一步。

第四步：投入风门自动，置风冷干式排渣机变频器置最低位（速度最低，准备启动风冷干式排渣机）。

第五步：启动风冷干式排渣机，风冷干式排渣机启动5min后执行下一步，检查风冷干式排渣机运行正常。

第六步：打开8个渣井液压关断门。

第七步：排渣机变频器投入自动。

以上步骤执行完毕，锅炉底渣处理系统应能够自动投入运行，以下条件完全满足：

（1）碎渣机运行。

（2）风冷干式排渣机运行。

（3）风门自动。

（4）风冷干式排渣机变频器自动。

（二）空气预热器吹灰系统 APS 功能组

1. 系统介绍与控制要求

空气预热器吹灰功能组用于进行空气预热器吹灰，空气预热器吹灰系统图如图 2-25 所示。

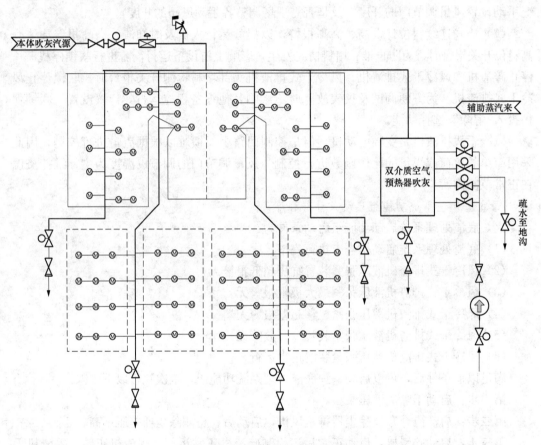

图 2-25　空气预热器吹灰系统图

空气预热器吹灰功能组启动时需要首先设定空气预热器吹灰的次数，而且启动空气预热器吹灰功能组时，至少进行一次空气预热器吹灰。

空气预热器吹灰功能组启动时要求本体吹灰压力正常或辅助蒸汽联箱压力大于 0.5MPa，当本体吹灰压力正常时，采用本体供汽，当本体吹灰压力不正常时，要求手动确认辅助蒸汽供空气预热器吹灰暖管完毕且供汽电动门开启。

空气预热器吹灰时要求空气预热器运行，但是在启动条件不要求，当启动不成功时认为吹灰完成。

步序中要求启动后延时 15s 用于验证吹灰器确实已经投入并且吹灰完毕，时间可以调整，确保投入时能够进行吹灰。

吹灰器启动后到自动退出是由吹灰器自动完成的。当吹灰器退出后不再自动进入，而必须重新启动。

空气预热器吹灰有两路汽源，一路来自锅炉本体吹灰汽源，一路来自辅助蒸汽。在机组启动时，使用辅助蒸汽进行吹灰，在机组正常运行后，使用锅炉本体吹灰汽源，如图 2-25 所示。

在某些特殊情况下，空气预热器吹灰需要连续运行，但是一般的设计是空气预热器吹灰启动一次并完成后将不再重新启动，需要运行人员手动启动。本功能组设计时，设计了运行人员可以手动输入空气预热器吹灰次数的功能，如果需要连续允许，则可以输入较大的数字。当空气预热器完成所有的次数后功能组完成，功能组停止运行。

在空气预热器吹灰时可以进行其余的工作，空气预热器吹灰功能组完成条件设定为有空气预热器吹灰器运行即完成，内部步序可以没有完成，这样可以在步序执行过程中进行其他的工作。

A 侧空气预热器上部吹灰器投入时，如果 A 侧空气预热器未运行或 A 侧下部吹灰器运行，则禁止投入。其余类推。

2. 功能组启动条件与程序

空气预热器吹灰投入时，自动判断机组运行情况，自动判断吹灰压力是否正常，自动决定是用自用蒸汽或辅助蒸汽。

在满足以下空气预热器吹灰条件后，可以手动或调用空气预热器吹灰功能组。

（1）空气预热器吹灰检查卡执行完毕。

（2）有送风机运行。

（3）有引风机运行。

（4）本体吹灰压力大于 1.2MPa 或辅助蒸汽联箱压力大于 0.6MPa。

（5）人工输入空气预热器吹灰次数。

满足以上条件后，启动空气预热器吹灰功能组，依次执行以下几个步骤：

第一步：停运空气预热器吹灰用高压水泵。避免在吹灰时，高压水泵在运行状态。关闭空气预热器水吹灰电动门。

第二步：如果本体吹灰压力大于 1.2MPa，跳至第四步。

第三步：辅助蒸汽至空气预热器吹灰暖管结束且辅助蒸汽至空气预热器吹灰电动门已打开，打开后需要人工确认暖管结束，暖管结束后方可进行下一步。

第四步：打开空气预热器疏水阀。

第五步：关闭空气预热器疏水阀。

第六步：投入 A 侧空气预热器上部吹灰器，投入 B 侧空气预热器上部吹灰器。投入后等待上部两个吹灰器吹灰完毕，均退出后延时 15s，确保吹灰器已吹灰完毕。

第七步：投入 A 侧空气预热器下部吹灰器，投入 B 侧空气预热器下部吹灰器。投入后等待上部两个吹灰器吹灰完毕，均退出后延时 15s，确保吹灰器已吹灰完毕。

第八步：吹灰次数减 1，如果吹灰次数大于 0，跳至第六步。

第九步：开启空气预热器疏水阀。

以上步骤执行完毕，则空气预热器吹灰完成，空气预热器吹灰功能组的完成条件是有空气预热器吹灰器运行。不再允许空气预热器吹灰组启动。

二、锅炉风烟系统 APS 功能组设计介绍

（一）空气预热器系统 APS 功能组

1. 系统介绍与控制要求

空气预热器启动功能组能够自动完成与空气预热器相关的设备启动，包括启动本侧空气预热器支持轴承油泵、导向轴承油泵及空气预热器，相应的还要准备好风侧挡板，为下一步风机启动做好条件。由于支持油泵和导向油泵受油温控制自动启停，因此功能组中仅仅是投入联锁，让油泵自动根据油温进行启停。

锅炉配备两台三分仓回转式空气预热器，一、二次风分隔布置，转子反转。转子内径$\phi 10.826$，受热面高度 2200mm，转子采用模块结构，由一定数量独立的仓格组成，传热元件栅格结构，以便检修和调换。

每台空气预热器由两套互为备用主辅电动机进行控制。

空气预热器油系统图如图 2-26，空气预热器相关的风烟系统如图 2-27 所示。

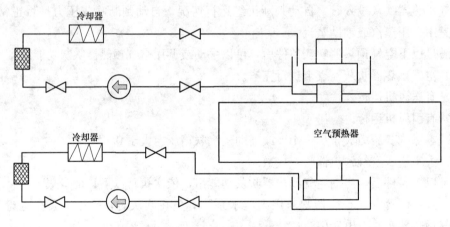

图 2-26　空气预热器油系统图

每台空气预热器配一套导向轴承油循环系统和支撑轴承油循环系统。

空气预热器的支持油泵和导向油泵在设计中按照温度自动启停，当温度高于 50℃时自动启动，低于设定值时自动停止。空气预热器的两台变频器分别控制两台电动机，两台电动机互为备用，对空气预热器进行驱动。变频器具有盘车、冲洗和正常运行三个位置，因此在启动时应检测位置是否正常。另外，也要检测变频控制是否在远方位置。

2. 功能组启动条件与程序

空气预热器启动功能组在启动前应当满足以下条件：

（1）本侧空气预热器启动前检查卡执行完毕。

（2）本侧空气预热器主变频器遥控状态。

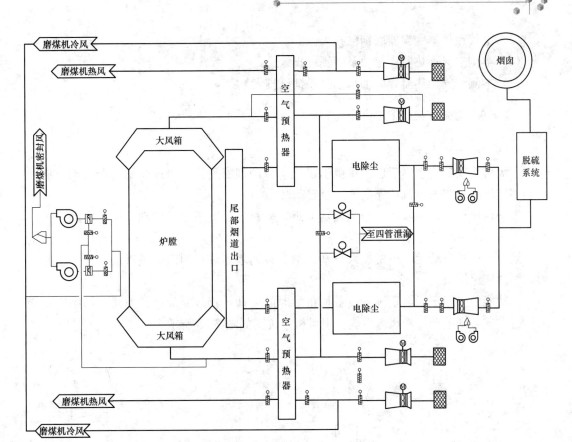

图 2-27　空气预热器相关的风烟系统图

（3）本侧空气预热器辅助变频器遥控状态。

满足以上条件后，可以启动空气预热器启动功能组，按照以下顺序完成空气预热器的正常启动。

第一步：投入本侧空气预热器支撑油泵、本侧空气预热器导向轴承油泵联锁。按照油温启停。

第二步：如果已有空气预热器变频器在运行状态，跳至第七步。

第三步：启动未选空气预热器变频器。先试转，确定可靠备用。

第四步：停止未选空气预热器变频器。

第五步：启动已选空气预热器变频器。

第六步：投入空气预热器变频器联锁。

第七步：开启空气预热器出口一次风门挡板 A/B、空气预热器二次风出口挡板 A/B、空气预热器进口烟气挡板 A/B/C。

完成以上步骤后，空气预热器进入正常运行状态。本功能组完成条件应满足：

（1）有变频器运行。

（2）空气预热器出口一次风门挡板 A/B 已开启。

（3）空气预热器二次风出口挡板 A/B 已开启。

（4）空气预热器进口烟气挡板 A/B/C 已开启。

（5）空气预热器变频器联锁已投入。

（6）本侧空气预热器支撑油泵联锁已投入。

（7）本侧空气预热器导向轴承油泵联锁已投入。

（二）引风机系统 APS 功能组

1. 系统介绍与控制要求

引风机启动功能组用于启动单侧引风机，自动判断是第一台还是第二台启动，启动后能够实现自动并入风机功能（第二台启动时）。

第一台风机启动时调用打通风道功能组，检查各环节正常后启动，风机启动后投入自动。

第二台风机启动后，风机投入自动，指令自动增加，直到两侧风机电流（开度）一致，则功能组结束。

本功能组仅用于风烟系统各设备均正常时的启动，不含交叉运行方式。如果出现交叉运行方式，则手动操作风烟系统。引风机系统图如图 2-28 所示。

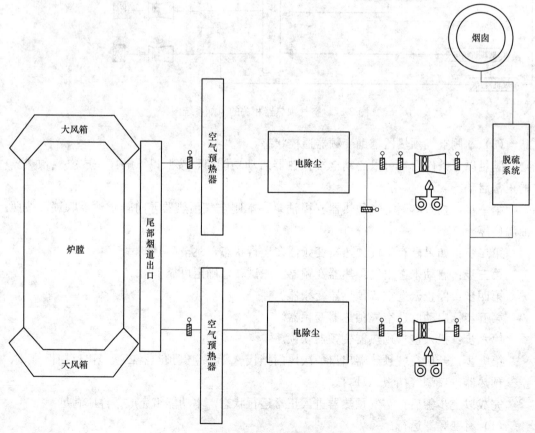

图 2-28 引风机系统图

引风机采用两台成都电力机械厂生产的 50％ 容量的静叶可调轴流式引风机。型号：YA18448-8Z，两台引风机并联运行或单台引风机运行，每台引风机配一套整体集装式油站，能够同时满足引风机的轴承润滑和叶片液压调节的需求。每台引风机配两台冷却风机，一运一备，用来冷却引风机轴承。

一、二次风经燃烧器送入炉膛后，煤粉与空气混合，在高温条件下很快便着火燃烧，生成烟气。高温烟气沿炉膛向上流动，离开炉膛后，经屏式过热器、高温过热器和高温再热器进入尾部烟道（后烟井），流经省煤器和SCR后进入两台并列的回转式空气预热器进行热交换冷却后，再经两台电除尘器，然后被两台引风机排至一个共同的烟气脱硫装置脱硫后排至大气中。炉膛及尾部烟道的刚性梁、烟风道材料适当加强和加厚，当炉膛突然灭火或送风机全部跳闸，引风机出现瞬间最大抽力时，炉墙及支承件不产生永久变形。

由图2-28看出，引风机出口增加了脱硫系统，因此在引风机启动前，应对脱硫系统有检查，并且脱硫系统的一些反馈信号应当加入到对功能组步序的控制。

根据系统我们可以看出在机组运行时，可以采用交叉运行的方式，即A送风机B引风机运行或者B送风机A引风机运行。但是由于在APS启动过程中对于交叉运行判断困难，涉及空气预热器、引风机、送风机甚至一次风机的运行状况，因此APS启动时要求风烟系统全部设备良好，或者仅仅考虑单侧启动方式，即A侧送引风机或者B侧送引风机的运行。

第一台引风机启动后即进入自动调整模式。由于要求引风机动叶在任何时候都可以投入自动，因此引风机动叶在引风机停止的时候有闭锁开启的条件，在启动后运行进行自动调整。单侧启动后引风机动叶将自动检查另外一台引风机的运行状态，如果另外一台引风机在合闸状态，则引风机动叶自动增加开度（按照一定的速率，并受炉膛压力闭锁），直到两台引风机电流（开度）一致。如果另外一台引风机在分闸状态，则仅仅调整炉膛负压。

在正常运行中，如果两台引风机电流（如果按电流调整时）相差大于5A，则较电流较小的将自动增加开度，直到电流相差小于3A。

2. 功能组启动条件与程序

引风机启动功能组的启动条件应当包含以下几个方面：

（1）引风机启动前检查卡执行完毕。

（2）本侧空气预热器功能组完成条件存在。

（3）引风机轴承温度小于70℃。

（4）引风机电动机轴承温度小于70℃。

（5）引风机电动机线圈温度小于110℃。

（6）引风机液压油站油位正常。

（7）无引风机跳闸条件。

启动条件满足后，可以手动启动或上级调用此功能组，顺序执行以下步骤：

第一步：投入引风机油站电加热联锁。

第二步：投入引风机自循环油泵联锁，检测引风机油站油温大于20℃后执行下一步。

第三步：启动引风机油站工作位油泵，检测引风机润滑油流量正常，控制油压正常，油站油位正常后进入下一步。

第四步：投入引风机油站油泵联锁。

第五步：启动工作位密封冷却风机。

第六步：投入密封冷却风机联锁。

第七步：如果引风机已运行，则跳至第十三步。

第八步：打开引风机入口挡板、引风机出口挡板、净烟气挡板。

第九步：如果另一侧引风机运行，跳至第十一步。

第十步：调用本侧打开通道功能组。

第十一步：关闭另一侧引风机出口挡板。

第十二步：投入引风机动叶自动。

第十三步：启动引风机。

第十四步：投入引风机动叶自动。

以上步骤执行完毕后，引风机将进入正常运行状态。如果另一侧引风机没有运行，则自动维持炉膛负压，如果另外一侧引风机已运行，则自动并入引风机。本功能组执行完毕的条件必须包含以下几个方面，否则可以在满足启动条件时再次启动。

（1）引风机已运行。

（2）引风机入口挡板已开启。

（3）引风机出口挡板已开启。

（4）净烟气挡板已开启。

（5）引风机动叶自动已投入。

（6）引风机油站油泵联锁已投入。

（7）引风机自循环油泵联锁已投入。

（8）密封冷却风机联锁已投入。

（9）引风机油站电加热联锁已投入。

引风机停运功能组启动条件包含以下几个方面：

（1）引风机停运前检查卡执行完毕。

（2）另一侧引风机运行且负荷小于50％或送风机全停。

启动条件满足后，可以执行引风机停运功能组。

第一步：如果送风机全停，跳至第四步。

第二步：投入另一台引风机自动。

第三步：开启引风机入口联络挡板。

第四步：发送 APS 减开度指令，在减开度时，要保证炉膛压力正常，炉膛压力不正常时，停止减开度。动叶关闭后，执行下一步。

第五步：停运引风机。

第六步：关闭引风机入口挡板、引风机出口挡板。

以上步骤执行完毕后，引风机已经停止，满足以下条件后，认为停运功能组执行完毕。

（1）引风机已停运。

（2）引风机入口挡板已关闭。

（3）引风机出口挡板已关闭。

（三）送风机系统 APS 功能组

1. 系统介绍与控制要求

送风机启动功能组用于启动单侧送风机，自动判断是第一台还是第二台启动，启动后能够实现自动并入送风机功能（第二台启动时）。

第一台送风机启动后投入自动，送风机将自动增加开度，将风量设定值加至 35％，准备炉膛吹扫。

第二台送风机启动后，送风机投入自动，指令自动增加，直到两侧送风机电流（开度）一致，功能组结束。

功能组仅用于风烟系统各设备均正常时的启动，不含交叉运行方式。如果出现交叉运行方式，则手动操作风烟系统。

风烟系统图如图 2-28 所示的引风机系统图。

锅炉采用平衡通风方式，配有两台动叶可调轴流式送风机、两台动叶可调轴流式引风机、两台动叶可调轴流式一次风机，烟道和风道均沿锅炉两侧对称布置。

送风机采用两台成都电力机械厂有限公司生产的 50％ 容量的动叶可调轴流式送风机。型号：GU14234-01，两台送风机并联运行或单台送风机运行，每台送风机配一套整体集装式油站，能够同时满足送风机的轴承润滑和叶片液压调节的需求。

燃烧所用的二次风在两台回转式空气预热器中进行预热，系统中配置了两台可调叶片轴流式送风机，冷空气经送风机送入空气预热器二次风风仓加热后送入炉膛四角的二次风风箱中，然后经辅助风、燃料风及燃尽风挡板进入炉膛。二次风风量的控制通过调节送风机叶片角度来实现，挡板位置由协调控制系统调节。燃烧器上部燃尽风喷口的设置是为了减少烟气中 NO_x 的含量。空气预热器的二次风量出口设置的再循环风道是为控制空气预热器冷端温度，减轻冷端受热面的腐蚀（本工程空气预热器已采用耐腐蚀技术，运行时无需开启再循环风道）。

一、二次风经燃烧器送入炉膛后，煤粉与空气混合，在高温条件下很快便着火燃烧，生成烟气。高温烟气沿炉膛向上流动，离开炉膛后，经屏式过热器、高温过热器和高温再热器进入尾部烟道（后烟井），流经省煤器和 SCR 后进入两台并列的回转式空气预热器进行热交换冷却后，再经两台电除尘器，然后被两台引风机排至一个共同的烟气脱硫装置脱硫后排至大气中。

风烟系统在空气预热器前后均设有联络机构，在理论上可以交叉运行，并且能够维持机组安全运行，但是由于交叉运行时，涉及非常复杂的逻辑判断，为了使设计简单，容易维护，且由于交叉运行机会非常少，所以在本系统中不设计交叉运行的启动方式，仅以本侧运行为主进行风机启动。

单侧风机启动后，自动调整风量，当启动第二台风机时，第二台风机能够自动并入运行。风量的选择能够自动根据当前的机组状态进行设置，达到全程自动的目的。

2. 功能组启动条件与程序

某台送风机启动前，必须满足以下条件，在满足以下条件的基础上，可以随时启动功能组。

（1）送风机启动前检查卡执行完毕。

（2）无送风机跳闸条件。

（3）同侧引风机启动或对侧引风机启动且引风机入口联络门打开。

（4）4A 空气预热器运行或 4B 空气预热器运行（主、辅电动机相"或"）且送风机出口联络门开。

（5）4B 送风机已启或 4B 送风机出口挡板已关或送风机出口联络门已关。

（6）送风机轴承温度小于 70℃。

（7）送风机电动机轴承温度小于 70℃。

（8）送风机电动机线圈温度小于 110℃。

（9）送风机液压油站油位正常。

满足以上条件后，手动或自动启动功能组，逐步执行以下步骤：

第一步：投入送风机油站电加热联锁。投入送风机油站自循环油泵联锁，当油温大于 20℃时执行下一步。当冬天过冷时，投入电加热，加热润滑油，润滑油温达到 20℃时，才能够启动润滑油泵。

第二步：启动送风机油站工作位油泵。油泵启动后，要检查润滑油流量正常、油压正常、油位正常。只有以上条件满足后，执行下一步。

第三步：投入送风机油站油泵联锁。只有第二步条件满足后，才能投入联锁，防止油泵联动。

第四步：如果送风机已运行，则跳至第七步。以上油泵启动也可以作为风机启动前的检查条件，如果风机已启动，作为恢复正常运行方式的步骤。

第五步：关闭送风机出口挡板。

第六步：投入送风机入口动叶自动。

第七步：启动送风机。

第八步：开启送风机出口挡板。

第九步：投入送风机入口动叶自动。

以上步骤执行完毕，送风机进入正常运行状态。动叶调节根据实际条件，自动进行风量调整或自动调平。送风机启动功能组启动完成的条件应包含以下几个方面：

1）送风机已启动；

2）送风机出口挡板已打开；

3）送风机自动已投入；

4）送风机油站电加热联锁已投入；

5）送风机油站油泵联锁已投入；

6）送风机油站自循环油泵联锁已投入。

（四）一次风机及密封风机系统 APS 功能组

1. 系统介绍与控制要求

由于一次风机启动和密封风机启动密切相关，因此在一次风机启动后也要立即启动密封风机，向磨煤机提供密封风。

　　一次风机及密封风机启动功能组能够实现一次风机和密封风机的顺序启动。一次风机启动后，能够自动根据锅炉的实际运行状态自动选择调整风压或自动并列。本功能组能够实现一次风机的一键智能启动，不用操作设备或调整动叶机构。

　　一次风系统图如图 2-29，密封风系统图如图 2-30 所示。

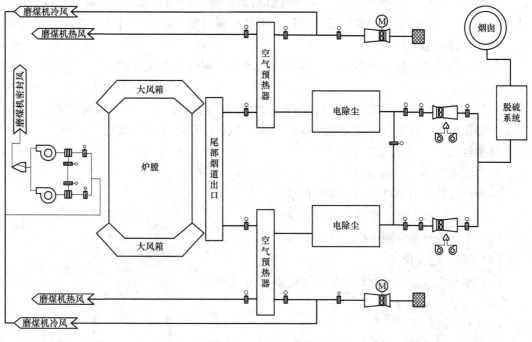

图 2-29　一次风系统图

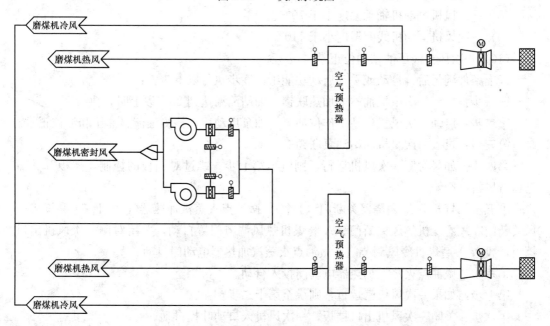

图 2-30　密封风系统图

　　一次风机功能组允许多次启动，但是如果多次启动时要避免出现安全问题。在启动过程中判断对侧一次风机是否运行，如果运行，则不需要重新打开磨煤机的风道，直接进入风机启动准备，如果对侧一次风机尚未运行，则需要打开磨煤机的风道。由于如果是第一台一次风机启动，则肯定要启动 A 磨煤机，因此在程序中准备 A 磨煤机的风道。A 磨煤机风道包含冷风、热风和暖风器部分，由于是第一次启动磨煤机，且热风明显不足，因此打开的是暖风器风道。一次风机启动条件要求调门开度大于 50％，因此置位 55％，确保条件满足。当一次风机启动后，则释放调门置位，进行自动调整，自动调整风量，自动进行温度调整。

如果功能组执行过程中两台一次风机均已启动，则仅仅检查并确认风门挡板确已打开并投入自动。

一次风机的风压调整需要根据机组的实际运行情况自动调整，为了达到节能的目的，要根据磨煤机的实际运行情况调整，并保证最低风压，即能保证一次风机安全，又可以达到节能目的。

2. 功能组启动条件与程序

一次风机及密封风机的启动条件包括：

（1）一次风机启动前检查卡执行完毕。

（2）无一次风机跳闸条件。

（3）MFT 已复位。

（4）本侧空气预热器运行（主、辅电动机相"或"）。

（5）有引风机运行。

（6）有送风机运行。

（7）一次风机轴承温度小于 70℃。

（8）一次风机电动机轴承温度小于 70℃。

（9）一次风机电动机线圈温度小于 110℃。

（10）一次风机液压油站油位正常。

以上条件满足后，自动或手动启动功能组，逐步执行以下步骤：

第一步：投入一次风机油站电加热联锁，油站油温达到 20℃以上时，执行下一步。

第二步：启动一次风机油站工作位油泵，油泵启动后，检测油流、油压和油位正常。

第三步：投入一次风机油站油泵联锁。

第四步：如果对侧一次风机运行，则跳至第七步。跳过对挡板的控制，挡板开关对已运行风机有影响。

第五步：打开 A 层燃烧器关断门（4 个）、微油点火蒸汽加热器气动门、A 磨煤机冷风关断门、A 磨煤机热风关断门、A 磨煤机热风调节门置自动，关闭对侧一次风机出口挡板，投入 A 磨煤机冷风调节门、微油点火蒸汽加热器电动门自动。

第六步：微油点火蒸汽加热器电动门投入自动。

第七步：如果一次风机已运行，则跳至第十二步。

第八步：关闭一次风机出口挡板，一次风机入口动叶投自动。

第九步：打开冷一次风隔离挡板、空气预热器出口一次风挡板。

第十步：启动一次风机。

第十一步：释放微油点火蒸汽加热器电动门置位。

第十二步：开启一次风机出口挡板、开启冷一次风隔离挡板、开启空气预热器出口一次风挡板。

第十三步：投入一次风机入口动叶自动。

第十四步：启动已选密封风机，检测密封风机入口联开到位，检测密封风压正常。

第十五步：投入密封风机联锁。

第十六步：检测一次风压大于5kPa。

以上步骤完成以后，一次风及密封风系统应当启动正常，启动完成应包含以下条件：

（1）一次风机已启动。

（2）一次风机出口挡板已打开。

（3）冷一次风隔离挡板已打开。

（4）空气预热器出口一次风挡板已打开。

（5）一次风机自动已投入。

（6）一次风压不小于5kPa。

（7）一次风机油站电加热联锁已投入。

（8）一次风机油站油泵联锁已投入。

（9）有密封风机运行。

（10）密封风机联锁已投入。

（五）火检风机系统 APS 功能组

1. 系统介绍与控制要求

火检冷却风和探针功能组可以完成火检冷却风和探针的自动投入。由于火检冷却风系统仅包含两台风机，因此需要运行人员严格执行检查卡。本功能组适用于机组启动，正常运行时的切换不能使用。

火检冷却风系统图如图 2-31 所示：

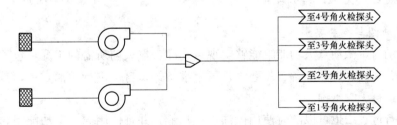

图 2-31　火检冷却风系统图

锅炉采用传统的供火焰检测器用的冷却风系统。炉膛四角燃烧器有可见光式火焰检测器，为了使火焰检测器不因接受炉膛高温烟气热辐射温度过高而损坏和保证火焰检测器端部透镜的清洁，设有专门的火焰检测器冷却风系统，该冷却风称为扫描冷却风，当炉膛内温度高于300℃时，此冷却风系统应投入运行，对火焰检测器进行冷却和吹扫。

2. 功能组启动条件与程序

火检冷却风机的停运需要满足以下条件之一方可停运：

（1）火检均无火且烟气温度不大于 80℃。

（2）两台火检冷却风机运行，且出口母管风压正常（无低报警），延时 30s。

为保证系统的可靠性，采用两台扫描风机。每台的容量可满足 100％冷却风量的要求，正常运行时可启动一台扫描风机，另一台备用，特殊情况下也可以两台同时运行。

烟温探针采用传统的布置方式，布置在炉膛出口。当炉膛出口温度大于 537℃时，自动退出。当负荷大于 25％以上时，禁止投入。

火检冷却风机和烟温探针投入的条件是检查卡执行完毕。

当投入条件满足后，依次执行以下程序：

第一步：如果火检风机已启动，跳至第三步。当有火检冷却风机启动后，直接跳过启动步骤，投入联锁即可。

第二步：启动已选火检冷却风机。启动后，应检查火检冷却风母管压力正常，方可进行下一步，避免过早投入联启。

第三步：投入火检冷却风机联锁。

第四步：如果锅炉负荷大于 25％，跳至第六步。如果负荷大于 25％，则认为锅炉炉膛烟温过高，为避免烧损烟温探针，不再投入。

第五步：投入 A 侧烟温探针，投入 B 侧烟温探针。

第六步：（空步骤）。适用于第四步跳步。

以上步骤执行完毕后，火检冷却风机和烟温探针准备完毕，满足以下条件之一后可以点火。

（1）条件一：火检冷却风机运行；火检冷却风机联锁投入；A 侧烟温探针进到位；B 侧烟温探针进到位。

（2）条件二：火检冷却风机运行；火检冷却风机联锁投入；负荷大于 25％（待定）。

三、锅炉制粉系统 APS 功能组设计介绍

（一）微油点火 APS 功能组

1. 系统介绍与控制要求

锅炉启动时，微油点火功能组能够实现自动准备点火前所需的工况，包含调整给水流量、风量、风门、燃油准备、A 磨煤机风量准备等，自动进行微油点火，具备全自动点火功能，运行无需干预。

正常运行过程中也可以随时使用微油点火功能，并且使用同一个功能组，因此在步序设计中考虑跳步，以实现多功能。在正常运行中，如果发现燃烧不稳或者是低负荷为了稳燃时，可以随时启动微油点火功能组。

微油点火前要求吹扫结束，MFT 复位。

炉前燃油及大油枪系统图如图 2-32，微油系统图如图 2-33 所示。

锅炉设置 3 层（12 支）进退式机械雾化挠性油枪，布置在相邻 2 层煤粉喷嘴之间的 1 只二次风喷嘴内，该油枪可用来暖炉、升压，并可引燃和稳燃相邻煤粉喷嘴，喷嘴保证燃油雾化良好，可避免油滴落入炉底或带入尾部烟道，同时点火系统设有可靠的燃油

清扫程序,避免油枪投运后枪管内积存残油。油枪前吹扫压缩空气压力 0.4～0.6MPa,油枪出力按 20％MCR 负荷设计,油枪进口设计压力 2.5MPa,12 支油枪总进油量 16t/h。

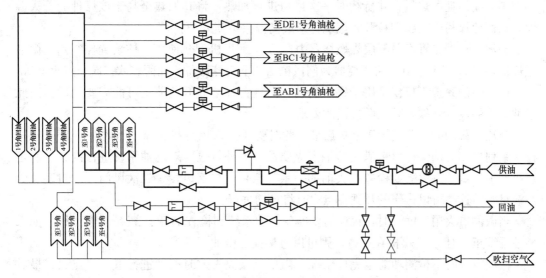

图 2-32 炉前燃油及大油枪系统图

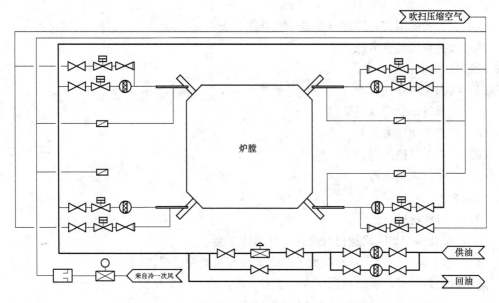

图 2-33 微油系统图

微油点火器为徐州燃烧控制研究院有限公司生产的煤粉微油双强化点火装置,其型号:XSQ-1-2-300/8 型。布置在 A 层燃烧器内,其出力为 100kg/h(每支),由双强煤粉燃烧器、双强油燃烧器、双强燃油及吹扫系统、双强油配风系统、燃烧器壁温在线检测系统、启磨热风加热系统、控制系统等组成。微油压力要求机械调压器后母管压力为1.0MPa。

双强油燃烧器从一次风管侧面或弯头后方轴向插入煤粉燃烧器,点火时经过强化燃烧的高温油火焰将通过煤粉燃烧器的一次风粉瞬间加热到煤粉的着火温度，一次风粉混合物受到高温火焰的冲击，挥发分迅速析出同时开始燃烧，挥发分的燃烧放出大量的热，补充了此间消耗的热量，并持续对一次风粉进行加热，将其加热至高于该煤种的着火温度，从而使煤粉中的碳颗粒开始燃烧，形成高温火炬喷入炉膛。

微油燃烧器布置在最下层煤燃烧器中，与 A 磨煤机配套使用，该装置控制 4 支微油燃烧器，以 A 层 1 号角微油燃烧器为例，包括如下受控设备：油阀、吹扫阀、点火器等。

由于微油系统不仅仅是用于锅炉启动，而且在日常的低负荷也可能需要助燃，因此微油系统的设计必须要满足两方面的要求。

微油点火功能组可能用于锅炉启动，此时要准备 A 磨煤机通风，因此对 A 磨煤机进行一系列操作，确保通风量满足微油点火要求。另外，也要对燃油系统进行准备，满足点火要求。锅炉点火需要检查点火前的一系列条件，包括风量、二次风门开度自动、给水流量等，这些可以操作的步骤在点火时将自动进行。

当微油点火用于助燃时，仅仅需要准备燃油系统和检查 A 磨煤机是否在运行，如果燃油系统正常且 A 磨煤机在运行，则可以直接投运微油。

微油投入时不检测功能组完成情况，当单只点火失败时继续进行下一只点火，最后检查完成情况。

2. 功能组启动条件与程序

微油点火功能组在启动前需要满足的条件如下：

(1) 微油点火检查卡执行完毕。

(2) MFT 复位。

(3) 吹扫完成存在。

(4) 油泄露试验完成或旁路。

(5) 炉前燃油压力正常。

(6) 有一次风机运行。

(7) 有密封风机运行。

(8) 有送风机运行。

(9) 有引风机运行。

(10) 有火检冷却风机运行且火检冷却风压正常。

(11) 给水泵已运行，且转速大于 3000r/min 且遥控已投入。

满足以上条件后，手动或调用本功能组，依次执行以下步骤：

第一步：如果锅炉给煤量大于 10t/h，跳至第五步。

第二步：投入 A 引风机动叶、B 引风机动叶、A 送风机动叶、B 送风机动叶、A 一次风机动叶、B 一次风机动叶、主给水旁路调门、给水泵遥控自动、微油点火油配风电动调节门等自动。

第三步：设定风量定值 35%，主给水流量设定值为 30%。检测锅炉风量大于 30%，一次风压大于 6kPa，主给水流量大于 28%。

第四步：投入二次风所有挡板、燃尽风所有挡板、喷燃器摆角自动。

第五步：如果 A 给煤机和 A 磨煤机在运行，跳至第九步。

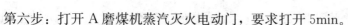

第六步：打开 A 磨煤机蒸汽灭火电动门，要求打开 5min。

第七步：关闭 A 磨煤机蒸汽灭火电动门。

第八步：打开 A 层燃烧器关断门（4 个）、磨煤机密封风电动门、A 磨煤机冷风关断门；A 磨煤机冷风调节门置自动，打开微油点火蒸汽加热器气动门，微油点火蒸汽加热器电动门置自动，打开 A 磨煤机热风关断门，A 磨煤机热风调节门置自动，A 层二次风挡板开度置 20％，AA 层二次风板开度置 10％，AB 层二次风挡板开度置 10％。

第九步：投入燃油进油调节门自动。

第十步：打开燃油进油跳闸阀，关闭燃油回油跳闸阀，关闭燃油回油旁路跳闸阀。检测微油燃油压力正常，A 磨煤机风量大于最低风量，炉膛压力无报警，油枪吹扫空气压力正常，火检冷却风压力正常，油泄漏试验完成条件存在。以上条件满足后，执行下一步。

第十一步：启动 1 号角点火器。

第十二步：开 1 号角油阀，检测 1 号角火检检测成功，且延时 10s。

第十三步：启动 3 号角点火器。

第十四步：开 3 号角油阀，检测 3 号角火检检测成功，且延时 10s。

第十五步：启动 2 号角点火器。

第十六步：开 2 号角油阀，检测 2 号角火检检测成功，且延时 10s。

第十七步：启动 4 号角点火器。

第十八步：开 4 号角油阀，检测 4 号角火检检测成功，且延时 10s。

第十九步：如果存在 1 号角微油无火检或油阀在关位、2 号角微油无火检或油阀在关位、3 号角微油无火检或油阀在关位、4 号角微油无火检或油阀在关位中的其中任一条件，发"微油点火功能组启动失败"报警。

以上步骤执行完毕后，微油系统应正常，微油系统正常的条件如下：

（1）磨煤机风量大于等于 30t/h。

（2）1 号角微油火检正常且油阀打开。

（3）2 号角微油火检正常且油阀打开。

（4）3 号角微油火检正常且油阀打开。

（5）4 号角微油火检正常且油阀打开。

（二）制粉系统启停 APS 功能组

1. 系统介绍与控制要求

由于制粉系统在正常运行时经常有启停，并且 A 制粉系统因为有微油，有别于其他制粉系统，因此制粉系统的功能组设计了 A 磨煤机启动、A 磨煤机停止，其他磨煤机启动和其他磨煤机停止等四个功能组，确保制粉系统在任何工况下均能够自动启动或人工启动。

A 制粉系统启动功能组可以在任何工况下使用，自动判断和执行启磨条件，自动判断是否需要投入微油，即使 A 制粉系统已经启动也可以安全进行，补充制粉系统启动过程中的不足之处。只要功能组启动许可条件满足，本功能组就能完整、安全执行。

由于锅炉正常启动时，均使用 A 磨煤机微油启动，因此本功能组要启动密封风机，密封风机工作位的选择应当符合要求。例如，如果 A 风机在运行，而工作位选择了 B 风机，则在启动过程中会将 B 风机也启动。

由于磨煤机润滑油站油泵具有高低速，在步序中的启动指令会同时启动，但是泵的运行选择由逻辑根据油温决定自动选择使用高速泵还是低速泵，无需人工判断。

所有制粉系统启动后，将会按照预设的方案自动调整已启动制粉系统的出力，而不用人工调整，所有调整均自动进行。

因此制粉系统的启动属于一键启动，一键全程，并代表了燃料全程的一部分。

由于 A 磨煤机启动时涉及暖风器部分，达到一定条件时会自动切换，由于暖风器无自动调节，因此暖风器汽侧应当根据说明书要求进行操作，当暖风器进出口挡板关闭后应及时关闭暖风器汽侧调节门和关断门。

制粉系统图如图 2-34 所示。

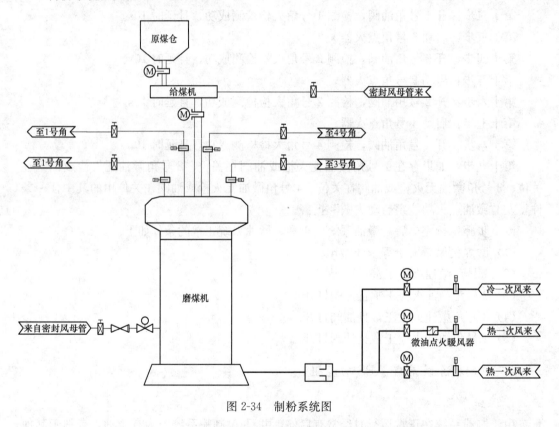

图 2-34　制粉系统图

制粉系统的技术要求：入磨煤机的煤粒度不大于 30mm，磨煤机入口干燥介质最高温度（空气预热器出口一次风温）为 327℃，磨煤机出口介质温度为 75℃，运行时可在 65～80℃范围内变动。设计煤种煤粉水分 3.55%，校核煤种为 3.44%。每台锅炉配 5 台磨煤机。燃用设计煤种时，4 台磨煤机运行，1 台磨煤机备用。4 台磨煤机的总出力不小于锅炉 B-MCR 工况燃煤量的 110%。燃用校核煤种时，5 台磨煤机运行。5 台磨煤机的总出力不小于锅炉 B-MCR 工况燃煤量的 100%。可安全连续运行的单台磨煤机最小出力为最大出力的 25%。

每台磨煤机配备 1 台电子称重式给煤机，共 5 台，给煤机的最大连续给煤量大于 55t/h。

制粉系统多次启动时，主要考虑安全问题和制粉系统的状态，防止制粉系统启动过程中对系统运行造成影响。

A 制粉系统启动时涉及微油是否投运，因此在 A 制粉系统启动时要判断是否投运微油，如果需要，则在微油投运过程中会对系统设备有所操作，要避免这些操作对系统稳定运行造成影响，因此要结合微油投入和 A 制粉系统启动两个功能组考虑。

制粉系统多次启动时，如果步序中某些步骤已经完成，则补充完成其余的重要步骤，如果完成条件已经存在，则不再执行此功能组。

制粉系统运行涉及冷风、热风及给煤量控制几个部分。为了满足燃料全程，设计原则如下：

冷风用于控制磨煤机出口温度，磨煤机出口温度是被调量，但应有热风门开度的前馈控制部分，采用常规的设计。

热风调门控制磨煤机的风量受给煤量控制，是给煤量的函数。但由于磨煤机启动及运行时有最低风量限制，因此在热风自动投入后有最低风量调节要求，在设定最低风量时，有速率限制。风量控制初最低风量之外，采用常规设计。

给煤量不同于常规设计。给煤量全程不仅要考虑给煤机全程，也要考虑燃料全程，涉及 5 台磨煤机，因此设计较复杂。自动投入后有最低给煤量限制，然后根据煤量平衡原则对运行制粉系统的给煤量进行平衡。

2. 含微油的制粉系统启动功能组启动条件与程序

A 制粉系统启动前，必须满足以下条件，在满足以下条件后，可以手动或自动启动功能组。

（1）A 磨煤机启动检查卡执行完毕。

（2）MFT 复位。

（3）吹扫完成存在。

（4）油泄露试验完成或旁路。

（5）炉前燃油压力正常。

（6）有一次风机运行。

（7）有送风机运行。

（8）有引风机运行。

（9）有火检冷却风机运行且火检冷却风压正常。

（10）给水泵已运行，且转速大于 3000r/min 且遥控已投入。

（11）A 磨煤机油站油位不低（润滑、液压）。

（12）A 磨煤机电动机轴承温度小于 75℃。

（13）磨煤机电动机线圈温度小于 120℃。

（14）磨煤机电动机铁芯温度小于 120℃。

（15）磨煤机分离器上、下轴承温度小于 75℃。

（16）减速机平面推力瓦温度不大于 60℃。

（17）给煤机无故障信号。

（18）石子煤进口开到位。

（19）石子煤出口关到位。

以上条件满足后，远方或手动启动 A 磨煤机启动功能组，依次执行以下步骤：

第一步：如果 A 磨煤机已启动，跳至第十七步。

第二步：如果 A 磨煤机点火能量满足，跳至第四步。

第三步：调用投微油功能组，检测微油投入功能组条件存在。

第四步：投入磨煤机润滑油站电加热联锁，投入磨煤机液压油站电加热联锁，检测润滑油站油温大于 10℃，液压油站油温大于 10℃。

第五步：启动磨煤机已选润滑油泵，启动磨煤机已选加载油泵。磨煤机润滑油压力不低，持续 180s，加载油压正常，磨煤机双筒滤油器入出口差压不高（液压），磨油站油箱油位不低。

第六步：投入润滑油泵联锁，投入加载油泵联锁。

第七步：启动已选密封风机，检测密封风机入口门联开到位，密封风压正常。

第八步：投入密封风机联锁。

第九步：打开 A 磨煤机蒸汽灭火电动门，打开磨煤机密封风电动门，密封风压正常 6min 后进行下一步。

第十步：关闭 A 磨煤机蒸汽灭火电动门。

第十一步：投入给煤机给煤量自动，打开 A 层燃烧器关断门（4 个），打开 A 磨煤机冷风关断门，投入 A 磨煤机冷风调节门置自动，打开微油点火蒸汽加热器气动门，投入微油点火蒸汽加热器电动门自动，打开 A 磨煤机热风关断门，投入 A 磨煤机热风调节门自动，打开磨煤机排渣门，投入调节比例溢流阀的压力自动，A 层二次风挡板开度置 20%，AA 层二次风挡板开度置 10%，AB 层二次风挡板开度置 10%。检测磨煤机通风量大于 30t/h，磨煤机入口一次风压大于 4kPa，磨煤机出口温度大于 70℃，磨煤机密封风差压大于 2kPa，磨煤机润滑油压力不低持续 3min，检查润滑油压正常，检查加载油压正常，检查磨煤机双筒滤油器入口差压不高，减速机推力瓦油池油温小于 50℃。当以上条件均满足后，进行下一步。

第十二步：打开给煤机出口闸板门，打开给煤机入口插板门。

第十三步：提升磨辊。

第十四步：启动磨煤机，磨煤机正常运行 10s 后进行下一步。

第十五步：启动给煤机，检测给煤量大于 10t/h。

第十六步：降低磨辊，检测磨辊提升到位信号无，检测 1 号角煤火检正常 2min，2 号角煤火检正常 2min，3 号角煤火检正常 2min，4 号角煤火检正常 2min。

第十七步：投入润滑油泵联锁、加载油泵联锁、密封风机联锁，投入 A 磨煤机冷风调节门、微油点火蒸汽加热器电动门、A 磨煤机热风调节门、调节比例溢流阀的压力、A 层二次风挡板、AA 层二次风挡板、AB 层二次风挡板、给煤机给煤量等自动。

当以上所有步骤均执行完毕，A 制粉系统应进入正常运行状态，A 制粉系统启动完成条件包含以下几个方面：

（1）磨煤机风量不小于 30t/h。

（2）磨煤机运行。

（3）给煤机运行。

（4）润滑油泵联锁投入。

（5）加载油泵联锁投入。

（6）密封风机联锁投入。

（7）A磨煤机冷风调节门自动。

（8）微油点火蒸汽加热器电动门自动。

（9）A磨煤机热风调节门自动。

（10）调节比例溢流阀的压力自动。

（11）A层二次风挡板自动。

（12）AA层二次风挡板自动。

（13）AB层二次风挡板自动。

（14）给煤机给煤量自动。

3. 含微油的制粉系统停运功能组停运条件与程序

A制粉系统停运前，必须满足以下条件：

（1）A磨煤机停运检查卡执行完毕。

（2）有一次风机运行。

（3）有送风机运行。

（4）有引风机运行。

（5）给水泵已运行，且转速大于 3000r/min 且遥控已投入。

（6）A磨煤机油站油位不低（润滑、液压）。

（7）给煤机无故障信号。

（8）负荷大于 40%，或大油枪已投入，或 B、C、D、E 磨煤机均停。

满足以上条件后，才可以按照以下步骤停运 A 制粉系统。

第一步：如果负荷大于 40%或大油枪已投入，跳至第三步。

第二步：调用投微油功能组，检测微油投运功能组完成条件存在。

第三步：给煤量按 2%的速率降至 20t/h。

第四步：关闭 A 给煤机入口插板，设定磨煤机出口温度 60℃。

第五步：给煤量按 2%的速率降至最低（12t/h），当给煤量小于 2t/h 时，30s 后执行下一步。

第六步：停运 A 给煤机，提升磨辊。

第七步：关闭 A 给煤机出口挡板，全开冷风门，全关热风门，延时 5min，磨煤机吹扫干净。

第八步：停运磨煤机。

第九步：降低磨辊。

第十步：如果微油未运行，跳至第十五步。

第十一步：启动 1 号角微油点火器，关闭 1 号角油角阀，开启 1 号角微油吹扫阀，吹扫 1min。

第十二步：启动 3 号角微油点火器，关闭 3 号角油角阀，开启 3 号角微油吹扫阀，吹扫 1min。

第十三步：启动 2 号角微油点火器，关闭 2 号角油角阀，开启 2 号角微油吹扫阀，吹扫 1min。

第十四步：启动 4 号角微油点火器，关闭 4 号角油角阀，开启 4 号角微油吹扫阀，吹扫 1min。

第十五步：发出停磨关闭冷、热风调门指令。

第十六步：关闭热风隔绝门，关闭冷风隔绝门。

第十七步：打开 A 磨煤机蒸汽灭火电动门，延时 6min。

第十八步：关闭 A 磨煤机蒸汽灭火电动门。

以上步骤执行完毕，A 磨煤机停运。A 磨煤机停运完成条件如下：

（1）磨煤机已停运。

（2）给煤机已停运。

（3）给煤机入口插板已关闭。

（4）给煤机出口插板已关闭。

（5）磨煤机入口热风隔绝门已关闭。

（6）磨煤机入口冷风隔绝门已关闭。

4. 其他制粉系统启动功能组启动条件与程序

B、C、D、E 制粉系统的启动功能组由于不涉及微油点火部分，因此其启动功能组不同于 A 制粉系统，需要重新设计。

B、C、D、E 制粉系统启动功能组在启动前必须满足以下条件方可启动：

（1）B、C、D、E 磨煤机启动检查卡执行完毕。

（2）MFT 复位。

（3）有一次风机运行。

（4）有送风机运行。

（5）有引风机运行。

（6）有火检冷却风机运行且火检冷却风压正常。

（7）给水泵已运行，且转速大于 3000r/min 且遥控已投入。

（8）磨煤机油站油位不低（润滑、液压）。

（9）磨煤机电动机轴承温度小于 75℃。

（10）磨煤机电动机线圈温度小于 120℃。

（11）磨煤机电动机铁芯温度小于 120℃。

（12）磨煤机分离器上、下轴承温度小于 75℃。

（13）减速机平面推力瓦温度不大于 60℃。

（14）给煤机无故障信号。

（15）磨煤机点火能量满足。

满足以上条件后，手动或自动启动功能组，依次执行以下几个步骤：

第一步：如果磨煤机已启动，跳至第十六步。

第二步：投入磨煤机润滑油站电加热联锁，投入磨煤机液压油站电加热联锁，检测润滑油站油温大于10℃，液压油站油温大于10℃。

第三步：启动磨煤机已选润滑油泵，启动磨煤机已选加载油泵，检测磨煤机润滑油压力不低达3min，加载油压正常，磨煤机双筒滤油器入出口差压不高，磨煤机油箱油位不低。

第四步：投入润滑油泵联锁，投入加载油泵联锁。

第五步：启动已选密封风机，检测密封风机入口门联开到位，检测密封风压正常。

第六步：投入密封风机联锁，同时检测一次风压大于5kPa。

第七步：打开磨煤机蒸汽灭火电动门，磨煤机密封风电动门，延时6min，保证足够的灭火时间和蒸汽量。

第八步：关闭磨煤机蒸汽灭火电动门。

第九步：投入给煤机给煤量自动，打开层燃烧器关断门（4个），打开磨煤机冷风关断门，投入磨煤机冷风调节门自动，打开磨煤机热风关断门，投入磨煤机热风调节门自动，打开磨煤机排渣门，投入调节比例溢流阀的压力自动，投入相应周界风挡板投自动，投入相应辅助风挡板投自动，同时检测磨通风量大于30t/h，磨煤机入口一次风压大于4kPa，磨煤机出口温度大于70℃，磨煤机密封风差压大于2kPa，磨煤机润滑油压力不低已持续3min，检测加载油压正常，磨煤机双筒滤油器入出口差压不高，减速机推力瓦油池油温小于50℃。当以上全部条件满足时，执行下一步。

第十步：打开给煤机出口闸板门，打开给煤机入口插板门。

第十一步：提升磨辊。

第十二步：启动磨煤机。

第十三步：启动给煤机，给煤量大于10t/h。

第十四步：降低磨辊，检测磨辊提升到位信号无，1号角煤还见正常2min，2号角煤还见正常2min，3号角煤还见正常2min，4号角煤还见正常2min。以上条件满足后，执行下一步。

第十五步：投入润滑油泵联锁，投入加载油泵联锁，投入密封风机联锁，投入磨煤机冷风调节门自动，投入磨煤机热风调节门自动，投入调节比例溢流阀的压力自动，投入相应层周界风自动，投入相应层辅助风挡板自动，投入给煤机给煤量自动。

以上所有步骤完成以后，制粉系统启动完成。除A制粉系统之外的所有制粉系统启动完成条件如下：

（1）磨煤机风量不小于30t/h。

（2）磨煤机运行。

（3）给煤机运行。

（4）投入润滑油泵联锁、加载油泵联锁、密封风机联锁、磨煤机冷风调节门自动、磨煤机热风调节门自动、调节比例溢流阀的压力自动、相应层周界风自动、相应层辅助风挡板自动、给煤机给煤量在自动。

5. 其他制粉系统停运功能组停运条件与程序

B、C、D、E 制粉系统的停运时，需要满足以下条件：

（1）磨煤机停运检查卡执行完毕。

（2）有一次风机运行。

（3）有送风机运行。

（4）有引风机运行。

（5）给水泵已运行，且转速大于 3000r/min 且遥控已投入。

（6）磨煤机油站油位不低（润滑、液压）。

（7）给煤机无故障信号。

（8）负荷大于 40%，或大油枪已投入，或负荷小于 40%，且 A 磨煤机运行且微油投入。

以上条件满足后，可以启动制粉系统停运功能组，逐步执行以下步骤：

第一步：给煤量按 2% 的速率降至 20t/h（发送给煤机减煤信号 1），当给煤量小于 21t/h 时，执行下一步。

第二步：关闭 A 给煤机入口插板，设定磨煤机出口温度 60℃。

第三步：给煤量按 2% 的速率降至最低（12t/h），给煤量小于 2t/h，小于 2t/h，说明给煤机走空。

第四步：停运 A 给煤机，提升磨辊。

第五步：关闭 A 给煤机出口挡板，全开冷风门，全关热风门，保持 5min 吹扫。

第六步：停运磨煤机。

第七步：降低磨辊，磨煤机出口温度小于 60℃，发出停磨关闭冷、热风调门指令，热风门开度小于 3%，冷风门开度小于 3%。

第八步：关闭热风隔绝门，关闭冷风隔绝门。

第九步：打开 A 磨煤机蒸汽灭火电动门，延时 6min。

第十步：关闭 A 磨煤机蒸汽灭火电动门。

以上所有步骤执行完毕，制粉系统停运完毕。制粉系统停运后，应该具备以下所有条件：

（1）磨煤机已停运。

（2）给煤机已停运。

（3）给煤机入口插板已关闭。

（4）给煤机出口插板已关闭。

（5）磨煤机入口热风隔绝门已关闭。

（6）磨煤机入口冷风隔绝门已关闭。

第六节　发电机并网及机组级 APS 功能组设计介绍

发电机并网就是通过发电机出口开关的合闸，把发电机和电网连接起来。人工并网若操作不当，或人工检查时的漏项、缺项，有可能导致发电机并网后出现异常甚至是事故。发电机并网 APS 功能组能够一键启动，或者在机组一键启动中调用本功能组，除能够实现发电机自动并网外，而且能够全面检查发电机并网前的所有条件是否具备，以避免人工检查的漏项、缺项，导致发电机并网后出现异常甚至是事故的发生。

机组级 APS 功能组是机组顺序控制系统中最高一级的顺序控制系统。它根据机组工艺流程在启停过程中不同阶段的需要和对机组工况全面、准确、迅速的监测和判断，按规定好的程序向各个设备（系统）发出启动或停运命令，实现发电机组的自动启动或自动停运。

一、发电机并网 APS 功能组设计

（一）系统介绍与控制要求

发电机并网有三个条件，即发电机的频率、电压、相位必须与电网的频率、电压、相位保持完全一致（即所说的同期），才能并网发电。如三个条件不完全一致，偏差一点但在允许范围内时，也可以合上并网开关，使发电机组并入系统运行。

（二）功能组制投运条件与程序

由于机组 DEH 系统、ECS 与 DCS 仅有通信或者硬接线连接，因此发电机并网功能组使用了有限的接口功能。发电机并网后，需要升负荷至 5％进行暖机或者继续后续操作，但是由于需要 DEH 系统有相应的接口，为了安全考虑，本功能组设计为手动增加负荷至 5％进行低负荷暖机。暖机之后的操作由机组级功能组控制。本功能组仅仅进行到5％负荷。

本功能组执行时，很多步骤属于检查性操作，因此不可或缺。

1. 功能组制投运条件

因为发电机并网后，要收到电网的控制，并网后不能随意解列，因此在发电机并网前，要仔细核对以下条件满足：

（1）发电机并网检查卡执行完毕。

（2）主机油压正常。

（3）凝汽器真空正常。

（4）汽轮机所有振动。

（5）检查以下炉侧 MFT 保护投入：

1）送风机均停。

2）引风机均停。

3）空气预热器均停。

4）一次风机均停。

5）两台火检冷却风机全停或火检冷却风压力低Ⅲ值。

6）风量小于 25％延时 3s。

7）炉膛压力高Ⅲ值。

8）炉膛压力低Ⅲ值。

9）全炉膛燃料丧失。

10）全炉膛火焰丧失。

11）给水泵汽轮机停机。

12）负荷小于30％，分离器水位高13.1m。

13）螺旋水冷壁出口金属壁温高。

14）分离器出口蒸汽温度高。

15）末级过热器出口温度高。

16）末级再热器出口温度高。

17）再热器保护动作。

18）汽轮机跳闸。

19）脱硫请求MFT。

（6）检查以下机侧主机保护投入：

1）润滑油油压低，为0.06MPa，跳机（四取二）。

2）抗燃油油压低，为9.3MPa，跳机（四取二）。

3）凝汽器真空压力低，为68.7kPa，跳机（四取二）。

4）轴向位移大于1.0mm和小于－1.0mm，跳机（四取二）。

5）转速达3300r/min，电超速保护动作跳机（四取二）。

6）高压缸胀差大于10.2mm和小于－4.5mm遮断；低压缸胀差大于16mm和小于－1mm遮断。

7）轴承振动大，为0.254mm，跳机。

8）发电机并网且调节级压力/高压缸排汽压力低，为1.7MPa，跳机。

9）高压缸排汽温度高，为427℃，跳机（三取二）。

10）发电机断水保护。

11）ETS无跳闸信号。

12）DEH系统正常。

13）TSI系统正常。

14）轴向位移正常。

（7）以下报警不存在：汽轮机轴振大报警；汽轮机轴向位移1大报警；汽轮机轴向位移2大报警；汽轮机胀差大报警；汽轮机零转速报警；汽轮机偏心大报警；就地听音正常；汽水品质合格。

2. 功能组执行步骤

以上条件认真检查，条件满足后，可以手动或被上级功能组调用，按照以下步骤，逐步执行，实现发电机并网工作。

第一步：调用抗燃油油泵启动功能组，启动抗燃油系统。检测性启动，防止漏项。

第二步：调用主机油系统启动功能组。检测性启动，防止漏项。

第三步：投入以下自动：燃料主控自动；给煤机自动；给水自动；引风机自动；送风机自动；一次风机自动；磨煤机冷风自动；磨煤机热风自动；CCS自动；机主控自动；炉主控自动；闭式水变频、压力自动；凝结水补水自动；凝结水泵变频及上水调门自动；

给水泵汽轮机自动；锅炉上水调门自动；HWL-1 自动；HWL-2 自动；一级减温自动；二级减温自动；再热事故喷水自动；高压旁路自动；低压旁路自动；高压旁路减温水自动；低压旁路减温水自动；三级减温 1、三级减温 2、低压缸水幕喷水、辅助蒸汽至轴封、轴封溢流、低压轴封减温水、低压缸喷水、给水泵汽轮机机油温调节自动；发电机空冷器、发电机定冷水、发电机转冷水、除氧器加热、凝汽器背包式扩容器喷水、凝汽器背包式扩容器喷水自动。以上操作主要是检测性操作，为防止在机组并网后，自动没有投入，导致异常发生。

第四步：打开高压缸排汽通风至凝汽器电磁阀。

第五步：投入以下保护或联锁或自动：主蒸汽管道疏水球阀、主蒸汽管道疏水闸阀、A 侧主蒸汽管道疏水球阀、A 侧主蒸汽管道疏水闸阀、B 侧主蒸汽管道疏水球阀、B 侧主蒸汽管道疏水闸阀、高压缸排汽管道疏水罐疏水阀、高压旁路入口管道疏水阀 1、高压旁路入口管道疏水阀 2、低压旁路管道疏水阀、低压旁路减压阀后疏水罐疏水电动门、再热冷蒸汽管道疏水罐 1 疏水阀、再热冷蒸汽管道疏水罐 2 疏水阀、再热冷至 B 侧再热减温器管道疏水罐疏水阀、再热冷至 A 侧再热减温器管道疏水罐疏水阀、一级抽汽止回阀前疏水阀、二级抽汽止回阀前疏水阀、三级抽汽止回阀前疏水阀、四级抽汽止回阀前疏水阀、5 级抽汽止回阀前疏水阀、6 级抽汽止回阀前疏水阀、主蒸汽进汽管疏水阀、高压内缸疏水阀、高压内外缸夹层疏水阀、高压排汽区疏水阀、B 侧再热进汽管疏水阀、A 侧再热进汽管疏水阀、B 侧主蒸汽管放气阀、A 侧主蒸汽管放气阀、主蒸汽进汽管疏水阀。以上操作均为检测性操作。所有条件均有信号，在步骤中自动检测。

第六步：检测以下去 DEH 系统条件正常：给水流量、总给煤量、凝汽器水位、除氧器水位、炉膛负压、给水泵汽轮机润滑油压力、主机润滑油压力、抗燃油压力、旁路方式 ON 允许、高压旁路阀关闭、低压旁路阀关闭、高压疏水阀全关、高压疏水阀全开、疏水阀开关在自动位置、中压疏水阀全关、中压疏水阀全开、MFT 动作至 ETS1、MFT 动作至 ETS2。在 DCS 画面上或 DEH 画面上，认真检测以上条件满足，防止并网后出现异常。所有条件均有信号，在步骤中自动检测。

第七步：检测以下来自 DEH 系统或 ETS 条件正常：汽轮机挂闸请求、水检测温差高、水检测温差高高、低压排汽温度高、低压排汽温度高高、ATC 遮断报警、ATC 遮断、高压缸排汽温度高报警、抗燃油油压低跳机、润滑油油压低跳机、凝汽器真空低跳机、高压缸排汽压力高跳机、电超速跳机、轴向位移大跳机、轴承振动大跳机、胀差大跳机、高压缸排汽压力低跳机、高压缸排汽温度高遮断、ETS 故障报警、ETS 柜 PLC 报警、ETS 柜电源故障、电超速切除、MFT 跳机报警 1、DEH 失电跳机报警、发电机保护跳机报警、MFT 跳机报警 2、汽轮机电动门配电柜电源故障、汽轮机 220V AC 电源柜电源故障、热控 UPS 电源柜电源故障、汽轮机 DCS 电源柜失电报警、汽轮机手动跳闸 1、汽轮机手动跳闸 2。检测 DEH 或 DCS 上信号正常，无报警。所有条件均有信号，在步骤中自动检测。

第八步：检测以下条件正常：汽轮机油箱油位正常、抗燃油油箱油位正常、循环水压力正常、高压旁路在自动、低压旁路在自动、高压缸排汽止回阀关闭、定子冷却水正常、转子冷却水正常、A 侧高压主气门关到位、B 侧高压主气门关到位、A 侧中压主气门关到位、B侧中压主气门关到位。所有条件均有信号，在步骤中自动检测。

第九步：停运高压油泵，并检测隔膜阀上腔油压正常。

第十步：停运交流润滑油泵，检测直流润滑油泵停运，主机油系统油压正常。

第十一步：DCS检测以下条件满足：主变高压侧接地开关跳位、220kV隔离开关接地刀跳位、Ⅰ母隔离开关在合位"异或"Ⅱ母隔离开关在合位、发电机故障信号无、励磁系统故障信号无、汽轮机转速不小于2950r/min、220kV断路器在跳位。

第十二步：投入发电机励磁自动，检测发电机灭磁开关在跳位、发电机故障信号无、励磁系统故障信号无。

第十三步：投入发电机励磁，检测灭磁开关在合位、发电机电压不小于18kV、发电机故障信号无、励磁系统故障信号无。

第十四步：向DEH发请求ASS调速。检测DEH返回ASS调速允许信号，检测发电机故障信号无，检测励磁系统故障信号无。

第十五步：投入发电机同期装置。检测以下条件满足：发电机同期装置投入指令存在、主变高压侧接地开关跳位、220kV隔离开关接地刀跳位、Ⅰ母隔离开关在合位"异或"Ⅱ母隔离关在合位、发变组保护动作无、220kV断路器异常无、220kV断路器就地控制无、汽轮机转速不小于2950r/min、发电机出口电压不小于19.8kV、发电机励磁在自动、DEH允许ASS调速、励磁系统故障信号无、同期装置故障无。

第十六步：投入220kV同期电压，延时投入220kV同期装置，当220kV断路器已合闸后进行下一步。

第十七步：退出220kV同期装置。

第十八步：退出220kV同期电压。

第十九步：提示手动增加负荷大于5%。

当以上步骤执行完毕后，发电机已经并网，具备以下任一条件表明发电机并网完成：

（1）发电机并网且励磁自动。

（2）发电机并网且电负荷大于5%。

二、机组级APS功能组设计介绍

（一）启动前准备APS功能组

1. 功能要求

启动前准备功能组主要完成机组在启动前的所有准备工作，包括从启动循环水开始，一直到锅炉上水完毕，冷态冲洗合格，将所有启动前的工作准备完毕，下一步操作即是点火步骤。

本功能组主要是按照正常的启动前准备顺序，调用需要完成操作的子功能组，完成启动前准备所需的所有工作。在调用顺序时，有需要中间过渡的环节时，在功能组中设计。

本功能组在启动前必须要按照功能组调用的所有子功能组检查卡进行检查，只有完成所有检查后，在调用功能组时才能够正确执行，并且保证安全。

启动前准备功能组在执行过程中，虽然不用人为操作设备，但是由于DCS不能控制例如电除尘、除渣等设备，所以在执行过程中会出现一些提示，运行人员要按照提示进行相应操作，在操作完毕后，在DCS点击确定按钮，使功能组继续执行下一步操作。

在所调用的功能组时，只有功能组完成条件成立后，才可认为本功能组执行完毕，否则程序暂停执行。

2. 功能组启动条件与程序

启动前准备功能组的启动许可条件包括以下两个方面：

（1）启动前准备包含的所有检查卡执行完毕；启动前准备功能组包含很多子功能组，每个子功能组所需要的检查卡内容必须要检查完毕，并且在子功能组中的许可条件中予以确认，如果不检查，会出现安全问题，如果不确认，则功能组不能正常调用。

（2）每个功能子组中人工确认的步骤均已检查。某些功能子组中包含了需要确认的步骤或者是需要人工输入参数的步骤，因此在启动前准备功能组启动前，应检查相应的数据或步骤已经确定，如果需要在功能组中确认的步骤，则在执行过程中监视和确认。

以上条件满足后，可以手动或者被上级调用本功能组，依次执行以下步骤：

第一步：调用凝结水补给水系统功能组。首先调用凝结水补给水系统功能组，为整个系统的补水做准备。

第二步：调用闭式循环冷却水系统启动功能组。闭式循环冷却水功能组为辅机系统提供冷却水，因此需要早于其他功能组启动，为其他功能组的正常运行提供保障。

第三步：调用凝汽器上水功能组。凝汽器上水功能组为整个系统用水的第一个环节，需要存储大量的除盐水，用于系统冲洗和存水。

第四步：调用除氧器上水功能组。由于系统启动初期，需要大量的补水，因此除凝汽器补水外，可以同时使用除氧器上水功能组给除氧器上水，上水同步进行，可以节约大量的启动时间。另外，除氧器上水完毕，也可以首先冲洗除氧器，避免全系统补水时间过长。

第五步：调用循环水及开式循环冷却水系统功能组。循环水及开式循环冷却水系统功能组为整个机组提供冷却水，包括对闭式循环冷却水的冷却及对凝汽器的冷却，保持真空等，因此循环水系统需要在闭式循环冷却水系统具有大量用户之前启动备用，防止闭式循环冷却水温度过高。

第六步：调用给水泵油站功能组。给水泵即将使用前，先启动油泵系统，对油系统排空气和循环，检查系统无泄漏。

第七步：调用汽轮机油系统功能组。汽轮机油系统同样需要首先启动并对系统排空气及检查系统无泄漏等。

第八步：调用抗燃油系统功能组。启动抗燃油系统，对系统排空气及检查泄漏等。

第九步：调用辅助蒸汽系统功能组。为除氧器加热准备汽源，也为整个系统准备辅助蒸汽。

第十步：调用除氧器加热功能组。除氧器上水后，投入除氧器加热。

第十一步：调用凝结水系统启动功能组。

第十二步：调用凝结水系统冲洗功能组。

第十三步：发光字报警并提示投入电除尘瓷套加热，除灰系统准备发报警。

第十四步：调用锅炉疏水排气功能组。关闭锅炉疏水，打开锅炉排气，准备进行锅炉上水。

第十五步：调用给水管道静态注水功能组。为给锅炉上水，避免给水管道水冲击，对给水系统进行注水。

第十六步：调用锅炉上水功能组。进行锅炉上水，上水功能组仅仅完成上水的操作，不要求锅炉上水完成，本功能组执行完毕后，可以在进行锅炉上水的同时启动汽动给水泵。锅炉上水完成信号通过自动系统进行控制。本步骤需要第十五步完成。

第十七步：调用投轴封系统抽真空功能组。锅炉上水时，可以同时启动汽动给水泵，准备锅炉上水完毕后进行冷态冲洗及点火、升负荷上水要求。由于汽动给水泵启动需要较长时间，因此可以与锅炉上水功能组同步进行。

第十八步：调用汽动给水泵启动功能组。自动完成汽动给水泵的启动和控制给水操作。

第十九步：调用锅炉冷态清洗功能组。锅炉进行冷态清洗，需要在第十八步完成后进行。

第二十步：调用锅炉底渣系统功能组。启动锅炉底渣系统，为锅炉点火做准备。

第二十一步：调用定子冷却水、转子冷却水功能组。启动发电机的定子冷却水、转子冷却水系统，为机组启动做准备。

以上步骤执行完毕后，启动前准备的所有机炉操作均已完成，已经能够进行下一步点火操作。启动前准备功能组执行完成条件包括以下几个方面：

(1) 有凝结水泵运行。

(2) 汽动给水泵转速大于 2800r/min 且遥控自动投入。

(3) 凝汽器真空正常。

(4) 汽水分离器液位大于 1m。

(5) 锅炉水质正常（人工输入值）。

(6) 主机盘车正常（盘车电流正常，且转速大于 2r/min）。

（二）点火至冲转 APS 功能组

1. 功能要求

点火及升温升压功能组完成机组从点火开始直到汽轮机冲转完成的整个过程，在整个功能组执行过程中，同样需要认真检查和确认所涉及的功能组中需要完成的检查卡是否正确、完善执行完毕，并检查所有功能组可能涉及的需要初始化的实时数据及确认状态是否正确。只有当所有检查卡和数据全部执行完毕后，才允许执行点火及冲车系统级功能组。

在以上工作执行正确并启动功能组后，功能组能够自动、全面、完善、安全地完成从点火至冲车的所有工作。

在所调用的功能组时，只有功能组完成条件成立后，才可认为本功能组执行完毕，否则程序暂停执行。

2. 功能组启动条件与程序

点火至冲车功能组在启动前要具备的条件是：

（1）点火至冲车所涉及检查卡全部执行完毕。

（2）每个功能子组中所涉及的人工确认均已检查。

（3）脱硫系统已投入。点火前要求脱硫系统投入，因此在脱硫系统投入后，点击确认，使条件完善。

满足以上条件后，人工或被调用，依次执行以下步骤，完成点火至冲转的所有操作。

第一步：调用空气预热器启动功能组。空气预热器启动功能组是点火前第一步。

第二步：调用引风机启动功能组。当空气预热器启动后，调用引风机启动功能组，自动启动引风机。本程序认为风烟系统设备均正常，任何情况下均能够正常使用，因此设计为单侧启动。如果在实际应用中，需要启动两台引风机，则只需在第三步调用送风机启动功能组之后，再次调用引风机启动功能组，启动另外一侧的引风机。

第三步：调用送风机启动功能组。当引风机启动完毕，调用送风机启动功能组。同样，本程序假定送风系统所有设备均正常，使用单侧启动，如果实际情况单侧启动有问题，可以在启动第二台引风机之后，调用送风机启动功能组，启动另外一侧送风机。

第四步：调用火检风机、探针投入功能组。投入火检冷却风机，投入烟温探针。

第五步：调用稀释风机（脱硝）功能组。调用脱硝系统投入功能组，完成脱硝系统的投入。

第六步：调用锅炉燃油泄漏试验功能组。FSSS中有锅炉燃油泄漏试验的功能组，在此调用，完成油泄漏试验。

第七步：调用炉膛吹扫功能组。利用FSSS中的炉膛吹扫功能，完成对锅炉的吹扫。

第八步：调用一次风机及密封风机启动功能组。启动一次风机，并启动密封风机。

第九步：调用微油投入功能组。当一次风机及密封风机启动正常后，A磨煤机已经通风，可以调用微油投入功能组进行微油投入，开始点火。

第十步：调用A磨煤机启动功能组。微油点火正常后，调用A制粉系统启动功能组，投入制粉系统运行。制粉系统投入运行后，燃料系统自动设定给定值，进行锅炉的升温升压。

第十一步：投入燃料主控自动。调用空气预热器吹灰功能组。A制粉系统投入正常后，投入燃料主控自动，由燃料主控控制燃料给煤量，自动完成升温升压。点火成功后，调用空气预热器吹灰功能组，对空气预热器进行连续吹灰。在调用前，应确定吹灰次数。本步骤不需要检测功能组完成条件，仅仅调用此功能组，并让其自动执行即可。

第十二步：调用汽轮机旁路投入自动功能组。锅炉点火后，要立即将汽轮机旁路投入自动控制，由自动控制系统控制整个机组的升温升压过程以及并网后的控制过程。

第十三步：调用热态冲洗功能组。当达到热态冲洗条件后，调用热态冲洗功能组，实现对锅炉的自动热态冲洗过程。

第十四步：调用高压加热器投入功能组。冲车前，完成对高压加热器的随机投入。如果需要在冲车完毕后投入，则移至汽轮机冲车功能组后。

第十五步：调用汽轮机冲转功能组。当条件满足后，调用汽轮机冲车功能组，完成对汽轮机的冲车操作。汽轮机的冲车操作由DEH系统自动完成。

当以上功能组执行完毕后，汽轮机转速应该达到3000r/min，具备并网及升负荷条件。点火至冲车功能组的完成条件应包含以下几个方面：

（1）汽轮机转速大于 2950r/min。

（2）旁路在自动状态。

（3）燃料主控在自动。

（4）送风机在自动。

（5）引风机在自动。

（6）炉膛压力正常。

（三）汽轮机冲转 APS 功能组

1. 功能要求

汽轮机冲车功能组能够完成汽轮机冲车前的一些准备工作，以及可以完成汽轮机冲车前的大部分项目的自动检测（有测点部分），只有通过这些项目的检查后，汽轮机冲车才能够最后进行。

汽轮机冲车时，由 APAS 发送汽轮机冲车指令，DEH 系统将自动根据内部逻辑进行判断，根据当前的冲车参数选择冲车过程，包括冲车、磨检、暖机、阀切换和汽轮机定速等。汽轮机定速稳定 1min 后向 DCS 发送冲车完成信息，DCS 进行下一步并网工作。

汽轮机冲车前需要检查的系统包含所有的系统，因为汽轮机冲车意味着机组进入正常运行方式，因此所有的系统均应正常，所有的系统均应检查。

主要的涉及冲车的系统有油系统、汽轮机疏水、真空、ETS 要求检查的项目及 DEH 系统需要检查的项目，在 APS 中均应有所体现，防止发生步序等待时不明原因耽误判断时间。

冲车前检查项目较多，能够在步序中完成并进行检查的项目包含各自动，及整个机组的状态，含 DEH 系统、ETS 传送至 DCS 的参数，DCS 到 DEH 系统、ETS 的参数以及冲车前需要检查的各个项目，尽量在 APS 中自动检查完毕，如果有需要，还可以增加，甚至对全部参数进行检查和操作。

DEH 系统可以完成自动冲车的任务，实现 ATC 控制。因此在 APS 中仅仅对其冲车前条件进行尽可能检查，DEH 系统对自身的检测也有出口至 DCS，作为冲车条件，某些条件需要 DEH 系统自己进行检查并确定是否可以冲车。

冲车过程中的暖机等过程由 DEH 系统自动控制。DEH 系统完成冲车并定速一定时间后，发送给 DCS 冲车完成信息。

冲车参数由 DCS 自动给出，而且自动赋值给锅炉及旁路进行控制。当参数满足汽轮机冲车条件时，发出冲车要求报警，或直接调用冲车功能组进行冲车。

2. 功能组启动条件与程序

汽轮机冲车功能组在执行前，应自动或者手动检查以下条件满足：

（1）汽轮机冲车检查卡执行完毕。

（2）主机盘车已投入。

（3）顶轴油泵运行。

（4）主机油压正常。

（5）凝汽器真空正常。

（6）汽轮机所有振动正常。

（7）检查以下炉侧 MFT 保护投入：送风机均停，引风机均停，空气预热器均停，一次风机均停，两台火检冷却风机全停或火检冷却风压力低Ⅲ值，风量小于 25% 延时 3s，炉膛压力高Ⅲ值，炉膛压力低Ⅲ值，全炉膛燃料丧失，全炉膛火焰丧失，给水泵汽轮机停机，负荷小于 30%，分离器水位高 13.1m，螺旋水冷壁出口金属壁温高，分离器出口蒸汽温度高，末级过热器出口温度高，末级再热器出口温度高，再热器保护动作，汽轮机跳闸，脱硫请求 MFT。

（8）检查以下机侧主机保护投入：润滑油油压低，为 0.06MPa，跳机（四取二）；抗燃油油压低，为 9.3MPa，跳机（四取二）；凝汽器真空低，为 68.7kPa，跳机（四取二）；轴向位移大于 1.0 和小于 −1.0mm，跳机（四取二）；转速达 3300r/min，电超速保护动作跳机（四取二）；高压缸胀差大于 10.2mm 和小于 −4.5mm 遮断；低压缸胀差大于 16mm 和小于 −1mm 遮断；轴承振动大，为 0.254mm，跳机；发电机并网且调节级压力/高压缸排汽压力低 1.7MPa，跳机；高压缸排汽温度高 427℃，跳机（三取二）；发电机断水保护。

（9）ETS 无跳闸信号；

（10）DEH 系统正常。

（11）TSI 系统正常。

（12）轴向位移正常。

（13）以下报警不存在：汽轮机轴振大报警，汽轮机轴向位移 1 大报警，汽轮机轴向位移 2 大报警，汽轮机胀差大报警，汽轮机零转速报警，汽轮机偏心大报警。

（14）就地听音正常。

（15）汽水品质合格。

满足以上条件后，手动或调用功能组，依次执行以下步骤：

第一步：调用抗燃油油泵启动功能组，启动抗燃油系统。

第二步：调用主机油系统启动功能组，调用定子冷却水、转子冷却水功能组。

第三步：投入以下自动：低压缸喷水，燃料主控自动，给煤机自动，给水自动，引风机自动，送风机自动，一次风机自动，磨煤机冷风自动，磨煤机热风自动，CCS 自动，机主控自动，炉主控自动，闭式循环冷却水变频、压力自动，凝汽器补水自动，凝结水泵变频及上水调门自动，凝结水再循环，给水泵汽轮机自动，给水泵再循环自动，锅炉上水调门自动，HWL-1 自动，HWL-2 自动，一级减温自动，二级减温自动，再热事故喷水自动，高压旁路自动，低压旁路自动，高压旁路减温水自动，低压旁路减温水自动，三级减温 1、三级减温 2、辅助蒸汽至轴封、轴封溢流、低压轴封减温水、给水泵汽轮机油温调节自动，发电机空冷器、发电机定子冷却水、发电机转子冷却水、除氧器加热、凝汽器背包式扩容器喷水，凝汽器背包式扩容器喷水自动。

第四步：打开高压缸排汽通风至凝汽器电磁阀。

第五步：投入以下保护或联锁：主蒸汽管道疏水球阀，主蒸汽管道疏水闸阀，A 侧主蒸汽管道疏水球阀，A 侧主蒸汽管道疏水闸阀，B 侧主蒸汽管道疏水球阀，B 侧主蒸汽管道疏水闸阀，高压缸排汽管道疏水罐疏水阀，高压旁路入口管道疏水阀 1，高压旁路入口管道疏水阀 2，低压旁路管道疏水阀，低旁减压阀后疏水罐疏水电动门，再热冷蒸汽管道疏水罐 1 疏水阀，再热冷蒸汽管道疏水罐 2 疏水阀，再热冷至 B 侧再热减温器管道疏水罐疏水阀，再热冷至 A 侧再热减温器管道疏水罐疏水阀，低压缸喷水，三级减温，三级减温，低压缸水幕喷水，一级抽汽止回阀前疏水阀，二级抽汽止回阀前疏水阀，三级抽汽止回阀前疏水阀，四级抽汽止回阀前疏水阀，5 级抽汽止回阀前疏水阀，6 级抽汽止回阀前疏水阀，主蒸汽进汽管疏水阀，高压内缸疏水阀，高压内外缸夹层疏水阀，高压排汽区疏水阀，B 侧再热进汽管疏水阀，A 侧再热进汽管疏水阀，B 侧主蒸汽管放气阀，A 侧主蒸汽管放气阀，主蒸汽进汽管疏水阀，交流润滑油泵，直流事故油泵，主机排烟风机，抗燃油油泵，给水泵汽轮机油泵，闭式循环冷却水泵联锁，凝结水泵，发电机定子冷却水泵，发电机转子冷却水泵，真空泵联锁（3 个），给水泵汽轮机排汽管喷水。

第六步：启动高压油泵，判断遮断阀复位。

第七步：检查以下去 DEH 系统条件正常：给水流量，总给煤量，凝汽器水位，除氧器水位，炉膛负压，给水泵汽轮机润滑油压力，主机润滑油压力，抗燃油压力，旁路方式 ON 允许，高压疏水阀全关，高压疏水阀全开，疏水阀开关在自动位置，中压疏水阀全关，中压疏水阀全开，MFT 动作至 ETS1，MFT 动作至 ETS2。

第八步：检查以下来自 DEH 系统或 ETS 条件正常：汽轮机挂闸请求，水检测温差高，水检测温差高高，低压排汽温度高，低压排汽温度高高，ATC 遮断报警，ATC 遮断，高压缸排汽温度高报警，抗燃油油压低跳机，润滑油油压低跳机，凝汽器真空低跳机，高压缸排汽压力高跳机，电超速跳机，轴向位移大跳机，轴承振动大跳机，胀差大跳机，高压缸排汽压力低跳机，高压缸排汽温度高遮断，ETS 系统故障报警，ETS 柜 PLC 报警，ETS 柜电源故障，电超速切除，MFT 跳机报警 1，DEH 失电跳机报警，发电机保护跳机报警，MFT 跳机报警 2，汽轮机电动门配电柜电源故障，汽轮机 220V AC 电源柜电源故障，热控 UPS 电源柜电源故障，汽轮机 DCS 电源柜失电报警，汽轮机手动跳闸 1，汽轮机手动跳闸 2。

第九步：检查以下条件正常：汽轮机油箱油位正常，抗燃油油箱油位正常，循环水压力正常，高压旁路自动，低压旁路自动，高压旁路减温水自动，低压旁路减温水自动，高压缸排汽止回阀关闭，定子冷却水正常，转子冷却水正常，A 侧高压主气门关到位，B 侧高压主气门关到位，A 侧中压主气门关到位，B 侧中压主气门关到位。

第十步：发出报警"根据冲车前 DEH 系统操作票准备 DEH 系统"，发出报警，提示"请检查冲车参数"。要手动确认冲车参数。

第十一步：发指令至 DEH 系统，汽轮机冲车。检测 DEH 系统已经发遥控请求，汽轮机转速已经大于 2950r/min，汽轮机已挂闸。如果需要摩擦检查，则在汽轮机转速 500r/min，进行摩擦检查，发出跳闸汽轮机指令，然后重新挂闸冲车至 2950r/min。

第十二步：再次投入以下自动：低压缸喷水，燃料主控自动，给煤机自动，给水自动，引风机自动，送风机自动，一次风机自动，磨煤机冷风自动，磨煤机热风自动，CCS 自动，机主控自动，炉主控自动。

第十三步：停运以下油泵：高压油泵，交流润滑油泵。

以上步骤执行完毕，汽轮机冲车已经完成，并且所有的检查均已完成，可以进行并网工作。

汽轮机冲车功能组的完成条件至少满足以下条件之一：

（1）条件一：CCS自动。机主控自动。炉主控自动。DEH返回遥控方式。汽轮机转速大于2950r/min，延时1min。

（2）条件二：发电机并网。

（四）并网及升负荷APS功能组

1.功能要求

并网及升负荷功能组将调用并网功能组。

并网及升负荷功能组中将检查机组进入正常运行时的几乎所有条件，如果条件不满足，则暂停处理，如果确认不满足的条件没问题时可以跳步，起到提示作用。然后进行并网操作。

并网后进入暖机程序。

暖机结束后，DCS发送指令投入汽轮机遥控，此时汽轮机遥控处于调压状态，旁路通过置位关闭至0%。旁路关闭后，进入CCS状态，或者继续升燃料量，进入干态后触发CCS闭环。

由于与DEH系统接口之间配合的问题，并网后的控制分两部分考虑。

如果DEH系统能够提供由DCS投功率回路及由DCS设定功率的接口，则5%负荷暖机由DCS的APS进行控制，APS将根据人工输入的暖机时间及第一级金属温度进行判断决定暖机，暖机结束后，DCS发投入调压回路或者是投入遥控，由DCS进行阀门控制，调整压力或功率。

如果厂家不提供接口，则在机组并网后，由DEH控制升负荷至5%，然后进行暖机程序，此时机前压力即时旁路控制的压力，当汽轮机调门开度不变时，可以维持大约5%的负荷，进入暖机程序。

暖机结束后，进入升负荷阶段。根据冷热态的不同，升负荷速率分为两种。由程序自动给定。

暖机结束，汽轮机主控起作用，一直到干态，一直维持最低压力8.5MPa。

暖机结束后，且汽轮机主控闭环，旁路按一定速率关闭至0%，然后进入到湿态CCS状态。

保持给水不动，升燃料量直到给水对应的30%燃料量。如果燃料量不能使水位降低，则增加燃料量，直到水位开始降低。

当过热度大于4℃时且水位低于一定值时，触发干态CCS，目标设定值40%。

负荷40%时，APS结束。

2.功能组启动条件与程序

并网至升负荷功能组在启动时，要满足以下条件：

（1）并网及加负荷至检查卡执行完毕。

（2）5％负荷暖机时间已输入。

满足以上条件后，手动或调用并网及升负荷功能组，依次执行以下步骤：

第一步：投入以下自动：燃料主控自动，给煤机自动，给水自动，引风机自动，送风机动，一次风机自动，磨煤机冷风自动，磨煤机热风自动，CCS 自动，机主控自动，炉主控自动，闭式循环冷却水变频、压力自动，凝结水补水自动，凝结水泵变频及上水调门自动，给水泵汽轮机自动，锅炉上水调门自动，HWL-1 自动，HWL-2 自动，一级减温自动，二级减温自动，再热事故喷水自动，高压旁路自动，低压旁路自动，高压旁路减温水自动，低压旁路减温水自动，三级减温 1、三级减温 2、低压缸水幕喷水、辅助蒸汽至轴封、轴封溢流、低压轴封减温水、低压缸喷水、给水泵汽轮机油温调节自动，发电机空冷器，发电机定子冷却水，发电机转子冷却水，除氧器加热，凝汽器背包式扩容器喷水，凝汽器背包式扩容器喷水自动。

第二步：投入以下保护或联锁：主蒸汽管道疏水球阀，主蒸汽管道疏水闸阀，A 侧主蒸汽管道疏水球阀，A 侧主蒸汽管道疏水闸阀，B 侧主蒸汽管道疏水球阀，B 侧主蒸汽管道疏水闸阀，高压缸排汽管道疏水罐疏水阀，高压旁路入口管道疏水阀 1，高压旁路入口管道疏水阀 2，低压旁路管道疏水阀，低压旁路减压阀后疏水罐疏水电动门，再热冷蒸汽管道疏水罐 1 疏水阀，再热冷蒸汽管道疏水罐 2 疏水阀，再热冷至 B 侧再热减温器管道疏水罐疏水阀，再热冷至 A 侧再热减温器管道疏水罐疏水阀，一级抽汽止回阀前疏水阀，二级抽汽止回阀前疏水阀，三级抽汽止回阀前疏水阀，四级抽汽止回阀前疏水阀，5 级抽汽止回阀前疏水阀，6 级抽汽止回阀前疏水阀，主蒸汽进汽管疏水阀，高压内缸疏水阀，高压内外缸夹层疏水阀，高压排汽区疏水阀，B 侧再热进汽管疏水阀，A 侧再热进汽管疏水阀，B 侧主蒸汽管放气阀，A 侧主蒸汽管放气阀，主蒸汽进汽管疏水阀，交流润滑油泵，直流事故油泵，主机排烟风机，抗燃油油泵，抗燃油冷油器，给水泵汽轮机油泵，闭式循环冷却泵，凝结水泵，发电机定子冷却水泵，发电机转子冷却水泵，真空泵联锁（3 个），给水泵汽轮机排汽管喷水。

第三步：检查以下条件正常：汽轮机油箱油位正常，抗燃油油箱油位正常，循环水压力正常，高压旁路在自动，低压旁路在自动，定子冷却水正常，转子冷却水正常。

第四步：如果机组已并网，跳步至第六步。

第五步：调用或人工进行并网工作。检测发电机已并网，发电机负荷不小于 5％，且暖机已结束，DEH 系统已经反馈遥控允许。

第六步：向 DEH 系统发送投入遥控指令。DEH 系统反馈遥控已经投入，遥控投入后，CCS 自动升负荷，机调压，旁路逐步关闭。旁路关闭后，若燃料量达到 22％BMCR 时进行下一步。

第七步：调用 B 磨煤机组启动功能组。检测以下条件成立：B 磨煤机运行，B 给煤机运行，B 给煤机自动，锅炉燃料量达到 35％BMCR，锅炉干态，CCS 已进入闭环调节。条件具备后，进入下一个步骤。

第八步：给定负荷指令 40％，升负荷至 40％。当负荷升至 40％并保持 15min 后，并网及升负荷功能组执行完毕。

当以上步骤执行完毕后，机组的并网及升负荷功能组执行完毕，机组进入正常运行方式。并网及升负荷功能组执行完成信号包含以下几个方面：

(1) CCS闭环。

(2) 机主控自动。

(3) 炉主控自动。

(4) 锅炉干态。

(5) 机组负荷不小于40%。

(6) 发电机并网。

三、机组级停运APS功能组设计介绍

机组滑停功能组设计为一键滑停和一键正常停机两个功能组。

(一) 滑参数停机APS功能组

1. 功能要求

一键滑停的起始状态可以是任何状态，只要APS滑停功能投入并启动，则自动进行机组滑停直到机组停机，停机后的工作由其他功能组完成。在机组滑停阶段，如果选择烧空仓，则按照烧空仓的程序进行，如果选择不烧空仓，则按照既定的顺序停磨停机。

滑停目标：

采用喷嘴调节方式滑压、滑温滑负荷。假定负荷从75%，压力、温度从额定开始，直到负荷5%，温度462℃，压力6.5MPa，保证第一级金属温度降至350℃。

任何负荷均可投入机组停运APS：

干态时，利用CCS降负荷，APS设定目标负荷、目标压力和目标温度。湿态后APS控制燃料量降负荷，同时控制温度设定值、压力设定值，直到降至5%负荷。75%负荷开始滑压、滑温，60%负荷对应温度为500℃，压力为18MPa，此时稳定30min。60%负荷至40%负荷，温度降至460℃，压力降至14MPa。注意，降温速度不大于1.25℃/min。当投入APS时，负荷、压力、温度不匹配时，则首先利用APS控制压力和温度与负荷相匹配，然后再进行降负荷程序。负荷40%时，温度460℃，压力14MPa。降压速度不大于0.213MPa/min。

烧空仓时停磨顺序：

40%负荷时，要烧空E磨煤机和D磨煤机，为下一步降温降压做准备。

30%负荷时，必须烧空C磨煤机，为下一步降负荷做准备，否则降温较难。

20%负荷时，必须烧空B磨煤机。低负荷阶段，要注意降负荷速率和磨煤机内存煤匹配，最好是在负荷降至20%时磨煤机烧空。

不烧空仓停磨顺序：

40%负荷停F/E磨煤机，然后降负荷至30%；

30%负荷停C磨煤机，然后降负荷至20%；

20%负荷停B磨煤机，然后降负荷至5%；

5%负荷停A磨煤机，停机。

在负荷降至5%时，最好稳定10～20minA磨煤机就烧空。注意停A磨煤机时仅仅

停止磨煤机运行，风门等不关。

在机组停运过程中，降负荷、燃料控制、给水控制、降温降压、干湿态转换、烧空仓等均需要 CCS 控制模块协调控制，自动根据负荷及当前机组运行状态自动给定设定值。在模拟量设计时，必须要与 APS 设计完备的接口，方便在停运过程中，自动给定所有定值，避免人为参与调节。

整个控制过程如图 2-35 所示。

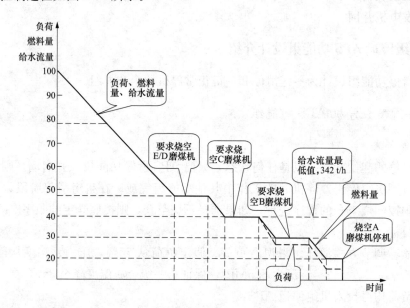

图 2-35　机组滑停控制曲线示意

2. 功能组启动条件与程序

一键烧空仓滑停功能组的启动条件如下：

（1）机组滑停检查卡执行完毕。

（2）机组并网。

（3）汽轮机转速大于 2950r/min。

（4）是否烧空仓已确认。

（5）A 磨煤机运行。

（6）B 磨煤机运行。

（7）AGC 退出。

具备以上条件后，可以手动启动一键烧空仓滑停功能组依次执行以下步骤，完成机组的滑停。

第一步：投入以下自动：低压缸喷水，燃料主控自动，给煤机自动，给水自动，引风机自动，送风机自动，一次风机自动，磨煤机冷风自动，磨煤机热风自动，CCS 自动，机主控自动，炉主控自动，闭式循环冷却水变频、压力自动，凝结水补水自动，凝结水泵变频及上水调门自动，给水泵汽轮机自动，锅炉上水调门自动，HWL-1 自动，HWL-2 自动，一级减温自动，二级减温自动，再热事故喷水自动，高压旁路自动，低压旁路自动，高压旁路减温水自动，低压旁路减温水自动，三级减温1、三级减温2、辅助蒸汽至轴封、轴封溢流、低压轴封减温水、给水泵汽轮机油温调节自动，发电机空冷器、发电机定子冷却水、发电机转子冷却水、除氧器加热、凝汽器背包式扩容器喷水、凝汽器背包式扩容器喷水自动。

第二步：投入以下保护或联锁：主蒸汽管道疏水球阀，主蒸汽管道疏水闸阀，A侧主蒸汽管道疏水球阀，A侧主蒸汽管道疏水闸阀，B侧主蒸汽管道疏水球阀，B侧主蒸汽管道疏水闸阀，高压缸排汽管道疏水罐疏水阀，高压旁路入口管道疏水阀1，高压旁路入口管道疏水阀2，低压旁路管道疏水阀，低旁减压阀后疏水罐疏水电动门，再热冷蒸汽管道疏水罐1疏水阀，再热冷蒸汽管道疏水罐2疏水阀，再热冷至B侧再热减温器管道疏水罐疏水阀，再热冷至A侧再热减温器管道疏水罐疏水阀，低压缸喷水，三级减温，三级减温，低压缸水幕喷水，一级抽汽止回阀前疏水阀，二级抽汽止回阀前疏水阀，三级抽汽止回阀前疏水阀，四级抽汽止回阀前疏水阀，5级抽汽止回阀前疏水阀，6级抽汽止回阀前疏水阀，主蒸汽进汽管疏水阀，高压内缸疏水阀，高压内外缸夹层疏水阀，高压排汽区疏水阀，B侧再热进汽管疏水阀，A侧再热进汽管疏水阀，B侧主蒸汽管放气阀，A侧主蒸汽管放气阀，主蒸汽进汽管疏水阀，交流润滑油泵，直流事故油泵，主机排烟风机，抗燃油油泵，抗燃油冷油器，给水泵汽轮机油泵，闭式循环冷却水泵，凝结水泵，发电机定子冷却水泵，发电机转子冷却水泵，真空泵联锁（3个），给水泵汽轮机排汽管喷水。

第三步：检查以下条件正常：汽轮机油箱油位正常，抗燃油箱油位正常，循环水压力正常，高压旁路在自动，低压旁路在自动，定子冷却水正常，转子冷却水正常。

第四步：投入滑停模式。

第五步：如果机组负荷不大于60%，跳至第八步。

第六步：设定目标负荷60%，设定主汽温度目标值520℃，设定再热蒸汽温度目标值518℃。检测负荷小于61%，主蒸汽温度不大于521℃，主蒸汽压力不大于18MPa，再热蒸汽温度不大于519℃，E磨煤机停运。

第七步：稳定10min。

第八步：如果机组负荷不大于40%，跳至第十步。

第九步：设定目标负荷40%，设定主蒸汽温度目标值470℃，设定再热蒸汽温度目标值450℃。检测负荷小于41%，主蒸汽温度不大于471℃，主蒸汽压力不大于14MPa，再热蒸汽温度不大于450℃，E磨煤机停运，D磨煤机停运或已经是三台磨煤机运行。

第十步：调用投入微油功能组。

第十一步：打开辅助蒸汽供给水泵汽轮机汽源电动门前疏水旁路门。

第十二步：延时2min。

第十三步：打开辅助蒸汽供给水泵汽轮机汽源电动门。

第十四步：关闭辅助蒸汽供给水泵汽轮机汽源电动门前疏水旁路门。

第十五步：打开辅助蒸汽至轴封汽源电动门，投入辅助蒸汽至轴封用汽电动门后减温水调节门自动，投入轴封加热器联锁，打开辅助蒸汽至轴封调门前电动门，投入辅助蒸汽至轴封调门自动。

第十六步：调用空气预热器吹灰功能组。

第十七步：设定目标负荷 28%，设定主蒸汽温度目标值 430℃，设定再热蒸汽温度目标值 410℃。检测负荷不大于 30%，主蒸汽温度不大于 430℃，主蒸汽压力不大于 8.0MPa，再热蒸汽温度不大于 410℃，走空停运 C 磨煤机和 D 磨煤机，要求仅剩 A、B 台磨煤机运行。

第十八步：切换厂用电。确保厂用电切换完毕，点确认按钮，进行下一步。

第十九步：设定目标燃料量为 22%，设定主蒸汽温度目标值为 410℃，设定再热蒸汽温度目标值为 390℃。检测主蒸汽温度不大于 380℃，主蒸汽压力不大于 8MPa，再热蒸汽温度不大于 360℃，A 磨煤机烧空停运。

第二十步：停运全部微油，调用启动主机油系统功能组，发送汽轮机打闸指令。检测以下条件满足：全部微油停运，主机油系统启动正常，汽轮机已打闸，发电机解列，锅炉 MFT，高中压主气门全部关闭，所有抽汽电动门关闭，所有抽汽止回阀关闭，高压缸排汽止回阀关闭，高压缸排汽通风阀开启。以下阀门已开启：一级抽汽止回阀前疏水阀，二级抽汽止回阀前疏水阀，三级抽汽止回阀前疏水阀，4 级抽汽止回阀前疏水阀，5 级抽汽止回阀前疏水阀，6 级抽汽止回阀前疏水阀，主蒸汽进汽管疏水阀，高压内缸疏水阀，高压内外缸夹层疏水阀，高压排汽区疏水阀，B 侧再热进汽管疏水阀，A 侧再热进汽管疏水阀，B 侧主蒸汽管放气阀，A 侧主蒸汽管放气阀，主蒸汽进汽管疏水阀，一次风机全停，燃油跳闸阀关闭，所有油角阀关闭，所有减温水电动门关闭，所有二次风挡板吹扫位。

第二十一步：MFT 已经延时 5min。

第二十二步：调用 A 送风机停运功能组。

第二十三步：调用 A 引风机停运功能组。

第二十四步：调用 B 送风机停运功能组。

第二十五步：调用 B 引风机停运功能组。

第二十六步：调用停运底渣系统功能组。

第二十七步：汽轮机转速小于 600r/min。

第二十八步：启动顶轴油泵。

第二十九步：转速小于 50r/min。

第三十步：报警，提醒准备投入盘车。

第三十一步：提醒投入盘车。确认盘车投入后，确认，进行下一步。

第三十二步：关闭以下阀门：一级抽汽止回阀前疏水阀，二级抽汽止回阀前疏水阀，三级抽汽止回阀前疏水阀，四级抽汽止回阀前疏水阀，五级抽汽止回阀前疏水阀，六级抽汽止回阀前疏水阀，主蒸汽进汽管疏水阀，高压内缸疏水阀，高压内外缸夹层疏水阀，高压排汽区疏水阀，B 侧再热进汽管疏水阀，A 侧再热进汽管疏水阀，B 侧主蒸汽管放气阀，A 侧主蒸汽管放气阀，主蒸汽进汽管疏水阀。

以上步骤执行完毕，机组已安全停运。机组滑停的完成条件包括以下几个方面：

（1）汽轮机打闸。

（2）发电机解列。

（3）锅炉 MFT。

（4）主机润滑油泵运行。

（5）主机顶轴油泵运行。

（6）主机盘车运行。

（7）所有送风机全停。

（8）所有引风机全停。

（9）所有一次风机全停。

（二）正常停机 APS 功能组

机组正常停机不考虑滑压、滑温、烧空仓等复杂的操作，因此正常停机 APS 设计时，主要考虑停机前后的安全步骤。

正常停机 APS 功能组的启动条件如下：

（1）机组滑停检查卡执行完毕。

（2）机组并网。

（3）汽轮机转速大于 2950r/min。

（4）A 磨煤机运行。

（5）B 磨煤机运行。

（6）AGC 退出。

第一步：投入以下自动：低压缸喷水自动，燃料主控自动，给煤机自动，给水自动，引风机自动，送风机自动，一次风机自动，磨煤机冷风自动，磨煤机热风自动，CCS 自动，机主控自动，炉主控自动，闭式循环冷却水变频、压力自动，凝结水补水自动，凝结水泵变频及上水调门自动，给水泵汽轮机自动，锅炉上水调门自动，HWL-1 自动，HWL-2 自动，一级减温自动，二级减温自动，再热事故喷水自动，高压旁路自动，低压旁路自动，高压旁路减温水自动，低压旁路减温水自动，三级减温 1、三级减温 2、辅助蒸汽至轴封、轴封溢流、低压轴封减温水、给水泵汽轮机油温调节自动，发电机空冷器、发电机定子冷却水、发电机转子冷却水、除氧器加热、凝汽器背包式扩容器喷水、凝汽器背包式扩容器喷水自动。

第二步：投入以下保护或联锁：主蒸汽管道疏水球阀，主蒸汽管道疏水闸阀，A 侧主蒸汽管道疏水球阀，A 侧主蒸汽管道疏水闸阀，B 侧主蒸汽管道疏水球阀，B 侧主蒸汽管道疏水闸阀，高压缸排汽管道疏水罐疏水阀，高压旁路入口管道疏水阀 1，高压旁路入口管道疏水阀 2，低压旁路管道疏水阀，低压旁路减压阀后疏水罐疏水电动门，再热冷蒸汽管道疏水罐 1 疏水阀，再热冷蒸汽管道疏水罐 2 疏水阀，再热冷至 B 侧再热减温器管道疏水罐疏水阀，再热冷至 A 侧再热减温器管道疏水罐疏水阀，低压缸喷水，三级减温，三级减温，低压缸水幕喷水，一级抽汽止回阀前疏水阀，二级抽汽止回阀前疏水阀，三级抽汽止回阀前疏水阀，四级抽汽止回阀前疏水阀，5 级抽汽止回阀前疏水阀，6 级抽汽止回阀前疏水阀，主蒸汽进汽管疏水阀，高压内缸疏水阀，高压内外缸夹层疏水阀，高压排汽区疏水阀，B 侧再热进汽管疏水阀，A 侧再热进汽管疏水阀，B 侧主蒸汽管放气阀，A 侧主蒸汽管放气阀，主蒸汽进汽管疏水阀，交流润滑油泵，直流事故油泵，主机排烟风机，抗燃油油泵，抗燃油冷油器，给水泵汽轮机油泵，闭式循环冷却水泵，凝结水泵，发电机定子冷却水泵，发电机转子冷却水泵，真空泵联锁（3个），给水泵汽轮机排汽管喷水。

第三步：检查以下条件正常：汽轮机油箱油位正常，抗燃油箱油位正常，循环水压力正常，高压旁路在自动，低压旁路在自动，定子冷却水正常，转子冷却水正常。

第四步：投入正常停运模式。

第五步：如果机组负荷不大于60%，跳至第八步。

第六步：设定目标负荷60%。检测负荷小于61%，燃料量小于90，自动触发停运E磨煤机。

第七步：稳定10min。

第八步：如果机组负荷不大于40%，跳至第十步。

第九步：设定目标负荷40%。检测负荷小于41%，E磨煤机停运，燃料量小于70%，自动停运D磨煤机或已经是三台磨煤机运行。

第十步：调用投入微油功能组。

第十一步：打开辅助蒸汽供给水泵汽轮机汽源电动门前疏水旁路门。

第十二步：延时2min。

第十三步：打开辅助蒸汽供给水泵汽轮机汽源电动门。

第十四步：关闭辅助蒸汽供给水泵汽轮机汽源电动门前疏水旁路门。

第十五步：打开辅助蒸汽至轴封汽源电动门，投入辅助蒸汽至轴封用汽电动门后减温水调节门自动，投入轴封加热器联锁，打开辅助蒸汽至轴封调门前电动门，投入辅助蒸汽至轴封调门自动。

第十六步：调用空气预热器吹灰功能组。

第十七步：设定目标负荷28%。检测负荷不大于30%，燃料量低于45%，自动停运D磨煤机和C磨煤机，要求仅剩A、B磨煤机运行。

第十八步：设定目标燃料量22%，提示切换厂用电。要确保厂用电切换完毕，B磨煤机已停运。

第十九步：设定目标燃料量17%。

第二十步：调用启动主机油系统功能组。

第二十一步：调用停运A磨煤机功能组。

第二十二步：停运全部微油油枪。

第二十三步：发送汽轮机打闸指令。检测以下条件满足：汽轮机已打闸，发电机解列，锅炉MFT，高中压主气门全部关闭，所有抽汽电动门关闭，所有抽汽止回阀关闭，高压缸排汽止回阀关闭，高压缸排汽通风阀开启。以下阀门已开启：一级抽汽止回阀前疏水阀，二级抽汽止回阀前疏水阀，三级抽汽止回阀前疏水阀，四级抽汽止回阀前疏水阀，五级抽汽止回阀前疏水阀，六级抽汽止回阀前疏水阀，主蒸汽进汽管疏水阀，高压内缸疏水阀，高压内外缸夹层疏水阀，高压排汽区疏水阀，B侧再热进汽管疏水阀，A侧再热进汽管疏水阀，B侧主蒸汽管放气阀，A侧主蒸汽管放气阀，主蒸汽进汽管疏水阀，一次风机全停，燃油跳闸阀关闭，所有油角阀关闭，所有减温水电动门关闭，所有二次风挡板吹扫位。

第二十四步：MFT 已经延时 5min。

第二十五步：调用 A 送风机停运功能组。

第二十六步：调用 A 引风机停运功能组。

第二十七步：调用 B 送风机停运功能组。

第二十八步：调用 B 引风机停运功能组。

第二十九步：调用停运底渣系统功能组。

第三十步：汽轮机转速小于 600r/min。

第三十一步：启动顶轴油泵。

第三十二步：汽轮机转速小于 50r/min。

第三十三步：报警，提醒准备投入盘车。

第三十四步：提醒投入盘车，确保盘车已经投入，然后确认进入下一步。

第三十五步：关闭以下阀门：一级抽汽止回阀前疏水阀，二级抽汽止回阀前疏水阀，三级抽汽止回阀前疏水阀，四级抽汽止回阀前疏水阀，五级抽汽止回阀前疏水阀，六级抽汽止回阀前疏水阀，主蒸汽进汽管疏水阀，高压内缸疏水阀，高压内外缸夹层疏水阀，高压排汽区疏水阀，B 侧再热进汽管疏水阀，A 侧再热进汽管疏水阀，B 侧主蒸汽管放气阀，A 侧主蒸汽管放气阀，主蒸汽进汽管疏水阀。

以上步骤执行完毕，则机组正常停运。机组正常停运功能组的完成条件如下：

（1）汽轮机打闸。

（2）发电机解列。

（3）锅炉 MFT。

（4）主机润滑油泵运行。

（5）主机顶轴油泵运行。

（6）主机盘车运行。

（7）所有送风机全停。

（8）所有引风机全停。

（9）所有一次风机全停。

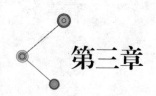

第三章

APS技术在DCS中的实现

目前 CCS、DEH、BMS、SCS 等常规控制系统是大多数电厂 DCS 实现的控制功能，但它们中的子组级控制仍基本都是靠运行人员手动启停，如在不同的工况下，设备的启停条件不允许而引起的误操作，会带来设备的损坏或引发运行事故，另外没有分析当前运行最佳模式随机运行，机组的运行效率就会降低。

机组 APS 是提高运行水平，实现启停操作本质安全的一个有效手段，它根据机组启停曲线、按规定好的程序发出各个系统、子系统、设备的启停指令，实现单元机组的最高级自动控制，是 DCS 中所有常规子系统的统领。APS 上层管理控制各个功能组级，每个功能组级下有子组级的控制，最终控制终端设备。因此实现机组 APS 功能，在提高机组自动化控制水平的同时，将全面提高机组的运行水平。

第一节　DCS　设　计

对于 DCS 设计来讲，启停控制功能组、功能子组的组态设计中，从项目设计初级阶段开始就需要进行合理、优化设计，比如对清册的分配，APS 功能组、功能子组组态分配、网络布置分配、逻辑、闭环组态在控制器内的分配等，这些对后续 APS 设计及组态都具有一定的影响，特别是对远程数据调用传输量、网络负荷、APS 功能组运算速率等，因此设计初级阶段的合理规划、配置显得尤为重要；另外，在 APS 功能实现过程中，对DCS 及功能方面的要求，也对控制的实现起着关键性的作用。

一、DCS 配置与功能要求

APS 功能组及功能子组以系统为单位，每个功能组、功能子组涉及设备较多，如果单独配置几对 DPU 作为所有功能组组态控制器，会导致网络数据通信量成倍的增长，影响网络的快速性、稳定性，因为这种功能组组态集中配置在固定的控制器内，常规组态里面所有设备及测点都需要通过网络传输数据，进行数据传入 APS 控制器内，经过 APS控制器运算，然后输出至相关控制器，间接地增加了数据通信量，APS 组态与常规组态全部放在一起存在诸如可读性差、调试工作量大、维护困难、逻辑修改易出错、容易操作失误等，通过项目设计初期的合理设计及组态的统一合理管理尽可能的避免这些不必要的失误。

（一）DCS 配置

1. DCS 的系统配置

项目控制系统共配置二十六对控制器：锅炉十六对（其中包括 APS 控制器一对），汽轮机七对，电气一对，循环水系统两对（循环水系统配置两只远程机柜）。人机界面操作站总共配备十套，包括一套工程师站（ES2001），用于整个 DCS 的配置、组态；一套历史数据站（HS2011），用于 DCS 历史数据的存储及查询；四套操作员站（OS2021～OS2024），用于操作员对机组系统的监控；一套值长站（OS025），用于值长等其他人员对系统的监控；一套电气通讯站（OS2026），用于与电气厂用监控系统的通信，在 DCS 控制画面上显示电气设备的常用参数及状态；一套大屏接口站（OS2027）用于控制室大屏画面的设置及显示；一套实时监控系统（SIS）接口站（IS2091），用于与厂用 SIS 的通信，发送相关相关系统及运行参数至 SIS 进行监视及数据统计运算。

2. DCS 网络配置

控制网络采用的是双环形网络，其中锅炉电子间配置三对以太网交换机（包括一对 16 电口交换机、两对 14 电口 2 光口交换机），汽轮机电子间配置两对以太网交换机（两对均为 14 电口 2 光口交换机）；锅炉、汽轮机电子设备间各自内部之间网络连接采用超五类线进行连接，锅炉、汽轮机电子设备间两者之间网络通过交换机采用光纤连接，远程机柜也采用光纤与 DPU 的 IO 总线接口连接，避免采用网线连接在通过电缆桥架敷设时产生电磁干扰，进而影响网络的稳定性及数据传输的可靠性。具体配置图如图 3-1 所示的 DCS 网络配置系统图。另外，环形网络上连接有网络打印机、GPS 对时终端设备，实现 DCS 的网络打印功能及系统网络对时功能。

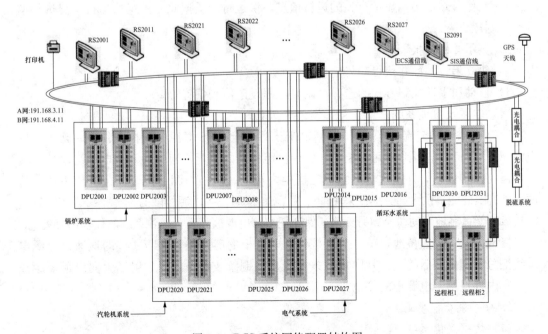

图 3-1　DCS 系统网络配置结构图

（二）DCS 功能要求

1. 系统功能要求

DCS 应实现 APS 要求下机组从冷态、温态、热态和极热态启动到满负荷的操作以及停机过程，实现全部操作（包括控制盘、操作员站及就地操作员台上的操作）。其实现过程应和实际热力过程及操作程序一致。

（1）在正常情况下，DCS 装置至少可实现下述正常操作功能：

1）从冷态、温态、热态到满负荷的启动操作。

2）汽轮机启动和发电机同期并网。

3）锅炉、汽轮机、发电机跳闸后恢复到额定负荷。

4）机组从 100% 负荷正常停机到滑参数停机状态控制。

5）APS 工况及其他指定工况的启、停或升、降负荷操作。

6）运行人员对设备或系统进行可靠性试验及联锁保护试验。

（2）工程设计系统完成系统软件的维护、调试、扩充、修改，应具有以下功能：

1）画面修改功能。

2）与实际数据库通讯。

3）离线和在线对程序进行编辑、连接、装入。

4）实现与工业现场监控，对现场的运行数据、数量、状态进行记录。

5）算法显示及参数修改：工程师可显示及修改系统中的所有算法，并可访问所有算法的参量，并具有修改权限。

（3）操作监视系统完成系统监护及实际操作，应具有以下功能：

1）操作员站汇集和显示有关的运行信息，供运行人员据此对机组的运行工况进行监视和控制操作。

2）显示并确认报警。

3）建立趋势画面并获得趋势信息。

4）自动和手动控制方式的选择、调整过程设定值和偏置等。

（4）电源及接地系统。

DCS 提供两路交流 220V±10%、50Hz±1Hz 至 DCS 电源分配柜，其中一路为不停电电源（UPS）。电源采用冗余配置，各个机柜和站内配置了相应的冗余电源自动切换装置和回路保护设备，并用这两路电源在机柜内馈电。机柜内配有两套冗余直流电源，这两套直流电源能提供大部分模件采用的 24V DC。同时任一电源故障时候能报警，当一路电源故障时能可靠地自动切换到另一路，保证任一路电源故障不会导致系统的任一部分失电。

接地方式为单点接地，单点接地是各个电子柜的屏蔽条和 24V DC 的地通过电源电缆线汇总到集中条后接地，其中集中条一般采用铜条或钢条，以放射形方向以最短距离接至室内外地网，电源柜的接地方式相同。

2. 分系统功能要求

（1）数据采集系统（DAS）。

1）应能实现 DCS 的所有显示和操作功能。每个 LCD 应能综合显示字符和图像信息，机组运行人员通过 LCD 实现对机组运行过程的操作和监视。

2）应可查询显示 DCS 内所有过程点，包括模拟量输入、模拟量输出、数字量输入、输出、中间变量和计算值。对显示的每一个过程点，应当显示其标志号、文字说明、数据、性质、工程单位、量程、整定值等。

3）应提供对机组 APS 运行工况的画面开窗显示、滚动画面显示。以便操作人员能全画面监视，快速识别 APS 执行步序及状态和正确进行操作。

4）应设计机组和设备运行时 APS 操作指导，并由 LCD 文字显示出来，操作指导应划分为三个部分，即 APS 方式、正常方式和跳闸方式。

5）运行人员可通过键盘，对画面中的任何被控装置进行手动控制和自动控制，对 APS 程序执行跳步、暂停、继续操作。

6）APS 应采用多层显示结构，显示的层数应根据工艺过程和运行要求确定，这种多层显示可使运行人员方便地翻页，以获得操作必需的细节和对待定工况进行分析。多层显示应包括机组级 APS 显示、功能组显示和细节显示。机组级的显示应提供整个机组运行状态的总貌，显示相应设备的状态、参数。功能组显示应可观察某一指定的功能组的所有相关信息，包括过程过程执行步序、相关系统参数、设备状态等。细节显示应可观察某个步序的所有信息，以便运行人员能据此进行正确的操作。对于调节回路，至少应显示出设定值、过程变量、输出值、运行方式、高/低限值、报警状态、工程单位、回路组态数据等参数。对于开关量控制的回路，则应显示出回路组态的数据和设备状态。

7）报警显示：APS 应能通过步序或功能组状态的变化，分辨出状态的异常、正常或状态的变化，若确认功能组或步序执行异常，LCD 屏幕应显示报警。并采用闪光，颜色变化等手段，区分未经确认的报警和已经确认的报警。

8）运行人员操作记录及事故顺序记录：系统应记录运行人员在集控室进行的所有操作项目及每一次操作的准确时间。通过对运行人员操作行为的准确记录，便于分析运行人员的操作意图，分析机组事故原因。运行操作质量评价记录。另外，系统应提供高速顺序记录装置，其时间分辨率应不大于1ms。接入时间顺序记录装置的任何一点的状态变化至待定状态时，立即启动事件顺序记录装置。此项也为 DCS 选型常规配置项目。

（2）顺序控制系统（SCS）。DCS 中 SCS 控制器的控制范围包括锅炉、汽轮机、电气系统和辅助系统所属的电动机、阀门、挡板、电气开关以及设备的保护和联锁等。APS 中的顺序控制除了涵盖机组上述常规 SCS 控制功能，还包括了个功能子组、功能组及断点组的顺控功能。

APS 方式下的 SCS 应独立于机组级的 SCS，其控制流向应该为 APS 调用机组级的 SCS 子组且方向不可逆。APS 的一个子功能组被定义为电厂的某个设备群。所设计的子功能组级启、停应能独立进行（子功能组故障，自动切换至驱动级控制并报警）。对于每个子功能组及其设备，它们的状态、启动许可条件、操作顺序和运行方式均应在 LCD 上显示。

在 APS 控制方式下，应为操作人员提供操作指导，这些操作指导应以图形或文字方式显示在 LCD 上，即按照顺序进行，可显示下一步应被执行的程序步骤，并根据设备状态变化的反馈信号，在 LCD 上改变相应设备的颜色。运行人员通过手动指令，可修改顺序或对执行的顺序跳步，但这种运行方式必须满足安全要求。

APS功能子组在自动顺序执行期间，出现任何故障或运行人员中断信号，应使正在运行的程序中断或暂停，并回到安全状态，使程序中断的故障或运行人员指令应在LCD上显示，当故障排除后，顺序控制在确定无误后再继续启动。

运行人员应通过操作员站方便地控制每一个被控子组。单独操作某个APS子组应有许可条件（可在LCD上显示），以防运行人员误操作。

设备的联锁、保护指令应具有最高优先级；手动指令则比自动指令优先。被控设备的"启动""停止"或"开""关"指令应互相闭锁。此原则对应机组级的SCS及APS下的功能组及断点组同样有效。

（3）炉膛安全监控系统（FSSS）。DCS中FSSS控制器实现锅炉燃烧系统的公共逻辑、油层逻辑和煤层逻辑等。主要完成的功能有：锅炉点火、点火器点火、油枪点火、煤粉燃烧、炉膛吹扫、炉前油系统、泄漏试验、燃料跳闸。

APS方式下的FSSS控制器还应该包括油燃烧器管理、煤燃烧器管理以及串联常规FSSS各功能的实现，具体通过APS与FSSS相关接口实现，由APS发出要求指令，具体到机组FSSS，通过接受指令，传递到煤、油系统或完成吹扫、泄漏测试等试验项目。

总的来说，FSSS控制范围包括DCS中FSSS部分的所有设备的顺序控制、设备单操、联锁保护等，包括公共逻辑、油层逻辑和煤层逻辑。APS通过接口调用上述功能。

（4）模拟量控制系统（MCS）。DCS系统中MCS实现全厂的所有自动调节系统。MCS能满足机组自动启停、滑压运行、辅机故障的要求。保证控制运行参数不超过允许值。而APS执行过程，需要串联所有机组级MCS从而实现平稳调节。

APS控制过程将锅炉—汽轮机—发电机作为一个单元整体进行控制，使锅炉和汽轮机同时响应控制要求，确保机组快速、稳定地满足启停要求，保持稳定运行。控制系统应满足机组安全启动、停运以及定压、滑压运行等各种工况。

为了改善APS执行过程中调节系统的调节品质以及负荷适应能力，在软件设计中应考虑调节器参数的自整定功能，以便于实现机组各调节系统的自适应控制，可以方便地实现不同阶段下调节器参数自整定。在APS自动控制范围内，控制系统应能处于自动方式而不需任何性质的人工干预。

另外，APS方式下的控制系统应有联锁保护功能，以防止控制系统错误以及危险的动作，联锁保护系统在锅炉及锅炉辅机安全工况时，应为维护、试验和校正提供最大的灵活性。如系统某一部分必须具备的条件不满足时，联锁逻辑应阻止该部分投自动方式，同时，在条件不具备或系统故障时，应能自动实现无扰动地切换到手动方式并报警。控制系统任何部分的运行方式的切换，不论是人为的，还是由于APS系统自动切换的，均应平滑地进行，不能引起过程变化的扰动，并不需运行人员的修正。为了便于与原自动调节系统的设计思想相适应，必须考虑调节系统在方式切换时的平衡问题。

当系统处于强制闭锁，限制或其他超驰作用时，系统受其影响部分应随之跟踪，并不再继续其积分作用（积分饱和）。在超驰作用消失后，系统所有部分应平衡到当前的过程状态，并立即恢复其正常的控制作用，这一过程不应有任何延滞，并且被控装置不应有任何不正确的或不合逻辑的动作。应提供报警信息，指出引起各类超驰作用的原因。

（5）汽轮机控制系统（TCS）。汽轮机控制系统包括汽轮机调节系统（DEH）、汽轮机保护系统（ETS）、汽轮机监测系统和其他辅助功能。TSI（汽轮机本体监视仪表）主要有：振动、转速、胀差、绝对膨胀、偏心、轴向位移、汽轮机转速、零转速、其他。汽轮机事故跳闸系统在产生汽轮机超速、抗燃油油压低、轴承润滑油压低、凝汽器真空低、轴向位移大、轴承振动大、发电机主保护、轴承温度高、手动跳闸时ETS动作。

DEH具备的功能有：①自动升速、同步并网及带负荷；②热应力计算；③能在任何负荷自动安全地停掉汽轮发电机及其辅机；④根据机组状态，系统具有最大最小可调负荷限制及负荷变化率限制；⑤提供运行人员需要的全部信息；⑥阀门管理功能；⑦阀门限制功能；⑧超速试验。

APS控制对汽轮机控制系统的管理体现在不同阶段下对汽轮机不同的控制状态及控制要求，简化之APS与TCS之间可理解为一个简单的指令-反馈系统，整个APS控制过程仍然以本体TCS的控制过程为主，而不存在对TCS的干预环节。

（三）APS功能组管理

1. APS功能组组态管理

机组启动分冷态、温态、热态、极热态的情况，与常规启动相同，各状态机组所需启动分系统有所差异，APS在各状态启动时所需调用的功能组及功能子组同样有所差别，为了灵活应用APS启停功能，APS逻辑设计进行了系统划分，按照机组系统、子系统进行了分布的组态设计，APS功能组尽可能的设计在被控设备及相关测点所在的DPU内，项目设计阶段对IO测点的分布根据机组系统、子系统进行合理分配，尽可能的把同系统的设备布置在同一控制器内，降低了网络数据传输量，降低网络负荷，挺高数据传输速率。基于APS功能组、功能子组是依据机组系统、子系统来设计，可以满足当机组主辅机系统有缺陷时，利用APS上位机操作相应功能组、功能子组来完成机组系统、子系统的启停任务，大大减少了运行人员的操作量，也就降低了操作员误操作的可能，缩短了机组启动时间，同时也提高了项目经济效益。另外，APS组态与常规组态尽可能的做了分开设计，两者之间既相互独立又相互关联，避免调试期间出现设备误动现象，提高了组态的可读性，降低热控维护人员工作难度，对后期项目维护提供方便。

2. APS功能组组态分布

设计阶段为了避免或降低各类风险，综合考虑进行优化配置，DPU系统分配及IO测点的分配，APS功能组、功能子组分布见表3-1。

表3-1　　　　　　　　　　APS功能组、功能子组分布表

序号	控制器	主要控制系统分布	APS功能组、功能子组分布
1	DPU2001	(1) FSS (2) 火检风系统 (3) 密封风系统	1) 火检冷却风/烟温探针功能组 2) 燃油泄漏功能组 3) 炉膛吹扫功能组
2	DPU2002	微油系统	微油点火功能组

序号	控制器	主要控制系统分布	APS功能组、功能子组分布
3	DPU2003	(1) A 磨煤机及其辅助系统 (2) 锅炉底渣系统	1) A 磨煤机系统功能组 2) A 磨煤机润滑油系统功能子组 3) 底渣系统启停功能组
4	DPU2004	(1) B 磨煤机及其辅助系统 (2) AB 层燃油系统	1) B 磨煤机系统功能组 2) B 磨煤机润滑油系统功能子组
5	DPU2005	(1) C 磨煤机及其辅助系统 (2) BC 层燃油系统	1) C 磨煤机系统功能组 2) C 磨煤机润滑油系统功能子组
6	DPU2006	(1) D 磨煤机及其辅助系统 (2) DE 层燃油系统	1) D 磨煤机系统功能组 2) D 磨煤机润滑油系统功能子组
7	DPU2007	E 磨煤机及其辅助系统	1) D 磨煤机系统功能组 2) D 磨煤机润滑油系统功能子组
8	DPU2008	APS 上层系统	1) 启动前准备功能组 2) 点火至冲转功能组 3) 发电机并网功能组 4) 暖机功能组 5) 滑停功能组 6) 正常停运功能组
9	DPU2009	(1) 机组 CCS、机组 RB 系统 (2) 磨煤机冷热风调节系统	
10	DPU2010	(1) 给水、减温水调节系统 (2) 磨煤机冷热风调节系统	
11	DPU2011	(1) 二次风调节系统 (2) 燃烧器喷嘴调节	
12	DPU2012	(1) 二次风调节系统 (2) 燃尽风调节系统	
13	DPU2013	(1) A 侧风烟系统 (2) 负压调节系统 (3) 一次风调节系统	1) A 侧空气预热器启停功能组 2) A 侧引风系统启停功能组 3) A 侧送风系统启停功能组 4) A 侧一次风系统启停功能组
14	DPU2014	(1) B 侧风烟系统 (2) 送风调节系统 (3) 一次风调节系统	1) B 侧空气预热器启停功能组 2) B 侧引风系统启停功能组 3) B 侧送风系统启停功能组 4) B 侧一次风系统启停功能组
15	DPU2015	(1) 脱销系统 (2) 锅炉吹灰系统 (3) 空气预热器吹灰系统	1) 锅炉吹灰功能组 2) 空气预热器吹灰功能组 3) 脱销吹灰功能组 4) 脱销系统投入功能组
16	DPU2016	(1) 锅炉汽水系统 (2) 锅炉疏水排气系统	1) 锅炉冷态冲洗功能组 2) 锅炉热态冲洗及升温升压功能组 3) 启锅炉疏水排气功能组 4) 停锅炉疏水排气功能组
17	DPU2020	(1) 旁路系统 (2) 汽轮机 MCS	1) 辅助蒸汽系统功能组 2) 投运轴封真空系统功能组 3) 投运轴封真空功能组 4) 汽轮机旁路功能组

续表

序号	控制器	主要控制系统分布	APS功能组、功能子组分布
18	DPU2021	（1）除氧给水系统 （2）汽轮机润滑油系统	1）给水泵汽轮机油系统功能组 2）给水泵汽轮机冲车功能组 3）除氧器加热功能组 4）除氧器上水功能组 5）锅炉上水功能组 6）给水管道静态注水功能组
19	DPU2022	（1）A侧凝结水系统 （2）高压加热器系统 （3）高压抽气系统	1）高压加热器投入功能组 2）高压加热器退出功能组
20	DPU2023	（1）B侧凝结水系统 （2）低压加热器系统 （3）低压抽气系统	1）凝结水补给水功能组 2）凝汽器上水功能组 3）凝结水启停功能组 4）凝结水系统冲洗功能组
21	DPU2024	（1）A侧开式循环冷却水系统 （2）A侧闭式循环冷却水系统 （3）A侧定子冷却水系统	1）闭式循环冷却水系统启停功能组 2）开式循环冷却水系统启停功能组
22	DPU2025	（1）B侧开式循环冷却水系统 （2）B侧闭式循环冷却水系统 （3）B侧定子冷却水系统	定子冷却水、转子冷却水系统启动功能组
23	DPU2026	（1）主机润滑油系统 （2）主机抗燃油油系统	1）主机润滑油启动功能组 2）主机抗燃油系统启动功能组 3）汽轮机冲车功能组
24	DPU2027	电气系统	
25	DPU2030	机组3号循环水系统	1）3号循环水泵启停功能子组 2）旋转滤网启动功能子组
26	DPU2031	机组4号循环水系统	4号循环水泵启停功能子组

二、APS人机接口设计

对于生产控制过程中人机接口界面起着至关重要的作用，运行人员主要通过监视器界面和键盘及鼠标对分散在现场的各种电动机、电动门、调节机构等设备进行操作控制，CRT界面上各种彩色动态数据、动态棒状图、动态设备及参数画面快速有效地将生产设备、工艺流程状态信息显示给运行操作人员，报警时可发出声光信息并显示设备故障信息，有效地降低了运行人员的监控难度，所以画面的合理设计对运行人员操作、反应速度都会产生极大对的影响。APS人机接口界面与常规生产监控画面的不同之处在于：一方面画面要求对每个系统有足够的启停、开关设备的控制信息，并且能反映机组启停的过程，另一方面要求画面布局必须清晰、简洁，这样可以直接了解功能子组，或者说一个系统的整体运行情况。

（一）APS人机接口界面设计

APS人机接口界面主要分四层：

第一层为 APS 最上层的启停选择层，用于选择进入机组 APS 启动或 APS 停运操作界面；

第二层为 APS 启动、停用程序总操层，用于操作机组 APS 启动或 APS 停运画面；

第三层为功能组监控层，用于操作、监视 APS 功能组的运行画面；

第四层为功能子组监控层，用于操作、监视 APS 功能子组的运行画面。

（二）APS 启停总画面设计

APS 总画面包括 APS 启动总画面和 APS 停止总画面，分别用于操作机组的启动和停运，画面布置风格基本一致，以 APS 启动总画面设计为例，横向以机组启动节点进行划分，分为启动准备、点火至冲转、并网至 CCS 三部分，竖向按照机组启动每个节点中所需启动的分系统划分，以调用执行功能组来完成各分系统的启动，例如启动准备节点中包含：凝结水补给水系统功能组、闭式循环冷却水系统功能组、凝汽器上水系统功能组、除氧器上水系统功能组、循环水系统功能组、给水泵油站系统功能组、主机润滑油系统功能组、主机抗燃油系统功能组、辅助蒸汽系统功能组、除氧器加热系统功能组、凝结水启动功能组、电除尘除灰系统、锅炉疏水排气系统功能组、给水管道静态注水系统功能组、锅炉上水系统功能组、轴封真空系统功能组、冲给水泵汽轮机系统功能组、锅炉冷态清洗系统功能组、锅炉排渣系统功能组、定子冷却系统功能组、转子冷却水系统功能组等，通过按规定顺序执行这些相应功能组即可完成启动准备节点的相关系统，为启动下一个节点做好准备工作。点火至冲转及并网至 CCS 也设有对应的功能组，按照顺序执行相应功能组即可完成对应系统的启动，直至完成机组的启动。

1. APS 启动总画面布置

APS 启动总画面布置图如图 3-2 所示。

画面横向布置启动准备、点火至冲转、并网至 CCS，分别代表机组 APS 启动时的三节点，每个节点名称矩形框不可操作，通过颜色变化表示其对应节点所含功能组执行情况：是否有节点内功能组在执行、节点下功能组是否全部执行完毕、是否已经完成了节点的启动内容且满足执行下一个节点条件；节点框右下方布置了启动、暂停、复位、跳步、故障重启五个按钮，作为一个上层的功能组来完成启动准备节点所包含功能组的顺序调用执行，同时也可以再执行期间进行暂停、跳出调用、跳步调用、执行过程中出现故障后的重新调用发生过故障的功能组。

画面节点下面竖向串联布置了功能组按钮，此按钮可以操作，点击后可进入本功能组操作画面，另外，根据按钮上颜色的改变及闪烁可判断本功能组的执行情况，各功能组按钮左边矩形框加圆形灯按钮可以操作并显示，点击可以选择/取消本功能组旁路（即直接默认为本功能组已经满足其完成条件，不再需要调用本功能组），在调用执行本功能组时，如本功能组执行过程中故障时，圆形灯也会变色，功能组按钮后面设有一个带显示/隐藏功能的 OFF 方框，用来表征改功能组是否可以手动操作或 APS 调用（可通过该功能组画面中选择按钮进行设置），如果该功能组设置为不可手动操作或调用时，该方框显示，否则该方框隐藏。

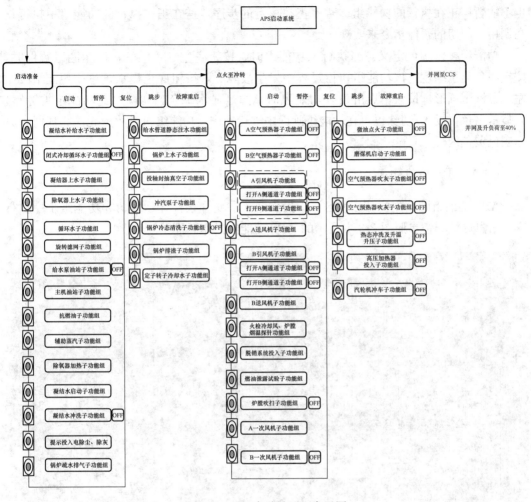

图 3-2　APS启动总画面布置图

2. APS启动总画面各种颜色定义说明

对于启动总画面带节点名称矩形框颜色定义。以启动准备节点矩形框为例：正常没有执行启动准备节点下功能组时，该方框默认灰色显示，通过执行该节点对应顺控调用该节点下功能组时，该方框红色闪烁显示，待启动准备节点下所有功能组执行完毕或所有功能组完成条件全部成立时，该方框由红色闪烁变为红色平光显示，标志着机组启动准备顺控执行完毕，启动准备节点所含系统启动完成，符合执行下一节点的条件。

节点矩形框右下方启动、暂停、复位、跳步、故障重启五个操作按钮颜色定义：除暂停外其余四个按钮都是在点击执行相应操作时发3s脉冲，按钮底色红色显示，脉冲结束后按钮红底色消失，可以让运行人员明确指令是否发出，对于暂停按钮，当按下按钮时，按钮显示绿色，并且暂停两字变成继续，表示该节点处于暂停调用下一个功能组的状态，可以通过再次点击该按钮继续进行执行该节点的下一步命令，绿色消失，继续两字变为暂停。另外，该暂停只是暂停调用该节点的下一个功能组，即使点击此暂停按钮也不能暂停正在执行的功能组。暂停正在执行的步序，需在正在执行的功能组中执行正在调用功能组的暂停指令来实现。

功能组按钮颜色定义：当执行该功能组时，按钮底色红色闪烁；该功能组暂停时，按钮底色显示绿色，该功能组执行过程中发生故障时，按钮底色显示黄色；功能组按钮左边方框带圆形灯按钮，点击投入功能组时，圆灯显示绿色，切除（此功能组被旁路）时显示白色，投入/切除也可在功能组画面中进行操作，功能组执行故障无法完成时，方框底色黄色闪烁。

（三）APS 功能组画面设计

APS 功能组画面主要分三大区：①操作区、②允许条件显示区、③功能组步序执行详细信息区，详情参照图 3-3 中所示的 APS 功能组操作画面图。

图 3-3　APS 功能组操作画面图

1. APS 功能组画面布置

APS 功能组操作区布置在功能组操作画面左侧上方，左侧下方布置了功能组启动允许条件，右侧布置的是功能组步序执行详细说明，包括步序指令及执行情况反馈；另外在界面的左下方布置了 APS 功能组与相关常规操作画面的切换按钮及相关功能组的切换按钮，方便的进行 APS 监控画面与常规操作画面的切换，为运行人员快速准确的操作提供了很大的帮助。

操作区包括：功能组投入/切除按钮（用来选择该功能组是否可以手动执行或自动调用，点击该按钮投入时，满足相应允许条件后即可手动启动该功能组或者通过上层节点的启动来调用该功能组，同理，该按钮切除情况下该功能组不能执行及调用）、功能组启动按钮（用于手动启动该功能组）、功能组复位按钮（用于手动停止功能组执行并复位执行指令）、功能组跳步按钮（用于手动执行功能组的跳步功能）、功能组暂停按钮（用于手动执行功能组暂停功能）、功能组故障重启按钮（用于手动执行功能组故障后重新从故障步序的继续执行）；另外该区域还布置了功能组执行时间显示、功能组执行情况显示（包括功能组是否执行完成及执行过程中是否出现故障的显示）。对于功能组被调用执行过程中，暂停、复位、跳步、故障重启按钮也可以使用，并且完成其对应的功能；另外，在操作区设置了一个时间显示，用于显示本功能组执行时间，当功能执行出现故障时，该时间显示保持故障时间，故障重启后继续计时，复位或正常再次执行此功能组时清除计时数据，重新计数。

启动允许条件区包括：功能组检查卡的确认按钮及确认情况、启动该功能组所需其他允许条件说明及条件状态。

功能组步序执行区包括：步序指令说明、步序反馈说明及反馈状态、跳步条件说明、人工手动确认按钮、预选启动设备按钮、子功能组调用按钮、功能组完成条件说明及相关完成条件状态。

说明：根据需要操作按钮做了二次确认按钮，以降低运行人员无操作的风险。

2. APS功能组画面各种颜色定义说明

（1）对于操作区内按钮颜色的定义。与节点顺控操作"启动、暂停、复位、跳步、故障重启"五个按钮的颜色一致，启动按钮按下时发3s脉冲，执行功能组的启动指令（只有在该功能组允许条件全部成立时才能发出），按钮底色变红色3s，结束后底色恢复；暂停按钮按下时，按钮底色变绿色，并且暂停两字变为继续，表示该功能组处于暂停状态，再次点击会继续执行；复位按钮按下时发3s脉冲，按钮底色变红色3s，结束后底色恢复，执行功能组的复位指令，停止功能组继续执行；跳步按钮按下时发3s脉冲，按钮底色变红色3s，执行功能组的跳步指令，结束后底色恢复；故障重启按钮按下时发3s脉冲，按钮底色变红色3s，执行功能组故障重启指令，结束后底色恢复；故障指示灯在功能组执行过程中发生故障是变黄色，提示运行人员本功能组执行发生故障需处理；本功能组执行完毕后，完成指示灯红色变亮，提示本功能已经执行完毕，且所有完成条件成立，相应系统启动完成。

（2）对于启动允许条件区颜色的定义。条件描述前面的方框中有红色"√"显示，表示该条件已经成立，否则红色"√"隐藏；对于需要手动人工确认的条件，点击该按钮后该按钮绿色显示，且手动确认四字变为手动取消四字，该条件成立，前方方框中红色"√"显示。

（3）对于步序执行区颜色的定义。执行该步序时对应步序方框红色闪烁，执行对应步序发生故障时该步序文字黄色闪烁；步序指示为判断执行跳步条件的情况，条件满足绿色平光显示，按照步序文字说明进行跳步执行功能组相应步序，否则原底色不变，按照正常步序向下执行；其次，在步序执行中会穿插部分设备预选按钮，用来设定预选启动的设备或设备组，预选后该按钮红底色显示，如果有设备已启动，该预选按钮会自动认为该设备为预选设备，并且相应备用设备不可再进行预选，按钮反白显示，不可点击操作。

（四）APS画面与常规操作画面的切换

APS功能组及APS功能子组画面底部设置了画面切换按钮，按钮分两类：

（1）切换至运行人员常规操作画面按钮。操作该按钮，可直接跳转至与本功能组相关的工艺设备操作画面。而在工艺设备操作画面中，通过点击画面最底部 APS 按钮可以直接进入 APS 最上层操作画面启停选择画面，然后根据选择一层层进入所需操作 APS 子画面。

（2）切换至 APS 功能组操作画面按钮。操作该按钮，可跳转至与本功能组相关的 APS 功能组操作画面；同样在工艺设备操作画面合适的位置也设置了可以直接跳转至相关 APS 功能组操作画面，这种设计方便了运行人员在操作 APS 功能组过程当中监视机组系统工艺参数，以及可以快速返回到 APS 功能组监控画面，对机组安全启停起重要作用。

APS 操作画面中，通过点击操作画面可以返回该操作画面上层画面，点击 APS 功能子组画面可以返回其上一层的 APS 功能组画面，点击 APS 功能组画面可以返回其上一层的 APS 启动/停运总画面，点击 APS 启动系统或者 APS 停运系统可以返回其上层的 APS 启停选择画面。

这种分层人机接口界面的设计，各层任务一目了然，层与层之间相互密切联系，内容却界限分明，切换操作方便。

第二节　APS 逻辑整体框架设计

APS 逻辑设计主要分三层：

（1）第一层为 APS 最上层的启动停运管理层，执行启动/停用机组功能组的调用，以完成机组的启动/停运；该层还可以用于选择或判断机组 APS 功能组是否投入调用的操作，如果手动切除相应功能组或者功能完成条件已经成立，默认该功能组对应机组子系统已经启动/停运完成，不再需要调用该功能组，直接调用执行功能组。

（2）第二层为 APS 功能组启动/停用程序逻辑设计层，是 APS 的构成核心内容，用于调用执行机组 APS 启动/停用功能组步序，完成其对应机组分系统的启动/停运。

（3）第三层为 APS 功能子组启动/停运程序逻辑设计层，用于 APS 功能组中的调用以完成相应子功能组相关设备的启停，方便合理地完成功能组的启停任务。

功能组、功能子组指令可以控制现场设备的启停、开关等动作，以完成 APS 功能组、功能子组对应机组分系统的启动及停运。另外，功能子组通过功能组单步序的调用进行其对应系统的启停功能，待功能子组执行完毕后，功能组执行下一步序指令的执行。APS 逻辑设计整体框架如图 3-4 所示。

APS 启停功能组及功能子组逻辑设计框架如图 3-5 所示，功能组、功能子组中所有步序统一由步序管理功能块管理控制，此步序管理功能块对整个功能组执行的启动、暂停/继续、跳步、复位、故障重启等指令进行管理控制，无论步序执行在哪一步，管理模块都可以发送暂停/继续、跳步、复位指令，执行其相应的功能，无论功能组执行至哪一步序发生故障，待故障消除都可以通过执行该管理控制块上故障重启指令，执行从该步序重新继续启动功能组及功能子组后面步序。对于功能组、功能子组的步序块而言，只要其反馈条件成立，则跳过该步序的执行，故功能组、功能子组跳步条件可以与其完成条件相"或"，来降低其组态复杂性，简单实现该功能组跳步指令。

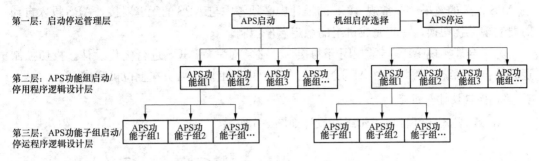

图 3-4　APS 逻辑设计整体框架

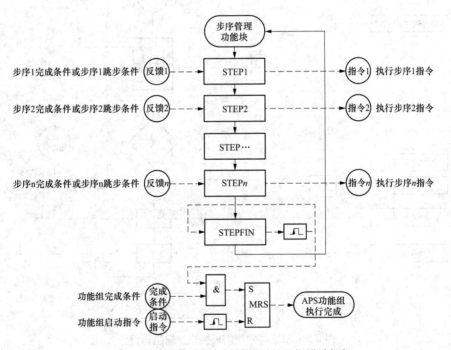

图 3-5　APS 启停功能组及功能子组逻辑设计框架

需要说明的是功能组最后步序 STEPFIN，目的是等待完成所有步序指令后，功能组、功能子组的完成条件的返回，故此步序块指令脉冲时间根据各自功能组、功能子组在执行完最后步序后，其总完成条件返回时间的长短进行设定，待步序指令完毕，完成条件返回，通过触发器锁存该状态至画面显示，表征 APS 执行该功能组、功能子组完毕。待下次重新执行该功能组、功能子组的，复位该锁存状态，方便监控下次执行 APS 功能组启停情况。

一、APS 基本设计与组态

（一）APS 与常规闭环接口设计及组态

1. 接口设计要求

APS 与常规闭环接口的合理设计对实现 APS 全程控制起着至关重要的作用，直接影响 APS 投运的效果。在常规 MCS 的设计中必须考虑与 APS 的无缝对接，APS 投入自动时要实现无扰切换，一起完成机组的稳定启停控制。

为了合理实现 APS 与常规闭环的接口，必须对常规 MCS 进行优化设计。投切控制逻辑的自动系统，既可以由 APS 组态完成，也可以由操作人员在上位机完成。

2. 接口设计及组态

APS 与常规闭环接口逻辑组态设计如图 3-6 所示。

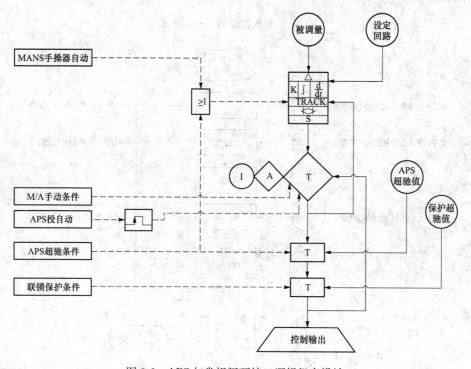

图 3-6　APS 与常规闭环接口逻辑组态设计

本项目设计对于 APS 的自动投入的设定值回路做了相应的合理化处理，在投入自动的同时置设定值给调节回路，设定值可以是一定值也可以为变量或函数。为了灵活应用 APS，在组态时设计成 APS 投自动以脉冲的形式触发，并且设计为当 APS 投入自动时设定值回路同时设置完成。指令结束后可以通过手动调整设定值或设定值偏置进行修改 MCS 设定值。另外，对于闭环接口中设计的 APS 超驰及联锁保护超驰的逻辑置于手操器出口，实现无论手操器在自动位或是手动位，都可以有限输出，起到保护作用。同时在有 APS 超驰条件成立时 PID 调节器跟踪手操器指令，手操器自动跟踪其执行机构控制输出指令，待 APS 超驰条件结束无扰的切入自动状态，联锁保护超驰条件成立时，PID 调节器切跟踪，跟踪手操器输出指令，手操器切手动，可通过画面直接置值进行操作输出。

（二）APS投入自动后设定值生成回路设计及组态

APS启停控制系统中，对于APS投入控制自动时，除了与常规MCS逻辑接口需要考虑之外，设定值生成回路的设计也非常重要；设定值回路一般分为APS设定值为定值的回路、设定值跟踪被调量的回路、设定值为变量的回路，不同的设定值回路在逻辑设计上采用不同的组态方式。

1. 设定值生成回路设计

设定值生成回路设计如图3-7所示。设定值为定值、APS设定值也为定值回路，此回路在人工手动投入自动时直接按照手动设定值进行运算调节。

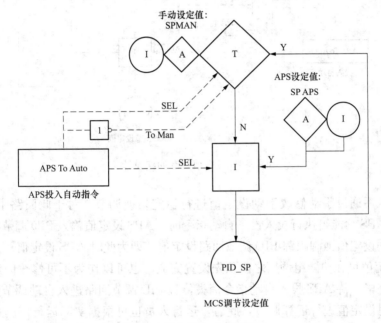

图3-7　设定值生成回路设计

在调节过程中运行人员可修改此设定值，APS设定值也为定值，此定值在执行APS启停功能组之前设置完毕，在调用执行相应步序APS投入设备自动时，APS设定值送入PID调节器进行运算调节，此时常规逻辑中设定值强制跟踪PID调节器设定值，此时即为APS设定值，待APS投入自动指令消失且PID调节回路进入自动调节后，手动设定值一直等于APS设定值，PID调节器按照此设定值进行调节运算，运行人员也可根据实际运行情况进行手动更改此设定值，PID调节器根据手动修改输入的设定值进行运算调节，这样即实现了APS自动投入自动调节功能，也可根据实际情况随时进行手动干预调节设定值，以达到机组安全、稳定的运行。

2. 设定值跟踪回路设计

设定值跟踪回路设计如图3-8所示，APS设定值为定值的设定值生成回路，此回路在手操器未投入自动时，手动设定值跟踪被调量，手动投入自动时，当前被调量作为设定值进入 PID 调节回路进行运算，实现 PID 调节的无扰切换。

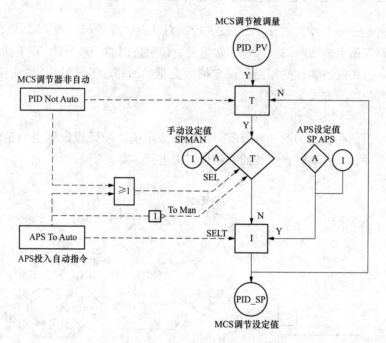

图 3-8　设定值跟踪回路设计

自动投入后通过手动修改手动设定值进行稳定切换调节，对于此回路中 APS 设定值，只有在 APS 功能组执行投入设备自动指令时，APS 设定值输入 PID 调节回路进行运算，此时手动设定值强制跟踪 PID 调节回路设定值，即为此时 APS 设定值。

APS 设定值可在功能组调用之前预先设置完成，也可以作为不可修改的定值在逻辑组态中设定完毕，待 APS 投入自动指令消失，且 PID 调节回路进入自动调节后，PID 调节器根据此时设定值进行运算调节，此后，运行人员也可根据实际运行情况进行手动更改设定值，PID 调节器根据此手动设定值进行运算调节，使系统设定值稳定切换，加快了 PID 调节系统的调节速度且提高了 PID 调节系统的调节品质。

3. 设定值跟踪切换回路设计

设定值跟踪切换回路设计如图 3-9 所示，APS 设定值为以一定速率变化至定值的设定值回路。

APS 投入自动后，设定值生成回路为：从被调量当前值以一定速率增加或减少至其 APS 设定值，以此减小调节过程中的扰动，平稳的完成 APS 全程自动控制功能，此 APS 定值在功能组调用执行之前预设完毕，或在逻辑组态时把定值设定完毕，当功能组执行 APS 投入自动指令时，PID 调节器根据此 APS 设定值生成回路输出值为设定值进行运算调节，此时，手动设定值强制跟踪其 PID 调节器设定值，即 APS 设定值生成回路输出值，待 APS 投入自动指令消失，且 PID 调节回路处于自动调节时，手动设定值等于最终 APS 设定值，此时，运行人员也可根据实际运行情况进行手动更改手动设定值，PID 调节器根据修改后设定值进行运算调节。

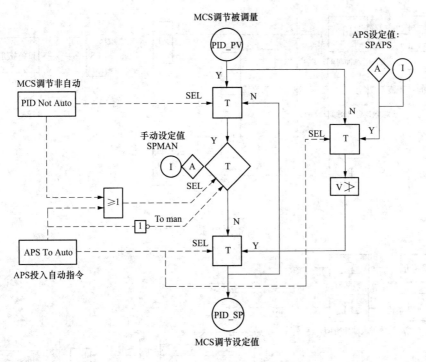

图 3-9 设定值跟踪切换回路设计

（三）APS 投入、切除、备用联锁回路设计及组态

APS 启停控制中涉及许多自动投入或切除设备联锁及备用的逻辑，而不管是通过手动方式还是 APS 步序方式投入的备用或联锁，通过手动可以切除，通过 APS 也可以切除。同样不管通过手动方式或是 APS 方式解除的备用或联锁，通过手动可以投入，通过 APS 步序也可以投入，这个在组态时考虑了两者冲突的解决办法，防止手动投入及解除的联锁或备用 APS 功能组步序指令无法解除及投入。另外，根据实际情况，备用设备联锁启动后是否解除备用或联锁，回路的设计也有区别，是否需要先启动一台设备才可以投入备用或联锁、是否无论有无设备运行都可以投入备用或联锁的设计回路也在逻辑的设计中进行区别组态。

1. 设备备用投撤回路设计

设备备用投撤回路设计如图 3-10、图 3-11 所示。

如图 3-10 所示，设备备用可以随时投入及解除，备用处于未投入状态，APS 投入备用条件成立或者手动投入/切除备用即可投入；否则，备用处于投入状态，APS 切除备用条件成立或者手动投入/切除备用即可解除。

如图 3-11 所示，设备备用只有在有设备运行的条件下，并且设备备用处于未投入状态才可以投入备用，APS 解除备用条件成立或手动解除备用可以随时解除设备备用，两台设备都停运或备用设备启动后，设备备用自动解除。

2. 设备联锁投撤回路设计

设备联锁投撤回路设计如图 3-12 所示，设备联锁可以随时投入及解除，联锁处于未

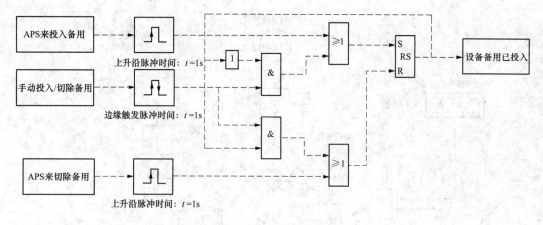

图 3-10 设备备用投撤回路设计 1

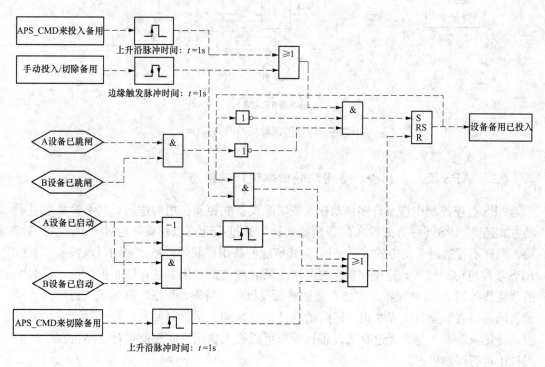

图 3-11 设备备用投撤回路设计 2

投入状态，APS 投入联锁条件成立或者手动投入/切除联锁即可投入；否则，联锁处于投入状态，APS 切除联锁条件成立或者手动投入/切除联锁即可解除。

二、APS 特定回路的组态设计

（一）APS 超驰指令回路组态设计

1. APS 超驰与常规逻辑保护超驰区别及组态设计

APS 启停控制功能组中常常会遇到对某调节设备进行超驰保护控制，而这些设备往往在常规逻辑中也设置了保护超驰的逻辑，为了组态更加清晰明了，方便故障查询，

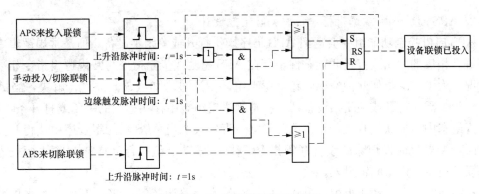

图 3-12 设备联锁投撤回路设计

APS 控制逻辑尽可能与常规逻辑组态区分进行设计；APS 超驰的逻辑单独设计，与单独设计的常规保护逻辑串联设计，且常规保护逻辑优先级更高，APS 超驰条件成立且无常规保护联锁条件，控制输出为 APS 超驰指令；只要常规保护联锁条件成立，无论 APS 超驰条件成立与否，控制输出为保护联锁指令；当 APS 超驰条件不成立，常规保护联锁条件也不成立时，控制输出为手操器输出指令。具体回路参照图 3-13 所示，超驰指令优先于手操器指令，并且常规逻辑保护超驰条件优先与 APS 超驰指令，根据实际情况，逻辑保护超驰动作，手操器切手动，APS 超驰条件成立时，手操器根据实际调试结果修改是否切手操器手动，正常情况在手操器为自动的状态下触发 APS 超驰，手操器切跟踪不切手动，待 APS 超驰条件消失后，手操器继续保持 APS 超驰前自动状态进行自动调节，但在 APS 超驰状态下，PID 调节器也强制跟踪手操器输出指令，待超驰结束，PID 调节器无扰的切入自动状态，继续运行。

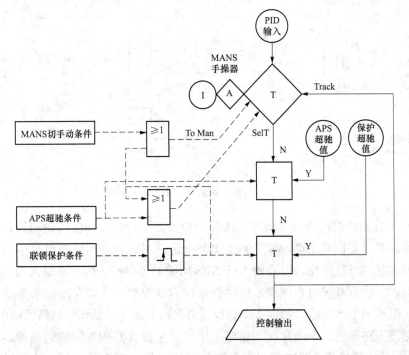

图 3-13 设备超驰保护控制回路设计

2. APS 超驰与常规逻辑指令相冲突时组态设计

APS 启停控制功能组中会遇到 APS 步序操作打开或关闭某设备，但是常规逻辑中设计正好有相反的关闭或打开联锁条件，存在 APS 超驰或步序指令与常规逻辑指令相冲突的情况。为了解决类似此种情况问题，逻辑组态中通过增加联锁开关进行解决，当 APS 功能组指令需要打开或关闭某设备，设备常规逻辑组态中存在相反的关闭或打开条件时，在常规组态中增加联锁开关，正常情况联锁一直投入，当 APS 功能组步序中执行开关此设备时，APS 同时发切除此设备联锁指令，待 APS 功能组执行完毕，APS 执行投入此设备联锁指令，设备联锁投入。

比如在锅炉上水功能组中，第八步中执行给水旁路调节门置 60％开度，给水再循环调节门以 4％速度关闭至全关位置，而对于给水再循环调节门的常规逻辑设计中有前置泵出水流量不大于 270t/h 时，强制打开再循环调节门的逻辑，为了解决该冲突，APS 功能组组态设计中对常规逻辑做了优化修改，功能组第八步执行关闭再循环调节门时，同时发解除再循环调节门联锁指令，使该 APS 功能组步序可以继续执行，待功能组相应步序执行完毕后把该联锁投入，使正常状况时 APS 步序不影响常规保护逻辑功能。设备超驰与常规回路切换设计如图 3-14 所示。手动投/切联锁按钮在联锁未投入时操作投入联锁，在联锁投入情况下操作解除联锁，锅炉上水功能组投入联锁要求再循环调节门处于联锁未投入状态，否则此指令无效，同理，功能组解除联锁要求再循环调节门处于联锁投入状态，否则指令无效。

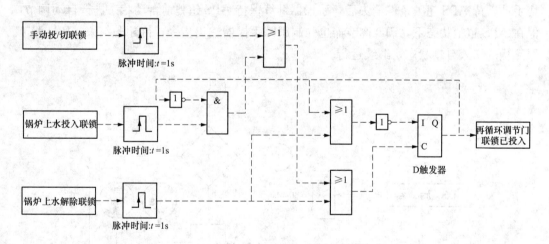

图 3-14　设备超驰与常规回路切换设计

APS 启停控制功能组中会遇到打开或关闭相关几个设备，而常规逻辑设计中，这几个设备设计有开关互锁的逻辑，为了解决此类问题，APS 功能组组态设计中对常规逻辑中的开关允许条件进行优化，以方便进行 APS 功能组步序的执行，减少人为手动现场操作的工作量，加快分系统启动速度，提供分系统启动效率。比如在凝结水系统冲洗功能组第四步、凝汽器上水功能组第四步中，设计有同时关闭 5 号低压加热器出口电动门及 5 号低压加热器旁路电动门，而常规逻辑中关闭允许中设计有相互闭锁的条件，不允许同时关闭，5 号低压加热器旁路电动门打开的情况下允许关闭 5 号低压加热器进出口电动门，5 号低压加热器进出口电动门全开的情况下才允许关闭 5 号低压加热器旁路电动门，APS 功能组中要求同时关闭 5 号低压加热器出口电动门及 5 号低压加热器旁路电动门，因此常规逻辑与 APS 控制相互冲突，为了解决此问题，在 5 号低压加热器进出口电动门及 5 号低压加热器旁路电动门的允许关闭条件中增加了当凝结水系统冲洗功能组第四步或凝汽器上水功能组第四步，且停机放水电动门 1、2 全开时，允许 5 号低压加热器出口电动门、5 号低压加热器旁路电动门同时关闭，超驰保护逻辑组态设计如图 3-15 所示。

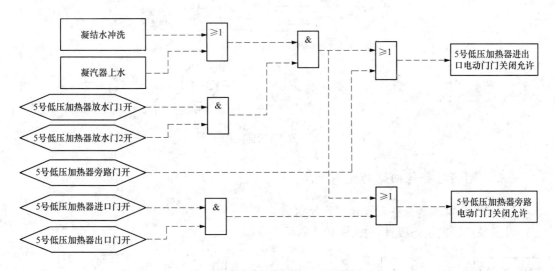

图 3-15　超驰保护逻辑组态设计

（二）APS 执行变调节指令回路设计及组态

1. APS 执行变调节指令作用

APS 启停控制逻辑设计中，对于系统冲洗功能组设计有变设定值调节系统，如变流量、变阀门开度冲洗之类的逻辑。对于变设定值的调节系统，在调试阶段根据调节性能大部分修改为通过直接控制执行机构开度指令来实现其功能，相对变设定值控制更快速稳定，采用变 APS 超驰指令进行控制。比如，在锅炉冷态冲洗功能组中设计有通过改变给水调节阀开度 60%～100%～60%，每 6min 一个循环进行锅炉冲洗，直至水质合格；在凝结水系统冲洗功能组中，通过改变变频器指令在 60%～80%～60%，每 5min 循环一次，冲洗 10min，进行下一步序的执行。

2. 调节指令变化生成回路设计

变参数调节逻辑组态设计如图 3-16 所示，如果变执行机构开度指令，则输出即为开度指令，如果变设定值调节，此回路作为设定值连接设定值生成值回路进行组态设计即可。

以变调节阀开度 60%～100%～60%，每 6min 一个循环来设计的话，图 3-16 中，脉冲发生器脉冲时间 T_1 为 3min，间隔时间 T_2 为 3min，参数 A_1 为 60，A_2 为 100，V_1、V_2 为 $(100-60)/3×60$ 约等于 0.222/s 的变化速率进行输出值的生成。

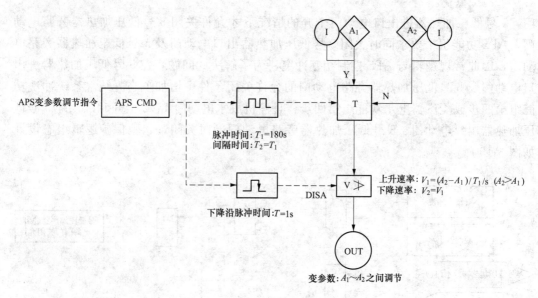

图 3-16　变参数调节逻辑组态设计

（三）APS选择性回路的组态方法

1. APS启动预选设备时预选原则及组态方法

设备预选逻辑组态设计，如图 3-17 所示。

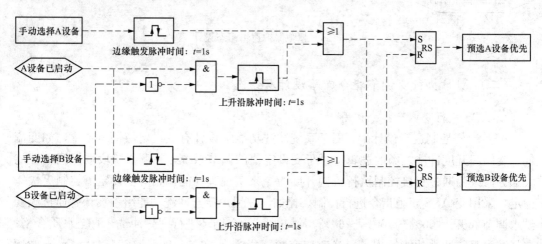

图 3-17　设备预选回路设计

　　APS 启停控制功能组设计中，对于具有备用功能设备的启动都设有预选指令，在 APS 启动时进行选择性的启动，比如相互备用的 A、B 两设备，预选 A 设备后，APS 执行相应步序时启动 A 设备，投入备用时，默认为 B 设备为备用设备；对于 A、B 设备在执行 APS 程序时，已有设备启动，则默认为已启动设备为预选设备，如果 A、B 两设备都启动则以第一台启动设备为预选设备，如果两台设备都处于停运状态，预选设备默认最后停运设备为预先设备，下次 APS 启动时优先选择启动上次最后停运的设备，如果两台设备停运后手动进行预选操作，则以手动操作后结果为准；如果两台设备同时启动或同时停运，则预选操作位保持启动或停运前状态不改变。

2. APS组态中特殊跳步条件的处理及组态方法

APS启停控制功能组设计中，除了设计有跳步按钮来实现启动停运功能组跳步功能，在功能组中设计有条件跳步，比如，在辅助蒸汽系统投入功能组中设计有如果辅助蒸汽联箱压力大于0.4MPa时，跳步至功能组第九步，如果辅助蒸汽联箱压力大于0.1MPa时，跳步至第六步；在A磨煤机启动功能组中第二步设计有若A磨煤机点火能量满足，跳步至第四步，第一步设计有若A磨煤机已启动，跳步至第十七步等类似的逻辑判断跳步的情况；对于诸如步序中需要启停设备，而其启停状态作为跳步条件的逻辑，在逻辑设计中需要注意。在A磨煤机启动功能组中，如果A磨煤机已启动，跳步至第十七步，而启动磨煤机在功能组中第十四步执行，如果直接把A磨煤机已启动作为需要跳步步序中的完成条件而实现跳步，第十五步至第十六步即不再执行，实际上如果正常启动执行A磨煤机启动功能组的话，第十四步执行启动A磨煤机步序，完成后执行第十五步启动A给煤机、第十六步降B磨煤机磨辊，接着第十七步，只有在未执行第十四步启动A磨煤机，通过其他途径完成A磨煤机启动的情况，执行跳步至第十七步，而不再执行第十五步、第十六步。特殊跳步处理回路设计如图3-18所示。

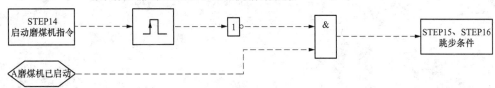

图 3-18　特殊跳步处理回路设计

3. APS调试中电动门作为点动门的处理及组态方法

APS调试中，电动门作为点动设备组态逻辑设计，如图3-19所示。

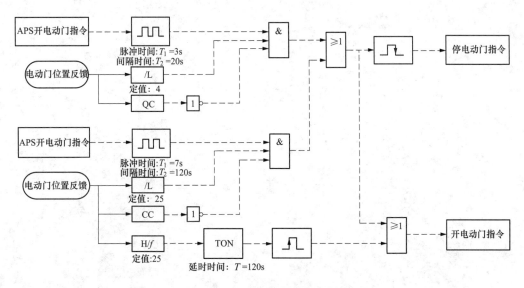

图 3-19　点动设备处理回路设计

APS 启停控制功能组设计中，为了实现自动启停功能组，尽可能减少人为干预，在项目设计时设计安装电动门而 APS 要求可执行调节的功能，考虑项目实际应用情况，此电动门正常运行都是处于全开全关状态，没有必要把此电动门修改为调节门，这种情况在 APS 功能组设计中经常会遇到，为了减少项目建设成本，一般通过修改优化 APS 设计逻辑进行解决。例如，在辅助蒸汽系统功能组中，由于设计旁路管道太细，导致无法满足完成暖管用气量。为了减少人为现场手动操作辅助蒸汽来汽电动门进行暖管及投入辅助蒸汽系统，APS 功能组执行过程中把辅助蒸汽来汽电动门进行逻辑优化进行控制，待通过旁路管道暖管到一定温度后，APS 功能组执行开来汽电动门指令，按照开 3s，暂停等待 20s，电动门开至 4%，然后 APS 执行开指令，按照开 7s，暂停等待 2min，直至电动门开至 25%，然后暂停等待 2min 后全开电动门，完成辅助蒸汽系统的投入。

第四章

APS与MCS全程控制接口设计

机组自启停控制系统 APS 实现从机组启动准备到带满负荷全程的自动控制和从满负荷减到零直至机组完全停止的全过程自动控制。APS 执行过程讲究调节过程以及系统过程稳定，这对参数及状态控制及其重要。任何控制回路参数不稳定都对 APS 控制产生影响，增加调节时间的同时也延长了 APS 执行的时间，甚至影响 APS 后继动作的开展。

对于单元机组 APS 控制来说，一些主要控制系统，如全程给水控制、燃烧控制系统、主蒸汽压力控制系统等，是需要重点解决的控制回路，如何控制好这些系统是需要丰富的 MCS 设计和调试经验的。

第一节 设 计 原 则

在火电发电厂中，维持系统参数稳定的模拟量控制系统（MCS）是机组控制的重要组成部分，常规的 MCS 设计有手动、自动两种工作方式，对应的两种控制状态是自动方式下的调节器调节以及手动方式下的人工调节。手动转自动状态必须人工投切，工作方式一经转换，控制状态和工作方式同时生效，这就决定了 MCS 的自动方式一定要在设备和工艺系统启动运行且参数正常后才能投入。而 APS 要实现模拟量控制系统的全过程自动投运，这是常规模拟量控制系统所无法实现的功能。因此，必须对常规 MCS 进行优化设计，增加 APS 投切及干预 MCS 的控制接口，使之与 APS 无缝结合，共同完成机组自动启停控制。

另外，MCS 调节在低负荷段和机组启停阶段，控制回路大都处在手动状态，人为调整，MCS 的品质考验只体现在锅炉稳定燃烧或机组稳定阶段。对于机组启停阶段，由于系统多变、热力设备频繁启动，自然对控制参数产生较大的影响，所以要实现 APS，不但要解决机组稳定工况下的调节性能，还要实现在启停工况下过程参数的持续稳定，把握合理的投切时机，提供准确的控制要求，从而达到理想的控制效果。

为了实现 APS 与 MCS 的接口，区别于以往 MCS 传统控制回路，在执行机构无故障、所控制参数及相关参数测量没有故障时，就可将操作站投入自动备用状态，当工艺条件满足后接受 APS 上级触发指令即进入自动调节状态，无需人为干预。

该设计原则下，原操作站存在三种控制方式：手动、自动、自动备用，其中自动备用方式未真正进行 PID 运算，由上级功能组触发进入自动控制并接受预置值。

设定值在回路处于手动或自动备用状态下跟踪实际值，进入自动控制模式后，逐步无扰切换到预制设定值。

对于联锁保护等优先级别高的指令，则直接在操作站下级接入，无关手自动状态，都能联动设备。

对于 APS 功能组来的操作指令，接入到操作站上一级，但必须在操作站处于自动的状态下才可接受 APS 操作指令。

当系统相关过程参数或执行机构故障时，自动退出操作站自动状态。

因此，为了实现机组自启停控制，必须对常规的模拟量控制系统进行优化设计，使之实现全程稳定调节，以及与 APS 的无缝连接，共同完成机组的启动和停止控制。本项目结合某火力发电厂 350MW 超临界火力发电机组的实际控制过程，以及某有限公司 NT6000 控制组态软件的实现方法，规范 APS 与 MCS 接口，其要求如图 4-1 和图 4-2 所示。

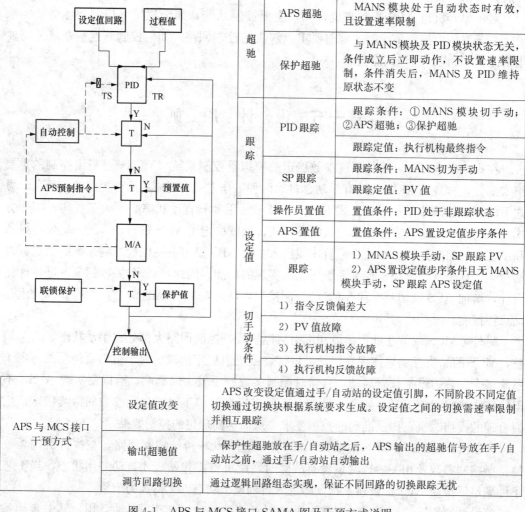

图 4-1 APS 与 MCS 接口 SAMA 图及干预方式说明

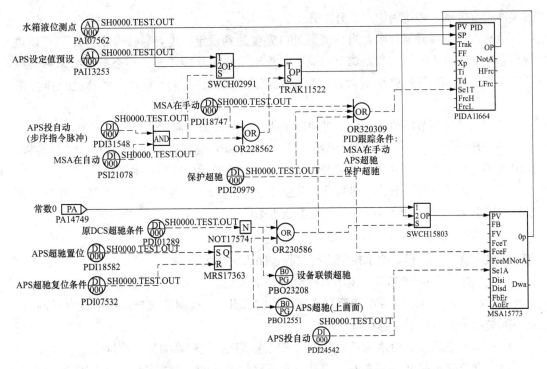

图 4-2 APS 与 MCS 接口 NT6000 逻辑示意图

第二节 给水系统全程控制

给水全程控制是指机组启动时从锅炉上水、点火启动、升温升压、带初负荷、升至 60％负荷阶段，以及由高负荷降到低负荷运行，至锅炉灭火后冷却降温降压全过程给水调节的自动控制。

一、全程给水控制过程及组成

（一）全程给水控制阶段及过程

1. 机组启动阶段

机组启动阶段，给水控制系统过程控制如下：

（1）由给水管道注水功能组完成锅炉给水管道注水。

（2）锅炉上水及开式清洗功能组：锅炉循环泵（BCP 泵）注水完成后由功能组启动冲洗过程，启动给泵前置泵、给泵再循环阀、给水旁路调节门、分离器水位调节门 361 阀，可通过给水旁路调节门维持额定给水流量对锅炉进行冲洗，由 361 阀至排污扩容器，直至水质达标。

（3）锅炉冷态冲洗：锅炉排污疏水由排污扩容器改到凝汽器，启动第一台汽动给水泵，利用锅炉循环给水泵配合 360 阀自动控制给水循环流量，给水旁路调节门控制锅炉省煤器给水流量，等待锅炉点火升温升压。

（4）锅炉点火升温升压：当分离器进口温度达到设定温度，暂停升温升压，开始进行热态冲洗。给水流量由旁路调节门调节，汽动给水泵稳定压差。热态清洗结束后，继续升温升压，361阀排放至凝汽器，直至主蒸汽温度及主蒸汽压力达到升温升压标准结束。

（5）汽轮机调节门预暖，汽轮机冲转定速，并网带初负荷，升负荷至15%左右。

（6）升负荷至30%，之前完成给水主、旁路调节门切换，锅炉进入干湿态转换，BCP泵停运，给水主控和煤水比控制分离器出口过热度，保持锅炉水煤平衡。

（7）锅炉转换到干态后，继续升负荷至40%，进入协调控制方式，在随后的升负荷过程中启动第二台汽动给水泵，并入机组给水系统。

2. 机组降负荷过程

在机组降负荷过程，给水控制系统过程控制大致如下：

（1）机组降负荷至45%，退出第一台汽动给水泵。

（2）降负荷至30%，361阀至凝汽器电动门打开，361阀进入分离器水位自动调节。随后锅炉由干态转换至湿态运行。

（3）BCP泵启动，给水流量控制由原来的煤水比控制转换为最小流量控制。

（4）继续降负荷至20%左右，启动给水管路切换功能，由主给水管路切换到给水旁路控制给水流量，给水泵控制差压。

（5）机组解列、锅炉MFT后给水管路停运，锅炉BCP泵继续保持循环流量不变。

超（超）临界给水全程控制阶段主要分为：锅炉上水阶段、锅炉循环冲洗阶段、锅炉最小流量控制阶段、正常控制阶段。

3. 机组停运阶段

给水泵的出水经过高压加热器水侧进入省煤器，流过水冷壁后进入启动分离器。当分离器中的水质不合格或分离器水位过高时，通过两个高水位控制阀将分离器中大量的疏水排入大气式扩容器中。对于APS给水启动过程还应该包括：给水管道静态注水、锅炉上水及冷态清洗环节。

4. 湿态带低负荷运行阶段

湿态带低负荷运行阶段是锅炉点火后3min起到锅炉转干态前。在该阶段，水冷壁出水进入分离器进行汽水分离，蒸汽进入过热器加热为过热蒸汽，而水则通过疏水管道分两路引到除氧器和大气式扩容器。

在以上两个阶段，锅炉的工作同汽包炉类似：汽动给水泵转速控制压差保证给水母管压力，给水旁路调节门控制给水流量保证锅炉启动和低负荷时所需的最小流量，并提供水冷壁安全保护。分离器储水箱水位由启动系统的三个水位调节门控制：除氧器管路上的调节门NWL控制正常水位（此阀需要除氧器水质合格后才允许开启），其他两个调节门用于高水位调节。

5. 直流阶段

给水一次性流过加热段、蒸发段和过热段，三段受热面没有固定的分界线。当给水流量及燃烧量发生变化时，三段受热面的吸热比率将发生变化，锅炉出口温度以及蒸汽流量和压力都将发生变化。直流锅炉可视作一个三输入/三输出相互耦合关联极强的被控对象。给水系统不仅要向锅炉输送合格的工质，而且还担负着负荷控制和蒸汽温度控制的任务，因此锅炉给水流量控制是基于中间点焓值（汽水分离器出口焓值）校正、控制动态燃水比值的给水自动控制系统。给水流量指令包括基本指令和焓值调节器指令两部分。基本指令根据锅炉负荷（锅炉主控指令）得出，目的是保持燃水比值在一个大致的范围，焓值控制器的作用是修正给水流量指令。

（二）给水全程控制组成

与上述阶段对应的超（超）临界给水全程控制的主要环节包含了调节回路、启动回路、给水泵顺控回路，其中：

（1）调节回路完成给水流量调节，在低负荷时，维持水冷壁具有流速稳定的最小水流量，保持锅炉启动流量和启动压力。在高负荷阶段维持一定的煤水比，控制中间点温度。

（2）启动系统回路完成锅炉启动过程中的开式清洗、循环冲洗、热态冲洗、分离器水位控制、BCP循环流量控制等。

（3）给水泵顺控回路完成各个泵组的启停控制，以及第二台给水泵的并泵/退泵操作。

图4-3中所示为给水全程控制系统组成。

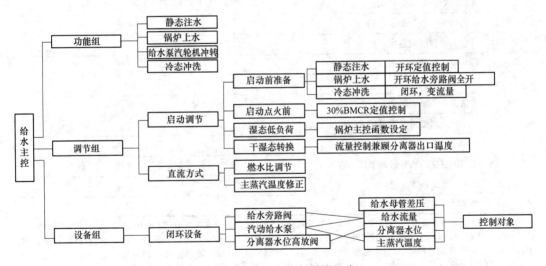

图4-3　给水全程控制系统组成

给水全程控制完成给水管道静态注水、锅炉上水、锅炉冷态冲洗、点火升温升压、干湿态转换、直流方式控制功能。

1. 给水管道静态注水

给水管道静态注水功能组实现了给水泵启动前的管道自动注水及完成给水泵启动前系统的准备。运行人员启动本功能后，自动打开相关阀门，对给水系统注水，由于系统存在手动放气门，因此需要运行人员确认排气完成。给水管道注水采用静压注水，由于除氧器处于高位，因此完全可以采用静压对给水系统进行注水。注水范围包括前置泵进水管道、前置泵泵体、给水泵、高压加热器及部分炉前管道。由于沿程管道放气点较多，且多为手动门，为了确保注水可靠完成，采用人工确认方法。为了能够尽量多的注水，注水时应开启主给水调节门及前后电动门。给水管道静态注水过程步序设计及 MCS 接口及控制方式见表 4-1。

表 4-1 给水管道静态注水过程步序设计及 MCS 接口及控制方式

序号	APS 步 序 指 令	MCS 接口及控制方式
1	给水泵固定端密封水调节门投自动，给水泵自由端密封水调节门投自动	接受 APS 指令，进入常规闭环控制
2	开启前置泵入口 A 滤网前后电动门	
	开启前置泵入口 B 滤网前后电动门	
	开启给水泵出口电动门	
	开启给水泵再循环调节门	APS 指令全开 100％，注 1
	开启给水泵二级抽头电动门	
	开启旁路主路注水电动门	
	开启高压加热器进出口液动阀	
	开启锅炉主给水电动门	
	开启锅炉主给水旁路调节门	APS 指令全开，注 2
	开启锅炉主给水旁路调节门前后电动门	
	开启锅炉一级减温水总门	
	开启锅炉二级减温水总门	
3	确认高压加热器注水排气完毕	
4	关闭主给水电动门	
	关闭锅炉一级减温水总门	
	关闭锅炉二级减温水总门	
	关闭给水泵二级抽头电动门	
	关闭锅炉主给水旁路调节门	APS 指令，全关至小于 5％，注 2
	关闭暖管出口管道电动门	
	关闭暖管出口管道电动调节门	

注 1：由于给水泵再循环调节门主要是为了当给水流量较低时保护给水泵，在不同的转速下应当设计不同的控制定值和保护定值（按照给水泵最低流量与转速关系曲线进行控制），使给水泵再循环的开度达到最合理的最小值。在自动条件下，再循环调节门受 APS 控制和自动调节流量，再循环一直投入闭环控制，但是如果前置泵开启后流量小于 30t/h 时要求再循环开度大于 20％；给水泵汽轮机挂闸后，再循环设定值按照转速与流量曲线闭环控制。给水泵再循环调节门 APS 接口及控制方式如图 4-4 所示。

注 2：主给水旁路的设计约为额定负荷的 30％，因此在 30％负荷之前可以使用主给水旁路进行流量调节。主给水旁路调节门在锅炉上水时 APS 控制时可设计为开环调节，当上水结束后要控制给水流量大于 30％，因此开度一般大于 90％，这会触发主给水电动门开启。主给水旁路门的流量设定值根据 APS 要求进行调整，APS 计算得出上水速度（流量速度），然后交由调节门控制。主要逻辑如下：

（1）给水泵汽轮机转速在 3000r/min 之前，主给水旁路调节门控制给水流量。

（2）当给水泵汽轮机转速在 3000r/min 之前，如果汽水分离器液位大于 1m，则认为锅炉上水完成。当转速大于 3000r/min 后，认为开始正常的上水程序。

（3）给水泵汽轮机转速大于 3000r/min 且主给水旁路调节门开度大于 90％后，触发打开主给水电动门。

（4）主给水电动门打开后给水泵接管给水流量控制，设定值与旁路门设定值相同，同时旁路调节门按一定速率关闭。

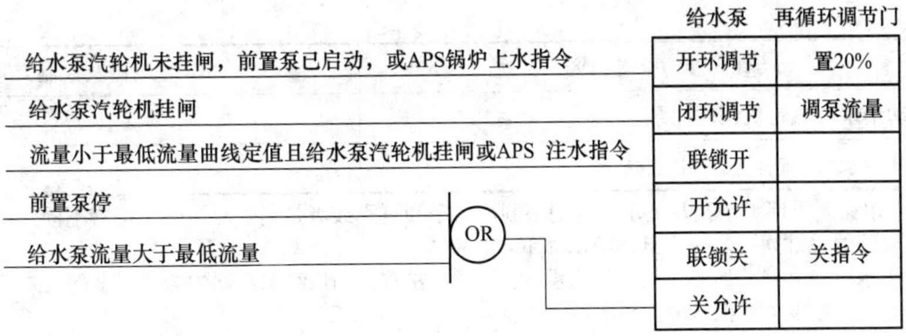

给水泵汽轮机未挂闸，前置泵已启动，或APS锅炉上水指令
给水泵汽轮机挂闸
流量小于最低流量曲线定值且给水泵汽轮机挂闸或APS注水指令
前置泵停
给水泵流量大于最低流量

OR

给水泵	再循环调节门
开环调节	置20%
闭环调节	调泵流量
联锁开	
开允许	
联锁关	关指令
关允许	

图 4-4　给水泵再循环调节门 APS 接口及控制方式

2. 锅炉上水

锅炉上水 APS 设计为一键启动，自动根据锅炉冷热态确定上水速度。水质没有合格前，分离器液位粗放控制，由两个高水位控制阀疏水到扩容器，省煤器和水冷壁不进水。水质合格后，分离器液位由 NWL 阀控制，给水旁路调节门控制给水流量。锅炉用前置泵上水，在上水过程中，可以并行从事后续的汽动给水泵启动工作。当分离器水位大于 1m 时，自动停止上水，等待汽动给水泵冲转完成。锅炉上水过程步序设计及 MCS 接口及控制方式见表 4-2。

表 4-2　　　　　　　锅炉上水过程步序设计及 MCS 接口及控制方式

序号	APS 步 序 指 令	MCS 接口及控制方式
1	给水泵固定端密封水调节门投自动，给水泵自由端密封水调节门投自动	接受 APS 指令，进入常规闭环控制
2	开启前置泵入口工作位滤网前后电动门	
	开启给水泵出口电动门	
	开启高压加热器进出口液动阀	
	开启锅炉主给水旁路调节门前后电动门	
3	关闭非工作位前置泵滤网前后电动门	
	关闭给水泵二级抽头电动门	
	关闭锅炉主给水电动门	
	关闭锅炉一级减温水总门	
	关闭锅炉二级减温水总门	
	关闭关闭汽水分离器至除氧器电动门	
	关闭关闭汽水分离器至过热器电动门	
4	置给水泵再循环调节门置 20%	APS 指令，置位 20%，注 1
5	置锅炉主给水旁路调节门 0%	APS 指令，全关，注 2
6	启动前置泵	
7	投入给水泵再循环自动	APS 指令，投入闭环，调节流量，注 1
8	根据除氧器水温和汽水分离器温差设定主给水旁路流量定值，投入锅炉主给水旁路调节门自动	APS 指令，注 3
9	汽水分离器底部水位调节门（两个）投入自动。同时关闭除氧器管道上的 NWL 调节门、调节门前电动门	APS 指令，注 4

序号	APS 步 序 指 令	MCS 接口及控制方式
10	启动给水泵汽轮机顶轴油泵	
11	打开给水泵汽轮机盘车电磁阀	

注 3：锅炉上水速度受锅炉壁温及上水温度的限制，冬季和夏季或者是锅炉冷态热态均有不同。确定锅炉的上水速度是缩短启动时间的关键问题之一，具体要求如下：

（1）锅炉在进水时除氧器需加热，提高给水温度到 120℃ 左右。锅炉给水与锅炉金属温度的温差不许超过 111℃。

（2）一般要求上水温度大于汽水分离器壁温。

（3）水温大于 20℃。

（4）上水时的启动分离器，水压试验时的启动分离器及过热器出口集箱，如果锅炉金属温度小于 38℃ 且给水温度较高，锅炉上水速率应尽可能小。

（5）当省煤器、水冷壁及启动分离器在无水状态时，上水按 10%BMCR（114t/h）左右给水流量设定。

由以上条件得出，除氧器加热定值应根据锅炉汽水分离器壁温进行调整，使除氧器水温 t 在以下范围内：$20℃ < t_1 - 56℃ < t < t_1 + 111℃$（$t_1$ 为汽水分离器壁温），受除氧器限制，最高水温不大于 164.5℃（对应 0.6MPa）。

锅炉上水功能组是为了尽快使锅炉上水完毕，因此保持最大的允许给水流量是关键，为了达到最大的给水流量，因此必须控制除氧器温度在合理范围内。在除氧器加热时应考虑控制给水温度，因此在上水阶段将根据除氧器温度限制给水流量。

上水速度按照以下规则确定给水旁路流量设定值：

（1）当给水温度满足 $20℃ < t_1 - 20℃ < t < t_1 + 56℃$（$t_1$ 为汽水分离器壁温）时，上水流量为 10%BMCR（114t/h）。

（2）当超出以上范围时，上水流量 90t/h。

（3）最大给水流量为 114t/h。

注 4：正常情况下，储水箱水位由疏水至除氧器管路上的调节门 NWL 自动调节，水位过高时为了防止饱和水进入过热器，两个高水位控制阀将先后开启，疏水进入大气式扩容器。锅炉处于直流状态后闭锁这两个阀门开启。同时水位调节控制器都被切换成焓值控制。

3. 锅炉冷态冲洗

锅炉冷态冲洗过程采用变流量冲洗，冲洗水质监测采用人工输入方法，当人工输入水质合格后冲洗结束。炉侧汽水系统包括有省煤器和水冷壁系统、启动系统、过热蒸汽系统和再热蒸汽系统。锅炉冷态冲洗过程步序设计及 MCS 接口及控制方式见表 4-3。

表 4-3　　　　　　　锅炉冷态冲洗过程步序设计及 MCS 接口及控制方式

序号	APS 步 序 指 令	MCS 接口及控制方式
1	开启锅炉疏水扩容器 HWL-1 门前电动门	
	开启锅炉疏水扩容器 HWL-2 门前电动门	
	开启锅炉疏水扩容器底部放水至外排电动门	
2	投入锅炉疏水扩容器 HWL-1 自动	接受 APS 指令，进入常规闭环控制
	投入锅炉疏水扩容器 HWL-2 自动	接受 APS 指令，进入常规闭环控制
	投入锅炉疏水扩容器至机组排水槽减温水调节门自动	接受 APS 指令，进入常规闭环控制
3	关闭汽水分离器至除氧器 NWL 调门前电动门	
4	给水流量为设定值 30%	接受 APS 指令，注 5
5	开启省煤器出口放空气电动门 30s	
6	关闭省煤器出口放空气门	
7	给水流量设定值在 10%～30%～10% 之间循环（注意主给水电动门动作情况，如果有开关现象则重新调整参数，10min 周期）	接受 APS 指令，注 5
8	关闭锅炉疏水扩容器底部放水至外排电动门	
	投入锅炉疏水泵再循环自动	接受 APS 指令，上水阶段已投入
	关闭锅炉疏水至凝汽器调节门	接受 APS 指令，全关

序号	APS 步 序 指 令	MCS接口及控制方式
9	启动已选锅炉疏水泵	
10	停运锅炉疏水泵	
11	提示关闭锅炉疏水泵出口至凝汽器集水井放水手动门，恢复锅炉疏水回收系统，准备回收锅炉疏水	
12	打开锅炉疏水扩容器底部放水至外排电动门	
13	关闭锅炉疏水扩容器底部放水至外排电动门	
14	确认锅炉疏水至凝汽器回收系统已正常	
15	启动已选锅炉疏水泵	
16	投入锅炉疏水至凝汽器调节门自动	接受 APS 指令，进入常规闭环控制
	投入未选锅炉疏水泵备用	
17	给水流量设定值在10％～30％～10％之间循环（注意主给水电动门动作情况，如果有开关现象则重新调整参数，10min 周期）	接受 APS 指令，注5
18	给水流量置0％，准备启动风机点火	接受 APS 指令，全关

注5：汽动给水泵自动调节应当设定转速在3000r/min 以上，当转速小于3000r/min 时，MEH 不能将控制权交给 DCS，因此 DCS 无法投入自动。在3000r/min 之前的升速阶段，给水流量由主给水旁路调节门控制，或者由给水泵再循环控制泵的最小流量。当汽动给水泵转速已经大于3000r/min，MEH 将控制权交给 DCS，汽动给水泵自动条件具备，但是汽动给水泵投入闭环的条件为主给水电动门打开。当汽动给水泵转速已经大于3000r/min，主给水电动门打开之前，汽动给水泵开环控制，维持转速不变。锅炉上水完成后，主给水电动门打开，给水泵接管给水流量控制，设定值与旁路门设定值相同，同时旁路调节门按一定速率关闭。锅炉冷态冲洗过程中，流量设定值根据 APS 指令以10min 周期，在10％～30％～10％BMCR 流量之间循环，该过程需注意主给水电动门动作情况，如果有开关现象则重新调整参数，且变流量冲洗过程中流量设定值变化速率需合理设置。

4. 点火升温升压

从锅炉上水、冲洗完成到点火前，采用给水流量定值控制，锅炉冷态冲洗完成后，给水已切换至主路控制，给水流量由给水泵转速控制。给水流量的设定值来自实际省煤器进口流量与其15s 内的流量偏差积分值，通过函数关系对应31％～36％BMCR 的流量。

锅炉点火升温升压过程中，燃烧率低于30％BMCR，分离器处于湿态运行，图4-5是湿态给水控制逻辑示意图。此时的给水自动用于控制流量设定，流量指令来自锅炉主控函数设定。在水质合格前，分离器水位由两路高放阀闭环控制。

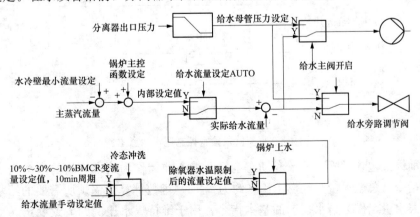

图4-5　湿态给水控制逻辑示意图

5. 干湿态转换

锅炉转干态后给水控制的目的是控制省煤器进口的总给水流量，以满足当前锅炉输入指令，保证合适的燃水比。基于锅炉输入指令的给水流量指令受到总燃料量的交叉限制，以保证调节过程中产生的不平衡始终不超出规定限制。

湿态转干态时（30%额定负荷），分离器水位的控制仍然是 NWL 阀控制，水质合格后开启，通过除氧器回收工质和热量。给水流量由汽动给水泵控制。给水流量设定值转为直流控制方式（锅炉负荷指令经燃水比生成给水基本指令，加上焓值修正）。

另外，在所有工况下，都要维持给水流量的指令高于锅炉最小给水流量，以保护锅炉水冷壁受热面。为了避免省煤器汽化现象的发生，当省煤器保护动作，在给水流量需求指令上还加上正的偏置以增加给水流量。

另外由于旁路给水电动门的容量与锅炉干/湿态转换区很近，锅炉干/湿态转换点无法确定，给水主/旁切换时机组负荷仍在变化，以上因数决定了给水主/旁切换无法避开锅炉干/湿态转换区。为了防止主路电动门开关，对锅炉干/湿态转换造成干扰，要求切换过程中给水平稳变化。同时为了防止锅炉干/湿态转换时有可能在进行给水主/旁路切换，在锅炉由湿态转换为干态时，预加一定煤量，提高燃烧率，加快转干态过程；同理，锅炉由干态转换为湿态时，突减一定煤量，防止锅炉干/湿态频繁转换。

6. 直流方式

纯直流方式下，给水指令由前馈和反馈调节两部分组成，图 4-6 是直流阶段给水控制逻辑示意图。

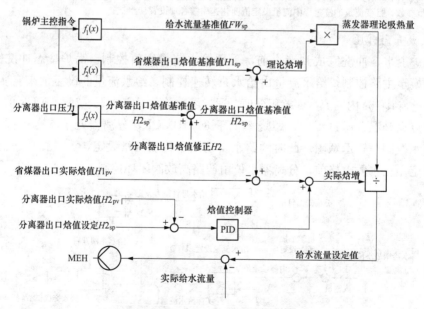

图 4-6　直流阶段给水控制逻辑示意图

其中前馈又包含了静态前馈和动态前馈：静态前馈作为给水流量的基准指令，由锅炉的负荷指令（总燃料量）经燃水比（约为 1：8）函数计算出锅炉所需要的给水量，扣除设计减温水量，作为给水控制的基本指令，用于维持煤水比例的大致稳定。动态前馈是为了加快负荷变动时给水调节，从而提高机组的负荷响应速度。给水指令的反馈部分则是确保分离器出口（过热器进口）的焓值等于给定值，即采用中间点焓值（汽水分离器出口焓值）进行校正，最终使分离器出口的焓值等于给定值。通过给水自动的前馈与反馈调节，使得燃料量、给水量、蒸发量等成比例的调节，协调一致，确保了机组的安全。

二、给水全程控制的关键点

（一）给水全程控制基础

1. 给水指令生成

全程给水控制给水指令生成见表4-4。

表 4-4　　　　　　　　　全程给水控制给水指令生成

序号	阶段	给水指令		闭环主控设备及控制特点
1	启动前准备	静态注水	该工况下最大给水流量	主阀关闭，旁路调节门注水，全开，开环调节
		锅炉上水	根据除氧器温度限制最大允许给水流量	旁路调节门上水，根据除氧器水温自动生成给水流量设定，上水结束后保证大于30%BMCR流量，触发开主给水阀，关旁路调节门
		冷态冲洗	给水流量设定值在10%～30%～10%之间循环	主阀打开，给水泵流量设定值根据APS指令以10min周期，在10%～30%～10%BMCR流量之间循环，闭环调节
2	启动阶段	从锅炉上水到点火前，采用给水流量定值控制，对应31%～36%BMCR流量		主阀打开，定值控制，给水泵流量设定值为30%BMCR左右
3	湿态带部分负荷阶段	指燃烧率低于30%BMCR时，分离器处于湿态运行，此时的给水自动控制给水流量以满足升温升压要求		给水泵闭环调节给水流量，流量指令由锅炉主控函数设定，工质合格前，分离器水位由两路高压放水阀闭环控制
4	纯直流阶段	基于中间点焓值校正的动态燃水比值控制		给水泵闭环调节燃料解耦、风煤限制、焓值修正及温差控制后的给水流量
5	停炉阶段	相当于启动至湿态带初负荷控制过程的反向操作		

2. 自动控制切换

某机组配 $1×100\%$ 汽动给水泵，由于汽动给水泵投遥控转速非常高，当汽动给水泵转速为 $3000r/min$ 时，对应出口压力为 $10MPa$ 左右，故汽动给水泵不适合给水差压调节。给水管路自动切换到主路和汽动给水泵/主给水旁路流量调节的切换步骤如下：

（1）启动初期（汽轮机冲转完成且主给水阀未打开时），汽动给水泵处于最低转速位置，旁路调节流量。随着锅炉压力增加，旁路调节门逐渐开启。

（2）待旁路调节门全开后，切换为给泵调节流量。随着负荷的增加，给水流量增加，给水泵的转速逐渐上升。

（3）机组升负荷至一定负荷后，给水旁路容量有限，已经无法满足增加给水的需求，给水主路开启。

上述步骤中的（1）和（2），理想工况下APS设计为锅炉上水及冷态变流量冲洗均通过旁路调节门控制流量来完成（流量小于30%BMCR流量），给水泵保持最低转速。如果旁路调节门调节能力达不到设计要求，在供水流量大于30%BMCR工况流量时，已经没有调节余量（大于90%），则触发打开主阀，主阀打开后给水泵控制冲洗流量。控制变量的切换以主阀开关状态为条件。如果在点火前，上水、冲洗流量及旁路调节门控制裕度能达到设计要求，建议在锅炉点火前闭锁打开主给水阀。以简化启动前准备阶段的控制过程，并同步减少控制切换中的参数扰动。图4-7是给水主副阀切换记录曲线图。

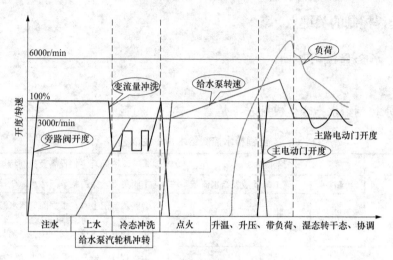

图 4-7　给水主副阀切换记录曲线图

给水主路自动关闭和汽动给水泵/主给水旁路流量调节的切换步骤如下：

（1）机组降至一定负荷后，给水主路电动门关闭。

（2）汽动给水泵调节流量。随着负荷下降，给水流量下降，汽动给水泵转速下降。

（3）当汽动给水泵下降到最低转速后，旁路调节门调节流量，汽动给水泵保持最低转速。

在进行给水管路切换时，给水旁路调节门需要配合完成全开或全关动作，此时开关速率由给水流量偏差来决定，当给水流量偏差大时，降低开关速率，甚至暂停以稳定给水流量；当主给水门全开后，则旁路调节门以较快的速率进行开关，因为此时旁路调节门的开关对给水流量不会造成任何干扰。

锅炉湿态低负荷阶段给水泵汽轮机一般处于低转速运行，所以机务上给水泵汽轮机线性可调节区域的下滑是该阶段控制可行性的前提保障。给水泵汽轮机投入遥控方式后，控制偏差一路来自于给水母管的压力偏差，其压力设定值为分离器出口压力对应的函数；另一路来自于点火前旁路调节门缺乏调节裕量后的流量控制，为防止参数扰动，不建议采用，应对措施为在锅炉点火前闭锁打开主给水阀。另外采用变参数的控制方式，区别差压/流量两个不同的控制对象以及不同转速区对应的流量特性。另外，旁路调节门控制器必须设定控制上限，防止给水流量设定值在给水主/副阀切换时，高于锅炉启动流量，导致干湿态转换困难。在主给水阀开启指令发出的同时汽动给水泵的控制方式由差压控制切换为流量控制，主阀开启后逐步关闭旁路调节门并联锁关闭其前后隔离门。

另外，当负荷在给水主/旁切换点时，给水主电动门开始动作，给水主电动门动作速率由给水流量控制偏差来决定，当给水流量偏差大时，降低给水主电动门的动作速度，甚至闭锁，以保证给水流量的稳定。

3. 焓值控制器

考虑到水冷壁进口给水的焓值偏差对过热蒸汽焓值的影响，对给水流量进行进口给水焓差修正得到热量信号；同时考虑到蒸发器金属蓄热量的变化量，根据分离器的压力及温度求出对应的焓，得到蒸发器金属蓄热量的变化量，对热量信号进行修正；修正后的热量信号与焓控制器输出一起组成给水流量指令。

图 4-6 利用公式表述为

$$FW_{sp} = \frac{FW_{sp} \times (H2_{sp} - H1_{sp})}{H2_{sp} - H1_{pv} + \Delta h}$$

(4-1)

该公式理解为：给水设定＝蒸发器实际吸热量÷实际焓增

式中　$H2_{sp}$、$H2_{pv}$——分离器出口焓值设计值及实际值；

　　　$H1_{sp}$、$H1_{pv}$——省煤器出口焓值设计值及实际值；

　　　Δh——焓值调节器输出。

图 4-8 是焓值控制器至给煤/给水动态修正示意图。

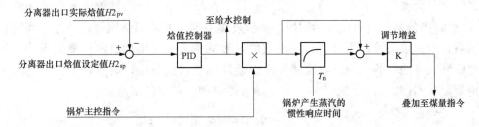

图 4-8　焓值控制器至给煤/给水动态修正示意图

另外，分离器出口焓值对燃水比失配反应迅速，便于系统校正。分离器出口焓值设定由两个部分组成：焓值基准值及焓值修正值，其中焓值基准值为分离器出口压力的函数整定。在机组降负荷或分离器出口温度高于设定值时，焓控的设定值切为最小焓值，迅速增加给水，强制抑制水冷壁管温度上升，随后通过动态环节，逐步将焓设定值恢复至正常。

焓值控制器的输出除了送至给水回路外，另外考虑了锅炉稳态时焓值扰动对给煤指令的修正：在给水焓值发生波动时，给水流量发生变化，这部分给水偏差生成至影响蒸汽产量后，与当前煤量的匹配关系发生微量失调。因此用代表负荷的锅炉主控指令乘以微过热蒸汽焓值调节器的输出，再去调节给煤量以适应做工能力发生变化的工质，使得给水及煤量同时响应焓值扰动初期的变化。其延迟环节为水量至蒸汽产生的燃烧惯性，控制原理如图 4-8 所示。

4. 燃料与给水解耦控制

燃料量与给水控制的解耦设计主要体现在两个方面：

（1）燃料量的变化相对于给水流量的变化是一个慢速过程。

（2）微过热蒸汽焓的变化是燃水比失调的第一反应，而负荷控制又要求保证一定的燃水比，因此该解耦控制设计为燃料量至给水指令的多阶惯性和焓值调节的动态解耦。

另外，考虑到负荷变动初期，煤量根据锅炉的前馈作用动态响应，给水指令在原来煤水比的基准上，叠加了一部分锅炉指令的微分作用，使得煤和水同步响应锅炉的前馈，提高机组在动态过程中的煤水匹配能力。

RB 发生时，尤其是一次风机或给水泵 RB，锅炉指令以 200％速率骤减至目标负荷，与正常的负荷变动相比，此时锅炉指令至给水的惯性时间应考虑适当减小，加快给水跟进减煤的速度，抑制焓值超调。同时，设置该惯性时间要兼顾到给水对蒸汽温度、蒸汽压力的影响。

5. 温度控制的给水修正

超（超）临界机组主蒸汽温度一般采取温差控制，维持一级减温器前后温差为负荷的函数，并且利用温差调节器的输出去修正焓值设定值，从而改变给水流量指令来保证过热蒸汽温度。而喷水减温实质是调整给水流量在水冷壁和过热器之间分配比例，减温水在过热段作用时，进入省煤器和水冷壁的给水量减少，因而区段内工质温度也发生了相应变化。但无论减温水有多大的变化，如果总给水流量未改变，即燃水比未改变，稳态时锅炉出口过热蒸汽温度也不变，减温水只能改变瞬态的过热蒸汽温度。最终的主蒸汽温度的控制还需要燃烧比来控制。

另外，分离器出口（储水箱）压力经一阶惯性环节后（时间常数为蒸汽储存的响应时间），计算出分离器出口温度极限值，此温度偏差同样叠加到焓值校正回路。当出口温度超温后，经过焓值校正积分器将焓设定值逐步减少，相应增加给水流量指令，达到降低水冷壁管温度的目的；同样，当某种原因使过热喷水量减小，焓值修正就会也减小焓控设定值，从而增加给水指令。图 4-9 是焓值设定的校正控制回路示意图。

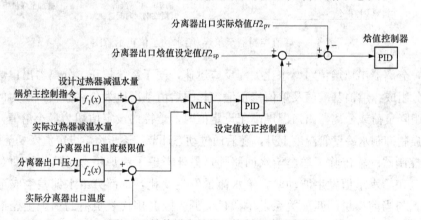

图 4-9 焓值设定的校正控制回路示意图

（二）中间点温度控制方式

1. 中间点温度控制方式下的燃水比控制

中间点温度控制就是保持中间点温度在合适的过热度范围内，是超临界机组除焓值控制外的另一种控制方式。中间点过热度的计算基于测点安装位置限制，选取了分离器出口蒸汽压力测点和垂直水冷壁混合集箱温度测点。为了提高过热度计算的精度，单一的 12 点函数模块无法满足计算要求，特增加过热度计算回路，根据饱和温度对压力变化的敏感程度予以不同精度的分区计算。同时，在水蒸气性质中，当达到超临界状态后，无论压力如何上升，饱和温度都不再增加。为了机组控制的要求，在本回路中增加了拟饱和度计算功能，便于反映机组过热的情况。不同压力下饱和温度计算逻辑如图 4-10 所示。拟饱和温度趋势示意图如图 4-11 所示。

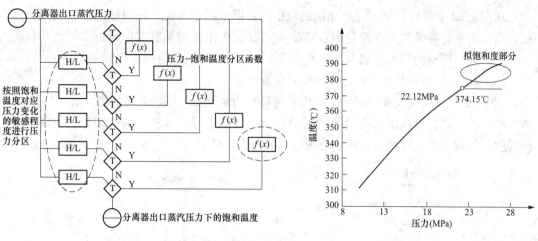

图 4-10　不同压力下饱和温度计算逻辑　　　图 4-11　拟饱和温度趋势示意图

中间点温度是煤水比控制的主要控制量，中间点温度设定值根据负荷大小进行调整，压力偏差在此基础上进行修正，同时保留运行人员设定过热度偏置的权限。煤水比控制的主线逻辑图如图 4-12 所示。

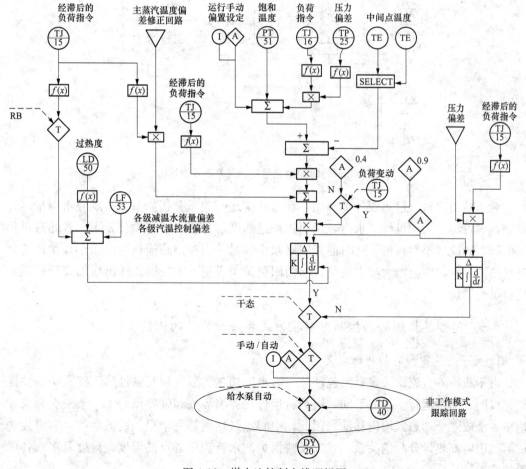

图 4-12　煤水比控制主线逻辑图

从图 4-12 中可以看出，煤水比控制以中间点温度控制为主，同时辅助控制主蒸汽温度，负荷指令、各级减温水控制和过热度变化对煤水比控制具有前馈修正作用。当负荷变动时，动态调整控制偏差增益。当发生 RB 工况时，闭锁负荷指令前馈。

2. 中间点温度控制方式中对各级控制温差的修正

图 4-12 中各级减温水控制对煤水比控制具有前馈修正作用，各级如图 4-13 所示。从图中可以看出，各级减温水流量的控制偏差经过增益处理后求和作为前馈分量；各级蒸汽温度控制偏差经负荷修正、增益处理后求和作为前馈分量。

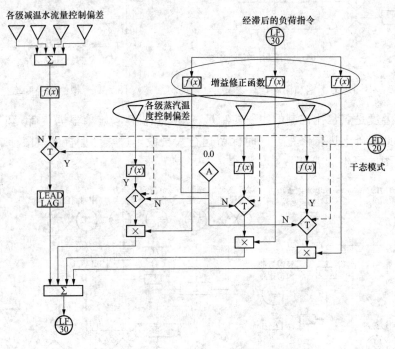

图 4-13　各级控制流量差、温差修正逻辑图

对于减温水量（过热器各级汽温）和过热度之间关系分析如下：当减温水流量（过热器各级汽温）大于设计要求时，说明锅炉过热器部分吸热超过设计要求，若此时过热度偏高，则应减小燃料量，此时前馈回路减小煤量，主控回路输出同时减小煤量；若此时过热度偏低，则应增大喷水流量，前馈回路减小煤量，主控回路输出增加煤量将最终使得煤量增加。

（三）超临界机组给水控制中温控方式和焓控方式的比较

1. 关于过热度控制的物理意义

由于超临界直流锅炉没有汽包环节，给水经加热、蒸发和变成过热蒸汽是一次性连续完成的，随着运行工况的不同，锅炉将运行在亚临界或超临界压力下，蒸发点会自发地在一个或多个加热区段内移动。因此，中间点过热度是一个很关键的参数，它直接表征了机组内部热量分配的关系，可以反映锅炉汽水行程中各点的温度、湿度及水汽各区段的位置。

以凤台电厂设计煤种的 THA 工况性能计算数据为例对过热度参数含义进行定量计算，在计算过程中做如下假设：

（1）假设给水在水冷壁中的受热过程可以分解为一个定压的吸热过程和一个定温的膨胀放热过程。

（2）假设饱和蒸汽在过热器中的受热过程可以分解为一个定温的膨胀放热过程和一个定压的吸热过程。

（3）不考虑机组的再热部分，不考虑机组回热过程。

（4）过程减温水量为零。

由热力学第一定律和水蒸气相关特性可知：对于一个定压吸热的过程，其过程吸热量 $q=\Delta h$；对于一个定温膨胀的过程，其过程放热量 $q=T\times\Delta s$（Δs 是过程熵憎，T 是温度，q 是吸热量）。

某超临界机组在设计煤种 THA 工况下，不同过热度性能计算数据表见表 4-5。

表 4-5　　　　　　　　　　THA 工况下不同过热度性能计算数据表

项目	工　况　A			对比工况 A′		
	温度（℃）	压力（MPa）	流量（t/h）	温度（℃）	压力（MPa）	流量（t/h）
省煤器入口	281	28.36	1707.3	281	28.36	1707.3
中间点	400	27.05	1707.3	401	27.05	1707.3
过热器出口	571	25.20	1707.3	571	25.20	1707.3

根据水蒸气参数表求得各个数据点的物性参数，计算得出：

在工况 A 下，水冷壁每小时吸热量为 2029.478GJ，过热器部分每小时吸热量为 1563.218GJ，过热器部分吸热量占总吸热量的比例为 43.51%。

在对比工况 A′下，水冷壁每小时吸热量为 2064.648GJ，过热器部分每小时吸热量为 1528.048GJ，过热器部分吸热量占总吸热量的比例为 42.53%。

从计算数据中可以看出：

（1）中间点前的炉内吸热部分的吸热量约占总吸热量的 40%，过热度的变化情况可以在一定程度上反映整个锅炉的吸热变化情况。

（2）在计算工况下，中间点过热度提高 1℃，过热器部分吸热量占总吸热量的比例将会降低约 1%。说明过热度对炉内热量分配变化十分敏感。

因此控制回路中中间点温度设定值和不同工况下锅炉燃烧调整后炉内燃烧情况有关，该设定值经过调试过程中的严格整定而得。

2. 超临界机组给水控制中温控方式和焓控方式的比较

目前超临界机组的蒸汽温度控制主要由两种方式：温控和焓控。本机组采用了温控方式，通过燃料修正中间点温度，保持燃水比在一定要求范围。这里主要介绍一下焓控方式。

作为燃水比的反馈信号，相对于中间点温度而言，中间点焓值不但快速反映了燃水比的变化情况，还代表了过热蒸汽的做功能力。因此中间点焓控方式不但能实现过热蒸汽温度的粗调，还有利于负荷控制。同时焓值的物理概念明确，用焓增方式来分析各受热面的吸热分布更为科学。

由热力学第一定律可知，对于一个稳定流动的开口系统而言，工质所吸收的热量 ΔQ 计算公式为

$$\Delta Q = \Delta H + \omega_t \qquad (4\text{-}2)$$

式中　ΔH——吸热焓增；

　　　ω_t——表示技术功。

超临界直流锅炉机组在稳态工况下，某段连续的受热面组成的系统可以视为稳定流动的开口系统。在该开口系统中，ΔH 为吸热焓增，ω_t 表示技术功，技术功包括了轴功和宏观动能增量及宏观势能增量，对于连续流动未膨胀做功且落差有限的工质，其技术功可近似为 0。因此式（4-2）可以简化为

$$\Delta Q = \Delta H = W\Delta h \qquad (4\text{-}3)$$
$$W = \Delta Q/\Delta h \qquad (4\text{-}4)$$

式中　W——开口系统内的工质流量；

　　　Δh——开口系统内工质的焓增。

因此考虑到系统可能存在的其他微小吸热量和其他修正因素，对于该开口系统而言，其系统内工质流量的设定值一般可由下式计算而得

$$W_{sp} = \frac{W_{sp0}(h_{out0} - h_{in0}) + Q_q}{(h_{out} - h_{in}) + h_q} \qquad (4\text{-}5)$$

式中　W_{sp}——工质流量的设定值；

　　　W_{sp0}——工质流量的设计值；

　　　h_{out}——系统出口焓值；

　　　h_{out0}——系统出口设计焓；

　　　h_{in}——系统入口焓值；

　　　h_{in0}——系统入口设计焓值；

　　　Q_q——小吸热修正；

　　　h_q——小焓值修正量。

理论上可知，在超临界直流机组中选取一段稳定流动的开口系统，通过该系统的入口和出口参数便可推出设定值计算公式，得到系统工质流量的设定值。在实际的给水控制系统中，为了准确快速的反映燃水比的变化，对稳定流动开口系统的选取有如下两点要求：

（1）该系统能全面反映炉内吸热过程的变化。

（2）该系统的焓值变化测量快速准确。

考虑到上述要求，一般选取从省煤器入口到分离器出口之间的连续受热面作为焓控模式下给水流量设定计算的开口系统。这是因为

（1）省煤器是经分离器出口前的以对流换热为主的受热面，且省煤器中焓升占工质总焓升中的比例较大，因此选取的参考系统包括省煤器后能全面、稳定的反映炉内热量变化。

（2）省煤器出口焓值经过省煤器环节后，焓值变化滞后，而省煤器入口焓值则直接快速反应省煤器入口水温的变化。

（3）分离器出口前的受热面系统，已包括了各种类型的受热面（以对流换热为主的省煤器、以辐射换热为主的水冷壁），能比较全面的反映炉内热量变化的情况。

（4）从省煤器入口至分离器出口前工质的焓升已占炉内工质总焓升的 3/4 左右，且该比例在燃水比或其他工况发生较大变化时变化不大，能稳定的反映炉内热量变化的情况。

（5）相对于过热器出口而言，分离器出口工质的焓值变化滞后时间小，能快速反映燃水比的变化情况。

在选定从省煤器入口到分离器出口的开口系统作为燃水比控制的参考系统后，可以推出式（4-6），该式就是一般超临界直流机组焓控方式下的给水流量控制方程

$$W_{sp} = \frac{W_{sp0}(h_{sepout0} - h_{ecin0}) + Q_{sep}}{(h_{sepout} - h_{ecin}) + h_q} \tag{4-6}$$

式中　W_{sp}——给水流量设定值；

W_{sp0}——给水流量设计值；

h_{sepout}——分离器出口焓值；

$h_{sepout0}$——分离器出口设计焓；

h_{ecin}——省煤器入口焓值；

h_{ecin0}——省煤器入口设计焓值；

Q_{sep}——储水箱吸热；

h_q——焓值修正量。

综上所述，焓控是直流锅炉蒸汽温度控制的主要方法之一。但是实现焓控的基础是必须有精确的理论焓升值、给水流量设计值等参数，是一种基于前馈式的反馈控制，当实际工况与焓值设定工况差别较大时（例如高压加热器退出工况），必须予以修正。因此焓控要求较高，能实现过热蒸汽温度的粗调，有利于负荷控制，物理概念明确，但适应性不如温控。而温控则是根据机组的实际运行状态进行控制调整，是一种反馈式调整，因此控制简便，适应性广，但是物理概念理解上不如焓控。

第三节　燃料系统全程控制

锅炉燃烧自动控制系统的目的是控制燃烧过程，使燃料燃烧所提供的热量适应外界对锅炉输出的蒸汽负荷的需求，同时保证锅炉的安全经济运行。主要包括三项控制内容：燃料量、送风量及引风量。当外界对锅炉蒸汽负荷的要求变化时，必须相应地改变锅炉燃烧的燃料量。相应地由三个（子）控制系统，即燃料量控制系统、送风量控制系统、引风量控制系统来实现上述控制内容。三个控制系统之间存在着密切的相互关联，要控制好燃烧过程，必须使燃料量、送风量及引风量三者协调变化。

机组自启停 APS 控制系统涉及燃料控制的环节主要包括了从锅炉点火到 60％负荷燃料全程控制系统、制粉系统自启停（包括吹扫、暖磨、步煤）控制系统以及常规的响应负荷变化要求的燃料量控制。

一、燃料全程控制 APS 设计

燃料全程控制是指机组启动过程中从第一台给煤机启动到机组正常模式燃料量的全过程控制，其中包括对燃油量的计算。燃料全程包含给煤机自动、燃料主控自动和 CCS 三部分。

（一）燃料全程控制 APS 设计规范

燃料全程闭环控制 APS 设计规范见表 4-6，给煤机控制 APS 设计规范见表 4-7，燃油控制 APS 设计规范见表 4-8。

表 4-6　　　　　　　　　　　　燃料全程闭环控制 APS 设计规范

序号	设 计 要 求
1	手动状态下可任意操作
2	自动在任何时候都可以投入
3	闭环状态时按照传统成熟方案设计
4	采用防止积分饱和技术
5	自动状态时，给煤机自动未投入时跟踪实际煤量
6	自动状态时，给煤机运行未证实之前超驰为 0%
7	任何状态时，锅炉 MFT 后保护超驰为 0%
8	自动投入后，无论锅炉处于何种状态，均需自动执行以下过程： （1）自动根据锅炉当前状态计算初始燃料量，按照 1.9% 的速率增加燃料量至初始燃料量。 （2）主蒸汽压力达到 0.5MPa 之前，燃料量设定为 8%。 （3）主蒸汽压力达到 0.5MPa 之后，燃料量按锅炉状态给定速率，增加燃料量，直到热态冲洗所需的压力 1.17MPa 达到时，停止增加燃料量。 （4）热态冲洗完毕后以 1.9% 的速率增加燃料量至 17%，完成冲车并网。 （5）暖机结束后（自动判断是否需要暖机，根据人工输入的暖机时间进行暖机）根据锅炉状态给定的速率，增加燃料量，直到目标值 30%。 （6）燃料量保持 30%，直到转干完成。 （7）干态后触发投入 CCS 常规调节

表 4-7　　　　　　　　　　　　给煤机控制 APS 设计规范

序号	设 计 要 求
1	手动状态下可任意操作
2	自动在任何时候都可以投入
3	闭环状态时按照传统成熟方案设计
4	采用防止积分饱和技术
5	自动状态时给煤机停或磨煤机停运超驰为 0%
6	自动状态时给煤机启动后进入调整，当磨辊提升到位信号存在时保持最低给煤量设定值（按一定速率降至目标值）。当冷风调门、热风调门（或暖风器调门）、磨辊提升到位信号消失、对应周界风挡板、辅助风挡板在自动位时进入闭环调节，否则处于跟踪状态且发出颜色提示
7	自动状态时，给煤机给煤量指令来于燃料主控的总煤量与各给煤机之间的分配关系，给煤指令分配（按下至上的磨组分配给煤指令）1∶1∶0.9∶0.8∶0.7
8	给煤机启动后且闭环条件满足时，将自动接收燃料主控来的指令并进行分配进行自动调整，给煤机启动至正常后的状态为给煤量从最低给煤量开始逐渐增加至按比例分配的给煤量

表 4-8 燃油控制 APS 设计规范

序号	设计要求
1	手动状态下可任意操作
2	自动在任何时候都可以投入
3	闭环状态时按照传统成熟方案设计
4	采用防止积分饱和技术
5	自动状态时燃油跳闸阀开启后可进入开环、闭环调整,否则关闭。供油调节阀全程设定 1.2～1.5MPa 固定
6	任何状态时 MFT 则超驰关闭

(二) 燃料全程控制过程关键点分析

4 号机组冷态启动方式下的燃料全程控制曲线记录如图 4-14 所示。

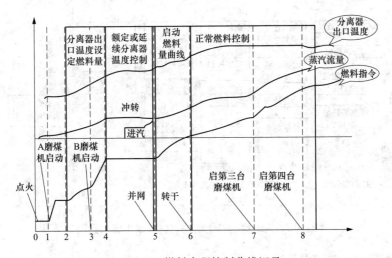

图 4-14　燃料全程控制曲线记录

根据图 4-14,燃料全程控制节点分析列于表 4-9。

表 4-9 燃料全程控制节点分析

阶段	控制过程及燃料指令生成
0	4 支微油枪投入,燃料量大约 2t/h(油量 1t/h)。APS"微油投入"子组触发并完成
1	A 给煤机启动,正常后(延时一定时间)投入给煤机自动,APS"A 磨煤机启动"子组触发并完成。APS 以一定的速率(1.9%)将煤量增加到 8%(主蒸汽压力达到 0.5MPa 之前)基础燃料量。基础燃料量曲线需要调试时整定,启动方式不同,基础燃料量曲线也不同
2	锅炉点火且 A 磨煤机稳定投运 10min 后,给煤机控制接收燃料主控的指令,以 1.9%速率增加给煤率直至主蒸汽压力达到热态冲洗(1.17MPa),冲洗完成后燃料指令由 APS 置位缓慢升至 17%
3	第二套制粉系统启动(可考虑延后至 22%BMCR 煤量设定点)。APS"升温升压"子组触发并完成。燃烧率指令按汽水分离器入口温度比例控制。保证控制使分离器入口温度上升率小于 2℃/min(冷、温、热、极热态温度升高速率各不相同),使锅炉受热均匀,直至升温过程结束
4	燃料指令接受分离器入口温度升高速率比例控制,配合旁路升压直至能满足汽轮机冲转要求

阶段	控制过程及燃料指令生成
5	机组并网，燃料主控根据启动燃料量曲线进行调节。机组启动时，负荷大于一定值，机组退出启动模式，进入正常模式。正常模式时，机组不同负荷对应的燃料不同。正常燃料量曲线由锅炉厂给出。在低负荷阶段，启动燃料量大于正常燃料量，且热态启动燃料量大于冷态启动燃料量，负荷上升到30%（或35%）额定负荷时各启动方式对应的燃料量和正常燃料量指令趋于一致。实际燃料量指令在启动燃料量和正常燃料量中取大。因此，当负荷小于30%（或35%）额定负荷时，锅炉主控对应的燃料量指令取启动燃料量，随着负荷增加，当正常燃料量大于启动燃料量后，锅炉主控对应的燃料量指令取正常燃料量
6	锅炉转干态，燃料主控根据正常燃料量曲线形成基本燃料量，然后经过煤水修正形成燃料设定
7	为第四套制粉系统启动，给煤指令来自于常规协调控制指令生成
8	为第四套制粉系统启动，给煤指令来自于常规协调控制指令生成

结合表 4-9，机组启动转干前的燃料指令生成示意图如图 4-15 所示。

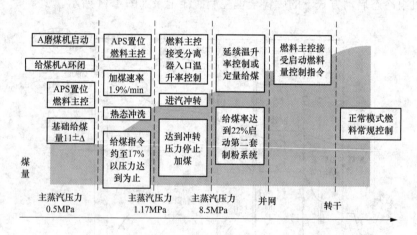

图 4-15　机组启动转干前的燃料指令生成示意图

燃料全程控制的关键点及注意事项：

（1）4 号机组采用微油点火装置，在首台给煤机启动前必须通过投运微油点火以满足给煤机启动所需点火能源。

（2）在汽轮机冲转前，给煤率维持 15% 给煤量运行，若炉内温度能满足要求，可保持单台磨煤机运行，直至冲转完成，在给煤指令达到 22% BMCR 对应煤量需求时再启动第二套制粉系统。

（3）4 号机给煤机转速控制输出指令在停运时最低限制为 10.96t/h，考虑到磨煤机在给煤量低位运行时可能产生振动过大的问题，该基础给煤量可以适当抬升至 13t/h 左右。

（4）第二套制粉启动投入燃料主控后，给煤机偏差指令来自于给煤机指令与燃料主控指令的差值，给煤机闭环后偏差按照一定速率变为零（需设置回路），使给煤机和燃料主控指令一致。

（5）对于上层给煤机而言，为了防止启动后的蒸汽温度冲击（超温），上层给煤机的给煤率和中下层相比要小一些，给煤分配比例为 1∶1∶0.9∶0.8∶0.7。

（6）启动燃料量曲线根据负荷对应的锅炉静平衡点产生，对应不同的启动方式（冷态、温态、热态）启动燃料量不同。当负荷大于锅炉厂设定负荷（参照设计资料）后，机组退出启动模式，进入正常模式，在未投入 CCS 前，机组在不同负荷对燃料需求不同，锅炉厂需根据设计和校验煤种给出正常燃烧时负荷和燃料量的对应关系。

（三）制粉系统自启停 APS 控制

制粉系统的自动启停应同时兼顾磨煤机、给煤机等重要设备的自身安全运行及煤粉在炉膛内的稳定燃烧，防止爆燃。同时需要协调暖磨、步煤及正常控制各个阶段磨煤机通风量和风温之间的关系。以自动启动制粉系统为例，其控制示意图如图 4-16 所示。

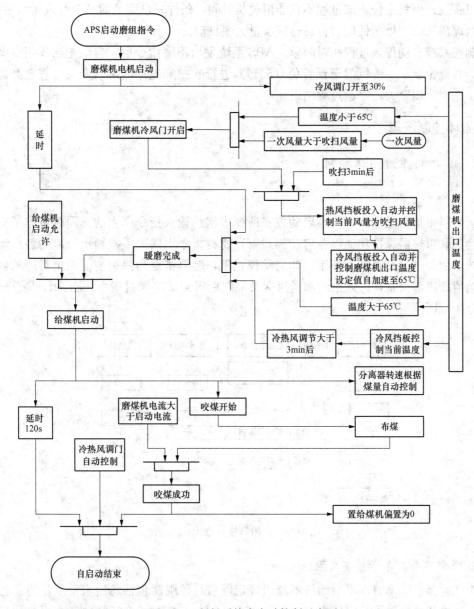

图 4-16　制粉系统自启动控制示意图

制粉系统启动吹扫时，根据运行经验数据，对应冷风挡板开度大概在 30％（待定）左右，此时所维持的冷一次风量为保证大于设计吹扫风量。吹扫完成后，冷热风挡板投入闭环后开始暖磨，热风挡板控制的设定值为当前风量；此时冷风调节挡板控制磨煤机出口温度，设定值由当前的实际温度通过一个自加速回路，以 3℃/min 的升温率向 65℃逼近。在此环节中冷热风门的动作幅度应尽量平缓保证风量调节不发生剧烈扰动，在暖磨后期，出口温度接近设定值时，应尽量缩短冷热风门的调节稳定时间，以风温风量为判断依据，满足暖磨设计要求后视为暖磨结束，后即加速步煤，利用咬煤过程以防止后期温度窜高。

暖磨结束后，程控启动给煤机，同时等待磨煤机的电流大于启动电流后视为咬煤成功，以备投入燃料主控。该过程不宜滞留过长时间，条件一旦满足即马上并入燃料主控，否则给煤机长时间处于低位运行易造成煤量大幅晃动。

制粉系统自动停运过程相对简单，APS 系统发出停磨指令后，自动把给煤指令降至最小，并撤出自动，冷风门至预置位（50％）进行吹扫降温；热风门全关；直至磨煤机停运、密封风门全关后停运过程结束。

二、闭环控制逻辑

（一）燃料系统闭环控制

1. 总燃料量指令

总燃料量指令是根据不同的启动方式所要求锅炉输入指令产生的。同时考虑了交叉限制功能和再热器保护功能。在启动模式下，燃料指令由锅炉主控输出对应的各启动方式下的函数经过速率限制后产生。非启动模式下，燃料指令为锅炉主控输出对应的函数加上焓值校正前馈量，经过给水和送风交叉限制后得到最终燃料指令。图 4-17 是总燃料量指令生成图。

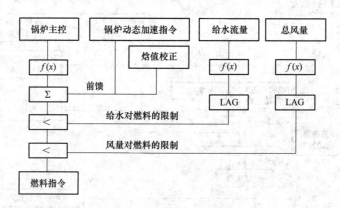

图 4-17　总燃料量指令生成图

2. 总燃料量指令设置交叉限制

功能确保系统物料不平衡始终不超出规定限值，该限制包括总给水量不足将使燃料量指令减少和总风量不足将使燃料量指令减少。同时，燃料指令还需要考虑再热器保护功能：当进入再热器的蒸汽还没建立时，有一高限限值加在燃料量指令上使得燃料量指令只能低于该限制值。

（1）锅炉输入加速指令作为前馈信号。为了改进锅炉在负荷改变期间的响应性，还应该加进锅炉输入加速指令作为前馈信号。当机组负荷变化时，锅炉侧的纯时延和大滞后是影响机组动态响应的关键因素。为此，根据机组负荷指令生成一组动态前馈信号——锅炉动态加速信号作用到燃烧系统，加速锅炉对负荷指令的响应速度。该作用在变负荷时具有强化微分环节的作用，稳态负荷下，不发生作用。锅炉动态加速信号工作原理如图 4-18 所示。

（2）动态补偿环节。燃料量指令还采用消除内扰的动态补偿环节，当给水流量或燃料量发生内扰时，微过热蒸汽温度将首先发生变化，经过较长的延迟后过热蒸汽温度才发生变化，由于燃料量调节是一个惯性较大的环节，因此为了快速修复燃水比，焓值调整器的指令一方面迅速改变给水流量，另一方面通过动态补偿环节快速改变燃料量指令以有效维持燃水比（见给水部分焓值控制器说明）。

3. 燃料量控制系统

燃料量控制系统是一个带前馈的单回路控制系统。由总燃料指令经过处理后的燃料主控指令送至各给煤机，调整转速，保证系统物料平衡。

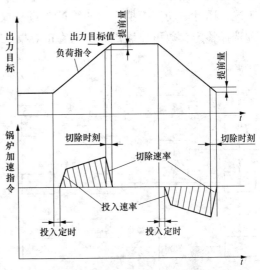

图 4-18　锅炉动态加速信号工作原理

（1）燃料量设定值。燃料量设定值来自于上述总燃料指令，不同负荷下锅炉效率不同，在较低效率下燃烧率指令应相应提高以加强燃烧。因此，总燃料量指令由负荷对应的函数修正后作为燃料量的设定值，该设定值再经过超前环节处理后送入调节器，调节器将两者的偏差经过运算处理，其输出与燃料指令的前馈信号相加，再通过手/自动站和增益调整与平衡模块送往各给煤机调整给煤机转速，最终使进入锅炉的燃料量与机组的负荷相适应。

对进调节器的燃料指令加超前环节处理的原因是因为锅炉本身惯性大，负荷响应就慢，加之又采用直吹式制粉系统，进一步延长了燃料-负荷的响应时间。为了提高负荷响应速度，所以此处采用超前处理，超前处理部分原理可参见氧量校正及风煤交叉限制回路中的动态校正回路。

（2）给煤量测量及动态修正。总燃料量的测量值是由煤和油两部分叠加得到，其中煤的测量值是五台给煤机的给煤量之和，输出的煤量测量值与煤的热值修正系数相乘，得到以煤的实际发热量表示的总给煤量，油量信号是由实际供油流量减去回油流量乘以油的热值修正系数得到。

每台给煤机煤量的测量都有两个测点，经二选一模块输出，其后再进入超前/滞后模块，该环节的目的是因为磨煤机具有一定的惯性，使进入磨煤机的煤量和磨煤机输出的煤粉量之间有一定的迟延，即输出相对于输入来说有一迟延时间，但进入磨煤机的给煤量等于磨煤机输出的煤粉量。当磨煤机跳闸时，输出的给煤量值立即为 0；当磨煤机没有跳闸，但给煤量低于某一下限值时，输出滞后一段时间为 0，这也是因为磨煤机本身有一定的滞后造成的。

煤量信号的测量回路还考虑了磨煤机正常启停和带煤启动等特殊工况的煤量信号校正功能，如图 4-19 所示。除了采用上述简单的惯性环节进行简单模拟外，另一种方案是通过逻辑回路，判断给煤机、磨煤机空磨启动、带粉启动、正常停运或紧急跳闸等不同工况，用计时功能模拟不同的管道流量与煤粉燃烧特性，实现实际煤量的修正功能。合理选择整定参数可以取得满意的修正效果。

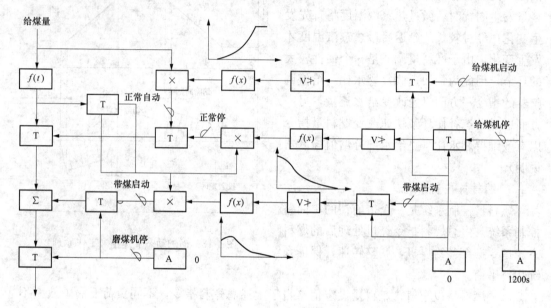

图 4-19　煤量动态修正

（3）增益调整与平衡。系统除设计有煤主控手/自动站外，每台给煤机还有自己的手/自动站，可分别对每一台给煤机进行独立操作，主站和分站之间设计有增益调整与平衡模块，该模块有两个作用：一是实现控制信号对各执行机构的跟踪，具体如何跟踪可人为设置；另一个功能是当投自动的给煤机台数不同时调整控制信号的大小。因为此处燃料调节器输出的是煤量控制指令。

对五台给煤机并行控制，当投入的给煤机台数不同时，整个控制回路的控制增益应该是不同的，所以必须按投自动的实际给煤机台数对系统的增益进行修正。

（4）燃料信号的热值校正。燃料量的热值校正又称 BTU 校正，为了克服煤种变化等影响燃料发热量的因素对系统调节特性产生影响，需将实际测得的燃料量信号校正到对应热值下的设计燃料量，用积分调节器的无差调节特性来保持燃料量信号与锅炉蒸发量之间的对应关系。直流锅炉蓄能较小无法得到类似于汽包锅炉的热量信号，因此在直流锅炉中，BTU 修正中最多的是采用给水流量对热值的修正，考虑的基本点是根据设计煤种的热值，所燃烧的煤量应该产生的热量与实际煤种产生的热量的偏差对燃料进行补偿。

（5）给煤机控制。自动方式下接受燃料主控指令送至相应的给煤机就地控制箱，可以通过各自的偏置设定器对每台给煤机的给煤量指令进行调整。设计有根据投入自动地给煤机台数自动修正总煤量调节器控制增益的功能。另外，磨煤机启动后，启动给煤机将给煤量设定到 $X\%$（给煤量的 $X\%$ 根据制造厂或在调试期间确定），以保证磨煤机磨碗和磨辊所需的初始磨煤负荷和碾磨作用。初始碾磨结束后，给煤机指令将以固定的速率逐渐增加。如果给煤量与给煤机主控指令一致，则给煤机控制从独立的给煤量指令转换到了给煤机主控指令。

4. 氧量校正及风煤交叉限制回路

在机组正常运行中，锅炉燃烧控制系统应根据协调控制系统来的主控指令调节燃料量和风量，既满足外部负荷变化的需要，又要保证燃料量和风量的最佳配合，达到经济燃烧。通常用烟气中含氧量信号对风量信号进行校正。在动态过程中还要保证加负荷时先加风、后加燃料，减负荷时先减燃料、后减风。图 4-20 是氧量校正及风煤交叉限制回路。

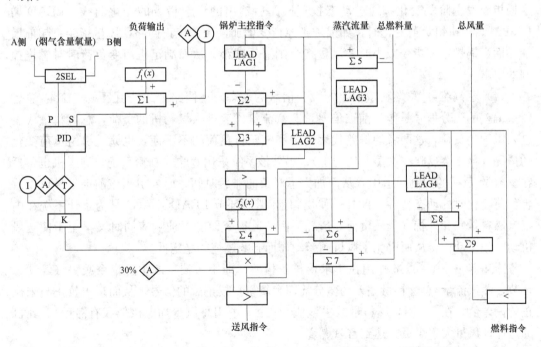

图 4-20　氧量校正及风煤交叉限制回路

（1）氧量校正回路。被调量是 A、B 侧两两二选后的烟气含氧量，该值与氧量设定值进行比较，两者的偏差经氧量校正调节器、PID 调节器运算处理后，送至手动/自动站，再经一个增益校正环节 K 输出氧量校正信号去加法器对送风指令进行氧量校正，使校正后的风量更适合负荷和煤质的变化，保证合适的风煤比。最佳含氧量即氧量的设定值与锅炉负荷有关，随锅炉负荷的增加而减少，这是因为锅炉负荷越大，炉膛内的燃烧条件就越好，所需的氧量也就少些，所以氧量设定值是锅炉负荷的函数，其函数关系用函数模块 $f_1(x)$ 来模拟。$f_1(x)$ 出来的氧量设定信号，在加法器 $\Sigma 1$ 加入运行人员偏置信号，该偏置信号与 $f_1(x)$ 共同决定最佳含氧量的设定值。如果在运行和调试中氧量的修正范围过小，则可以利用 K 模块进行修改和扩大，以满足控制上的需要。

（2）燃料量/风量指令交叉限制回路。来自主控系统的锅炉主控指令经一动态校正环节（由模块 LEADGLAG1、LEADGLAG2、$\Sigma 2$、$\Sigma 3$、$>$ 构成）校正，风/煤曲线函数模块 $f_2(x)$、蒸汽流量/总燃料量偏差的微分信号的动态校正（加法模块 $\Sigma 4$）、氧量校正环节（$\times$）送往大值选择器（$>$）。大值选择器接收三个信号：一个是经氧量校正的风量指令（$\times$ 的输出）；一个是经校正的总燃料量（$\Sigma 7$ 的输出）；30% 总风量限值（最小风量设定值）。设置 30% 总风量限值的目的是防止锅炉灭火。图 4-20 右下角的小选 $<$ 接收两个信号：一个是经校正的总风量测量信号（$\Sigma 9$ 的输出），另一个是锅炉主控指令。该图中大选（$>$）和小选（$<$）共同构成燃料量/风量交叉限制功能，以达到加负荷时，先加风后加燃料；减负荷时，先减燃料后减风。

（3）主控指令的动态校正回路。为了改善动态过程中的响应速度，图 4-20 中还设计有动态校正环节，由模块 LEADGLAG1、LEADGLAG2、$\Sigma 2$、$\Sigma 3$、$>$ 构成。假设锅炉主控指令发生阶跃变化，通过动态校正回路后输出的调节指令的变化曲线：LEAD 增 LAG 减。当机组负荷变化时，如锅炉主控指令增加，经该校正回路，风量指令将超前增加，而当锅炉主控指令减小时，风量指令则滞后减小，从而满足机组变负荷时对燃烧控制的要求。

（4）蒸汽流量/总燃料量偏差的微分信号的动态校正回路。此处引入蒸汽流量/总燃料量偏差的微分信号是作为前馈信号，蒸汽流量代表进入汽轮机的负荷，总燃料量代表进入锅炉的负荷，这两者的偏差代表锅炉和汽轮机负荷的不平衡，也就是机组负荷变化的情况（最终会反映在主蒸汽压力上）；另外该系统采用直吹式制粉系统，磨煤机也包括在燃料量-负荷的控制通道中，从而加大了对象的滞后时间，此处引入该前馈信号可以改善负荷变化时的动态特性。此外，使用超前/滞后环节 LEADGLAG3 是为了让系统在内扰（燃料量）和外扰（蒸汽负荷）情况下使送风指令即能提前响应同时又不至于使送风机动叶频繁动作，从而避免了风机频繁动作而影响燃烧的稳定性。

图 4-20 中 $\Sigma 6$ 和 $\Sigma 8$ 作用在于求得校正偏差，即用未校正的主控指令减去（经动态环节，蒸汽流量/总燃料量偏差的微分前馈和氧量）校正后的信号，从而得出校正与未校正的偏差值，在 $\Sigma 7$ 用总燃料量减去该值，在 $\Sigma 9$ 中用总风量加上该值（有滞后）。其目的是保证风量大于煤量，达到富氧燃烧。

5. 磨煤机风温风量控制系统

对于直吹式制粉系统，磨煤机磨出的煤粉由一次风送入炉膛。对于送粉的一次风必须对其温度和压力进行控制。对风温进行控制是为了保证磨煤机磨出的煤粉具有一定的干燥度，温度太低起不到干燥作用，太高则易发生自燃。对风量进行控制是为了让一次风量与煤粉量相适应，保证送粉通畅，风量太大会影响煤粉的细度，会将没有磨好的大颗粒煤粉吹入炉膛，风量太小可能造成管道积粉，磨煤机堵塞。磨煤机控制系统包括磨煤机风量控制系统和磨煤机出口温度控制系统。

每台磨煤机配置了冷风调节门和热风调节门，磨煤机冷、热风门控制图如图4-21所示。磨煤机风量和出口温度控制系统是一个2×2多变量系统，其两个输入量分别为冷、热风挡板开度，两个输出时量分别为一次风量和磨煤机出口温度，风量特性和出口温度特性两者相差较大，在负荷变动时风量变化较大，故该系统的磨煤机一次风流量和出口温度的控制较困难。为了改善调节品质，可以采用解耦控制，在温度调节器的输出去控制热风门的同时，通过一个负的比例环节去控制冷风门，使温度调节器的动作基本上不影响一次风量；同样在风量调节器的输出控制冷风门的同时，通过一个正比例环节去控制热风门，使风量调节器动作基本上不影响温度。

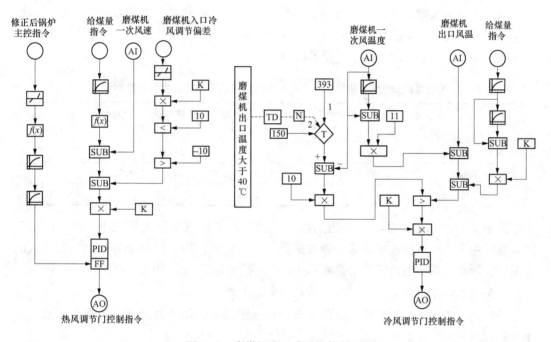

图4-21　磨煤机冷、热风门控制图

在这种控制方式中，与给煤量一次风量的比值控制很重要。另外，由于制粉、送粉系统的时间延迟和滞后较大，为加快制粉、送粉系统的动态响应，需利用中速磨煤机排粉量对一次风量响应较快的特点，通过改变一次风量将磨煤机中的存粉吹出，适应快速改变负荷的要求。为了利用排粉量对一次风量响应速度的特性，设计了动态前馈回路。磨煤机负荷总指令经过微分环节处理，形成前馈信号，送入一次风量调节器。当负荷变化时，动态前馈信号发挥作用；稳态时，此信号消失为零。

磨煤机热风挡板控制逻辑回路有以下功能：

（1）给煤机给煤指令的经函数发生器 $f(x)$ 后与运行内部设定值相加得出热风设定。

（2）磨煤机冷风挡板开度经过死区环节后乘以调节系数，再经过双向限幅输出得出热风挡板控制的修正信号，该修正信号可以在调温的同时保证出口流量的稳定。

（3）锅炉主控经死区环节后再经函数发生器 $f(x)$，再经过二阶惯性环节输出前馈信号。

磨煤机冷风挡板控制逻辑回路有以下功能：

（1）磨煤机一次风温度与 4 阶惯性环节后差值作为前馈信号，提前调节冷风开度。

（2）给煤机给煤指令经一阶惯性环节后与其经 4 阶惯性环节后的差值，得出给煤指令修正信号，就是加煤时减冷风，减煤时加冷风。

（3）磨煤机一次风温度减去磨煤机出口温度修正值 350℃或 150℃（磨煤机 A 出口温度小于 40℃延时 60s 合上），与控制基本偏差大选，相当于偏差的一个下限（具体定值调试待定）。

6. 高压加热器出系对燃料及给水控制回路的影响

高压加热器出系工况是指高压加热器撤出运行的工况，在该工况下由于省煤器入口给水温度的快速大幅下降，导致机组的吸热分配比例、吸热量、锅炉效率等一系列参数发生了改变，使得原来的燃水比例发生了变化，表 4-10 为某超临界 600MW 机组正常工况和高压加热器出系工况下锅炉主要参数对比。

表 4-10 某超临界 600MW 机组正常工况和高压加热器出系工况主要参数对比

工　况	省煤器入口给水流量 （t/h）	再热器出口蒸汽流量 （t/h）	燃料量 （t/h）	总风量 （t/h）	总减温水量 （t/h）
机组热耗保证工况	1707.29	1401.95	228.2	1767.7	119.5
高压加热器撤出	1486.82	1443.25	235.3	1955.2	104.1
变化率（%）	−12.91	2.95	3.11	10.61	−12.89

从表 4-10 中可以看出，当高压加热器撤出后由于抽汽量的大幅减小，给水流量下降，同时由于机组整体效率下降，导致最终总煤量增加。因此相对于高压加热器投入的工况而言，在同样的负荷下给水是减小的，燃料是增加的。

在高压加热器出系工况下，对给水侧的影响主要如下：

（1）由于抽汽的瞬间减小，负荷上升很快，因此高压加热器出系的初期应该及时减小水量和煤量。

（2）由于省煤器入口给水温度的下降，稳态工况下水冷壁需要更多的热量将给水加热至微过热。给水侧高压加热器出系回路修正仅针对工况初期的超负荷现象，其修正示意图如图 4-22 所示。高压加热器出系修正回路就是在高压加热器出系工况下对给水指令的一个动态附加修正量。在该回路的作用下，高压加热器出系的初期，给水指令减少了 25t/h，过 120s 后，该附加量指令以 0.5t/h 的速率复归到零。

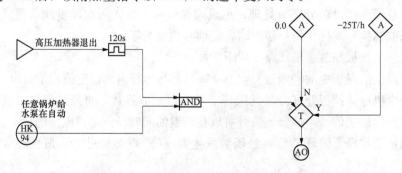

图 4-22　高压加热器出系给水侧修正量示意图

（二）一次风控制

1. 一次风压力控制系统

一次风压力控制系统为单回路调节系统，控制系统的测量值为一次风母管与炉膛的差压，设定值为锅炉负荷或总煤量的函数，一次风机动叶调节指令也作为改变风量的前馈信号，磨煤机总的一次风流量或磨煤机运行数量则被引入一次风压力控制系统作为前馈信号，可有效避免磨煤机跳闸时因一次风母管风压突升而造成的一次风机喘振。

（1）一次风动叶控制。图4-23是一次风机动叶调节逻辑示意图。五台磨煤机中最大出力指令输出经函数发生器 $f(x)$ 加上运行内部设定器输出，然后与一路经一阶惯性环节输出大选（相当于风煤交叉）和热一次风母管压力输出偏差信号作为基本控制信号。该偏差信号乘以一次风机投自动台数的增益修正信号（一台为 1.0，两台为 0.7 待定），修正后的偏差信号分别送往 A 和 B 一次风机动叶控制回路。

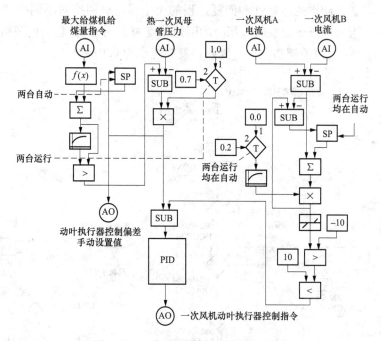

图 4-23 一次风机动叶调节逻辑示意图

图4-23右侧为两台风机电流平衡回路：两台风机的电流偏差加上运行人员的偏置信号，乘以系数（两台一次风机均投自动，否则为0），再经死区和双向限幅限制后，得到出力平衡信号，该信号向相反的方向调整风机开度，使出力一致。

（2）一次风压力设定值生成回路。一次风机的作用是为制粉系统提供合适压力的一次风，一次风机压力设定值生成回路的目标是提供不同工况下热一次风母管压力的要求范围。

一次风压设定值生成回路主要由以下部分组成：

（1）一次风压设定值的基本组成为磨煤机运行台数的函数。

（2）考虑到在不同煤量下同样台数磨煤机运行时对风压要求的差异，在风压设定值生成回路中增加了总煤量的修正。

（3）出于对风机喘振保护的要求，对磨煤机运行台数减少时，一次风压设定值无速率限制下降，对磨煤机运行台数增加时，一次风压设定值缓慢上升，上升的速率限制为0.02kPa/s。

（4）保留了运行人员对压力设定值的偏置干预接口，干预范围为$-2\sim3$kPa，偏置作用的速率为0.01kPa/s。

2. 一次风控制中的保护回路

当磨煤机跳闸工况发生时，由于风道关闭，导致一次风流量将快速下降。如不采取相关措施降低一次风机压头，将可能导致出现风机喘振的现象，严重时将影响设备的安全运行。

某超临界机组的一次风机跳磨超驰保护回路逻辑图如图4-24所示。该回路的作用是当发生磨煤机跳闸工况时，该回路将产生一个一次风机动叶的负向前馈指令，主动降低一次风机压头，防止发生风机喘振的现象。该前馈指令的大小根据磨煤机跳闸的台数进行台数判断；考虑到动作的迅速性和回复过程的无干扰，该回路对不同的动作方向设置了不同的速率。当前馈指令触发时，指令的限速幅度为2.5%/s；负向前馈指令的持续时间为25s；经过25s后该前馈指令向0复归，复归速率为0.01%/s。

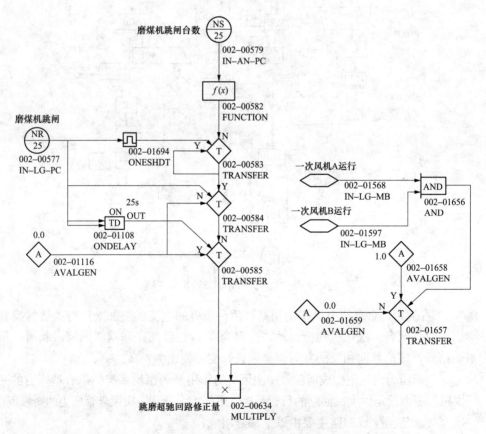

图4-24　一次风控制系统跳磨超驰保护回路逻辑图

一次风喘振区域闭锁保护回路对于轴流风机而言，在理论失速线的左侧为风机的禁止运行区域，该区域为风机的喘振区域。当风机流量减少时，继续提高风机出力，当到达极限后，风机将进入禁止运行区域。

风机喘振区域闭锁保护回路的作用就是当到达极限位置时，闭锁风机的出力增加指令，防止风机进入禁止运行区域。图 4-25 中所示逻辑完成了上述功能。该逻辑通过风机全压和出口流量之间关系的判断，给出风机的闭锁条件。

当两台一次风机并列运行其中一台风机发生喘振时，将出现两台风机电流差大于正常范围的现象，两台风机中电流低的那台风机发生了喘振，出力受限于一次风机母管压力也将明显下降。若此时运行人员未能及时发现该现象，在一次风机自动控制回路中 PID 将增加两台风机动叶开度，提高风机出口压力，进一步加剧风机喘振。因此在本机组中增加了电流差判断回路，当两台并列运行的一次风机电流差超过正常允许范围时，判断为电流低的风机可能出现了喘振，此时将自动闭锁增加风机出力，撤出一次风自动控制回路，并在大屏报警上提醒运行人员，避免事故的扩大化。该部分逻辑如图 4-26 所示。

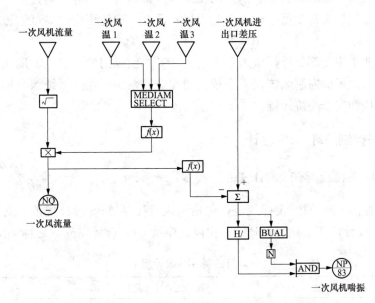

图 4-25 一次风机喘振区域闭锁保护逻辑图

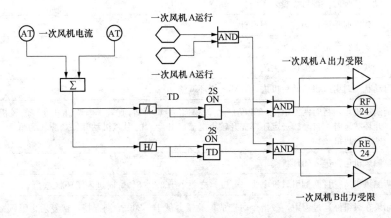

图 4-26 一次风机电流差异闭锁保护逻辑图

第四节　风烟系统全程控制

除了上述燃料控制外，燃烧控制系统还包括了配比燃料的送风量控制以及维持炉膛压力稳定的任务：

（1）送风量控制。为了实现经济燃烧，必须相应地调节送风量，使送风量与燃料量相适应。燃烧过程的经济与否可以从过量空气系数是否合适来衡量，过量空气系数通常可用烟气中的含氧量来间接表示。也可通过使风量与燃料量成一定比例的方法实现经济燃烧。

（2）维持炉膛压力稳定。为了保持炉膛压力在要求的范围内，引风量必须与送风量相匹配。炉膛压力的高低也关系着锅炉的安全与经济运行。炉膛压力过低，将会增大引风机的负荷和排烟损失，太低甚至会引起内爆；反之，炉膛压力过高可能影响设备和人身安全。

除了以上两个主要部分外，风烟系统还包括了二次风门的控制（辅助风、燃料风和燃尽风）等。所以风烟控制系统是一个较大的综合性系统，通过系统综合控制保证锅炉能正确稳定燃烧和安全经济运行。

一、风烟全程控制闭环 APS 设计

（一）风烟全程控制闭环 APS 设计规范

风烟全程控制闭环 APS 设计规范，包括引风机控制 APS 设计规范，见表 4-11；送风机控制 APS 设计规范，见表 4-12；一次风机控制 APS 设计规范，见表 4-13。

表 4-11　　　　　　　　　　　　引风机控制 APS 设计规范

序号	设 计 要 求
1	手动状态下可任意操作
2	自动在任何时候都可以投入
3	闭环状态时按照传统成熟方案设计
4	采用防止积分饱和技术
5	自动状态时引风机停运则关闭
6	自动状态时引风机启动后可进入开环、闭环调整
7	两侧风机均运行时两侧电流（开度）之差大于 5A（5%），则较小电流（开度）的风机进入开环状态，开环状态时，自动按一定速率提升较小电流（开度）的引风机动叶。炉膛压力低于 −200Pa 则保持，恢复后再继续
8	单侧风机运行进入闭环状态
9	两侧风机运行且两侧引风机电流（开度）之差小于 5A（5%）时进入闭环状态
10	如果在风机停运过程中，减指令时造成炉膛压力低于 −200Pa 则保持，恢复后再继续减指令（APS 操作）

表 4-12　　　　　　　　　　　　　　　送风机控制 APS 设计规范

序号	设 计 要 求
1	手动状态下可任意操作
2	自动在任何时候都可以投入
3	闭环状态时按照传统成熟方案设计
4	采用防止积分饱和技术
5	自动状态时送风机停运则关闭
6	自动状态时送风机启动后可进入开环、闭环调整
7	两侧送风机均运行时两侧电流（开度）之差大于 5A（5％），则较小电流（开度）的风机进入开环状态，开环状态时，自动按一定速率提升较小电流（开度）的送风机动叶。两侧送风机运行且两侧送风机电流（开度）之差小于 5A（5％）时进入闭环状态
8	单侧风机启动后进入闭环状态，且自动调整风量至 35％
9	启动第二台风机时，风量设定跟踪第一台风机，且自动增加开度，直到两者平衡
10	如果在风机停运过程中，设定本台风机开度目标值为 0％，并设定减速率。减指令时造成风量低于设定值 2％则保持，恢复后再继续减指令（APS 操作）

表 4-13　　　　　　　　　　　　　　　一次风机控制 APS 设计规范

序号	设 计 要 求
1	手动状态下可任意操作
2	自动在任何时候都可以投入
3	闭环状态时按照传统成熟方案设计
4	采用防止积分饱和技术
5	自动状态时一次风机停运则关闭
6	自动状态时一次风机启动后可进入开环、闭环调整
7	两侧风机均运行时两侧电流（开度）之差大于 5A（5％），则电流（开度）较小风机进入开环状态（或自动提升偏置），开环状态时，自动按一定速率提升较小电流（开度）的风机动叶。两侧风机运行且两侧风机电流（开度）之差小于 5A（5％）时进入闭环状态
8	单侧风机启动后如果在自动位，则进入闭环状态，且自动调整风压最低 6kPa，然后根据磨煤机风门的开度自动设定一次风压，当有热风、冷风调门开度大于 75％时，设定值自动增加 0.5kPa，当风门开度小于 65％时，自动减小 0.5kPa。如果不在自动位，则跟踪当前值
9	启动第二台风机时，风压设定跟踪第一台风机，且自动增加开度，直到两者平衡
10	如果在风机停运过程中，减指令时造成一次风压低于设定值 1kPa 则保持，恢复后再继续减指令（APS 操作）

（二）风烟全程控制过程分析

　　风烟控制为燃烧控制系统的子回路，其作用是根据锅炉的燃料量来调节风量，保证合适的风、煤配比，同时维持稳定的炉膛压力，它既要保证锅炉燃烧的稳定性又要保证燃烧的经济性。

　　风烟系统全程控制关键是在机组启停过程中生成合理的风量设定值，包括最小风量设定、燃料交叉限幅后的风量设定和氧量校正后的风量设定三部分，最终输出的风量指令是这三部分的最大值。

（1）最小风量设定。保证锅炉的安全运行，它是能避免炉膛灭火而设置的最小风量。单侧风机启动后即投入闭环，最小设定值来自于 APS 给定 30%。

（2）燃料交叉限幅后的风量设定。为了保证在加减负荷过程时，风量都有余量，使得煤粉能够完全燃烧，即增负荷先增风后增煤，减负荷先减煤再减风。

（3）氧量校正后的风量设定。机组进入正常模式后，燃料设定经过负荷函数换算形成基本风量指令，然后经过氧量校正形成风量指令，使锅炉达到最佳燃烧的风量。氧量校正回路只有在负荷大于一定值后，且风量设定值大于最小风量一定值并且任一送风动叶投入自动后，才进行自动调节。

APS 风烟全程控制对风量设定值的干预主要体现在机组低负荷阶段，即机组启停模式时，锅炉主控的输出经过函数换算形成基本风量指令，氧量调节的条件满足后，该指令经过氧量校正形成最终风量指令，使锅炉达到最佳燃烧的风量。这个阶段的燃烧不稳定，所以风量的变化速率需要进行限制，防止变化过快引发 MFT。

送风全程控制过程中，单侧送风机刚启动风机挡板置较小位，保证风机正常工作且炉膛不致过分冷却；当锅炉吹扫时，送风调节进入自动调节，维持最低风量 30%额定风量；随着机组带一定负荷对风量的需求由最小风量逐渐增大，启动阶段风量的设定也随着燃料的增大逐渐增大。4 号机组总风量设定示意图如图 4-27 所示。

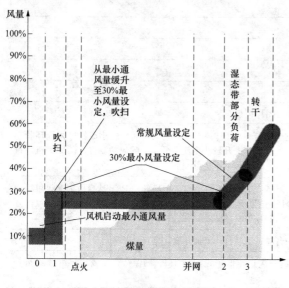

图 4-27　总风量设定示意图

图中说明：

点 0：风机启动，保持最小通风量。

点 1：锅炉建立吹扫风量，风量从最小通风量以一定的速率上升到最小通风量。此抬升风量过程完成锅炉吹扫。

点 2：湿态带部分负荷后风量设定值大于最小风量。锅炉主控经过函数换算形成基本风量指令，然后经过氧量校正形成风量指令。

点 3：负荷大于 30%额定负荷。燃料设定经过函数换算形成基本风量指令，然后经过氧量校正形成风量指令。

风烟全程控制过程对引风控制系统的干预相对简单，引风控制系统是一个定值控制系统，炉膛负压的默认设定值由锅炉燃烧方式自动设定，在机组启动初期，为了使油燃烧器稳定，需要增加燃烧器风的穿透力，炉膛压力设定值要低于正常控制值（−200Pa），制粉系统启动投煤后，该定值经过速率限制缓慢抬升到-100Pa，进入常规控制。

一次风系统母管压力设定值来自于煤量函数对应关系，也可以利用已投入的制粉系统套数简单对应，单侧风机启动后如果在自动位，则进入闭环状态，且自动调整风压最低 6kPa，然后根据磨煤机风门的开度可自动设定一次风压，当有热风、冷风调门开度大于75％时，设定值自动增加0.5kPa，当风门开度小于65％时，自动减小0.5kPa。如果不在自动位，则跟踪当前值。

另外，对于第二台风机并退运行的问题，处理方案为两台风机均运行时两侧电流（开度）之差大于5A（5％），则电流（开度）较小风机进入开环状态（或自动提升偏置），开环状态时，自动按一定速率提升较小电流（开度）的风机动叶。两台风机运行且两台风机电流（开度）之差小于5A（5％）时进入闭环状态。

二、风烟系统闭环控制逻辑

（一）送引风控制

1. 送风控制

锅炉的主控指令通过风/煤交叉限制回路的处理输出燃料指令和送风指令。其中燃料指令送往燃料系统，控制燃料量，送风指令送往送风系统，控制进入炉膛的总风量。即当负荷变化时，在调燃料的同时也调送风量，以保证合适的风煤比。前面所述的磨煤机的风温和风量控制系统以及一次风压控制系统主要是保证用于送粉的一次风。用于送粉的一次风最终也是属于助燃的风量，但帮助燃料在炉膛内完全燃烧的主要是二次风，即由两台送风机供给的风量。送风控制系统的任务是接受风/煤交叉限制回路送来的送风指令去调两台送风机动叶，即控制二次风量的大小，以使进入炉膛的总风量等于要求值。该系统中风量的测量值不仅包括二次风，还应包括一次风，即一次风和二次风的总和。图4-28是送风控制逻辑示意图。

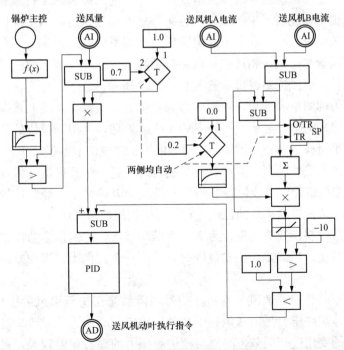

图4-28　送风控制逻辑示意图

（1）风量信号的测量。总风量信号是一次风与二次风的总和。一次风量在磨煤机入口处测量，五台磨煤机的一次风量求和得出总的一次风量；二次风在二次风箱处进行测量，分 A、B 两侧，再经二次风温度校正，得出二次风量信号；总的一次风量与 A、B 两台送风机的二次风量相加得出总风量信号。

（2）送风机前馈（可考虑）。送风指令在送往调节器作为风量的设定值的同时又经过函数 $f(x)$ 修正作为送风的前馈信号，其目的是加快送风控制，保证送风量及时适应燃烧需要。

（3）轴流式风机防喘振回路。为防止送风机发生喘振，保证风机的安全运行，系统在 A(B) 送风机控制通道上设计了防喘振回路。喘振现象只存在于轴流式风机中，离心式风机不牵扯此问题。根据二次风量指令和送风机的特性曲线计算出风机动叶对应不同流量下的最大动叶开度，以此作为风机动叶开度的上限值来限制上限开度。

2. 引风控制

APS 执行过程中的引风机控制需要考虑到风烟系统启动时的预制开度控制以及自动初始投入时的平稳切换控制。另外还有一些联锁保护的联关和联开：当两台风机一台运行，另一台停止时，停止的那一台动叶强关；关闭动叶时，关闭过程是慢关，防止对负压扰动；两台引风机停运后，通过 FSSS 强制通风信号，强开引风机动叶。

自动刚投入时的动作过程：引风机启动电流稳定后，引风动叶即可进入自动模式，炉膛负压自动设定为-50Pa＋负压偏置。进入自动方式后，当炉膛负压波动大时，考虑到启动时炉内风场的不稳定性，适当放缓降低力度。由于两台风机动叶特性的差异，在偏置变 0% 的过程中，必须自动监视负压的变化，实现稳定可靠的风机并入控制。

锅炉运行时，如果机组要求的负荷指令改变，则进入炉膛的燃料量和送风量将跟着改变，燃料在炉膛中燃烧后产生的烟气量也将随之改变。这时，为了维持炉膛内的正常压力，必须对引风量进行相应地调节。炉膛压力控制系统是通过调节两台引风机进口动叶的位置，使引风量和送风量相适应，以保持炉膛压力在允许范围之内，从而保证锅炉的经济与安全运行。引风控制逻辑示意图如图 4-29 所示。

（1）炉膛压力的测量和处理。炉膛压力的测量有 3 个测点，经三选中模块输出压力测量值。三选一出来的信号经平滑模块 SMOOTH 处理，采用该模块处理的原因时是对压力信号变化起平滑作用，防止炉膛压力信号的干扰造成调节器误动作。

（2）炉膛压力非线性控制。被控量和给定值之差经一带死区的非线性环节，再进行 PID 运算处理。采用带死区非线性环节的目的是减少因炉膛压力经常性的小波动而使执行机构频繁动作，从而提高系统的稳定性和执行机构的使用寿命。

（3）变比例带控制。调节器设计为变比例带调节器，比例带会随设定值与测量值的偏差大小做相应变化，当偏差在正常范围时，采用一个比例带，当偏差越限时，采用另一个比例带值。

（4）送风指令的前馈。送风平均指令信号经函数修正送至引风主控作为前馈信号，加此前馈的原因是炉膛压力是由送风和引风共同决定的。当送风量改变时，如果引风量单纯以炉膛压力的变化进行调节，必然会使炉膛压力的动态偏差较大，采用送风指令作为前馈信号，使引风量能及时因送风量的改变而改变，这样可以减小炉膛压力的动态偏差，提高控制效果。

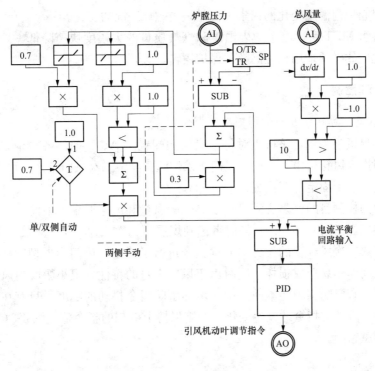

图 4-29　引风控制逻辑示意图

（5）炉膛压力防内爆保护。图 4-30 是炉膛压力防内爆保护逻辑图，该保护的目的是在 MFT 初期迅速减小引风机动叶指令，减小量与灭火瞬间的机组负荷有关。经过一段时间延迟（时间可调），动叶恢复正常调节，整个过程中无需运行人员干预，系统也无过度扰动。

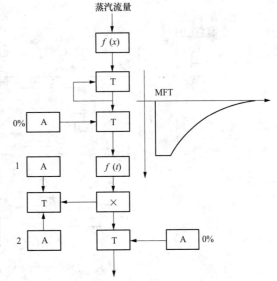

图 4-30　炉膛压力防内爆保护逻辑图

3. 关于炉膛压力影响因素的分析

炉膛压力是锅炉燃烧状态的反映，综合体现了烟气量、燃料量、送引风机状态、燃烧强度、炉内温度等参数。假定高温低压的烟气为理想气体，对炉膛负压的特性进行定性分析可知。

由理想气体性质可得：

$$p = mRT/V \qquad (4-7)$$

对式（4-7）求导得：

$$\frac{\mathrm{d}P}{\mathrm{d}t} = T \cdot \frac{R}{V} \cdot \frac{\mathrm{d}m}{\mathrm{d}t} + m \cdot \frac{R}{V} \cdot \frac{\mathrm{d}T}{\mathrm{d}t} \qquad (4-8)$$

对于锅炉而言其容积 V 是固定的，因此由式（4-8）可以看出炉膛压力仅和炉内烟气质量变化、炉内温度变化相关。引起炉内烟气质量变化的因素主要包括送风量、引风量和燃料量；引起炉内温度变化的因素主要是炉内燃烧工况的变化。

因此当机组 MFT 后，由于炉内温度和烟气质量的大幅度快速降低，炉膛压力将发生剧烈的变化，故必须采用相应的超驰保护逻辑。

（二）风门控制

1. 二次小风门防频繁波动控制回路

以某超临界机组为例，该机组对每个煤层均配置了 A、B 两侧各一个二次风门，二次风经过风门进入风箱后由 4 个三次风门送入炉膛。其中二次风门是连续可调节式风门，三次风门只具有几个固定开度位置。

二次风门的控制目的就是要满足煤层燃烧的风量和风速要求，因此二次风门的控制为针对对应煤层煤量的开环控制。同时考虑到煤层对二次风速的要求，在煤量-开度曲线的基础上根据热二次风母管的压力对开度指令进行了修正，风门为大型的执行机构，频繁小幅度来回动作容易造成损坏。同时由于风门本身的特性，很小幅度内风门开度的变化对风量几乎没有影响。因此本回路中还增加了防指令抖动的功能，只有在指令变化超过一定幅度时，就地的指令才发生变化，否则保持上一刻的指令值。图 4-31 中所示为二次小风门控制逻辑图。

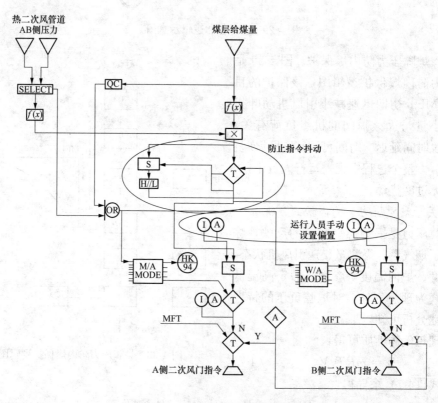

图 4-31　二次小风门控制逻辑图

2. OFA 风门控制回路

燃尽风（OFA 风）属于锅炉上层辅助风，其风量和动量的大小对燃烧有一定的影响。具体说来就是 OFA 风能压住火焰，不使其过分上飘。OFA 是控制火焰位置和煤粉燃尽的主要风源。本机组对 OFA 风采用了风量控制方式，其风量设定值根据不同负荷由锅炉燃烧调整数据给定。OFA 风门控制逻辑图如图 4-32 所示。

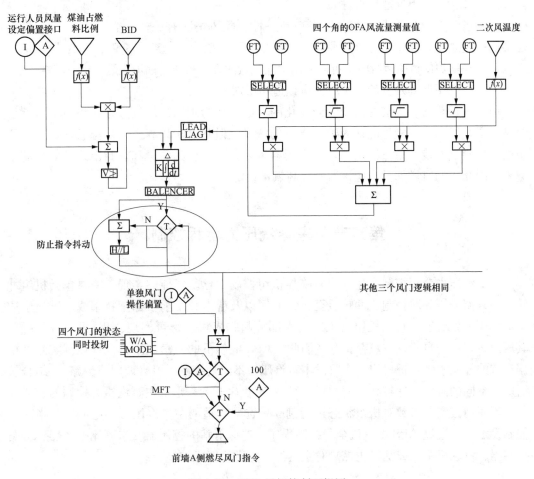

图 4-32　OFA 风门控制逻辑图

从图中可以看出，四个 OFA 风门的自动控制状态同时投切以保持四个门的状态保持一致，需要设置各个风门之间的偏差时通过调整单独风门操作偏置予以完成。OFA 风控制的风量设定值来自 BID 对应的函数，该函数通过燃烧调整获得，运行人员可以通过改变 OFA 风量设定偏置予以调整。OFA 风量反馈为四角 OFA 风量测量值之和，该值经过了二次风温度的修正。OFA 风量控制 PID 出口增加了指令防抖动回路，防止指令在微小范围内反复波动而影响风门的寿命。当 MFT 工况发生时，OFA 风门将全开。

需要注意的是，OFA 风量分配和锅炉的低氮燃烧有关系，可以作为锅炉低氮燃烧控制的一个有效调节手段。

3. 二次风控制中关于燃料量、风量和氧量之间的关系

在负荷变动过程中必须同时调整燃料量和空气量，满足燃烧工况的变动要求。氧量是空气量和燃料量是否匹配的表征参数。一般说来，当氧量在一定范围内变化时，随着

氧量的增加，由于供氧充分，炉内气流的混合扰动效果好，燃烧损失逐渐减小；但同时排烟温度和排烟量也随之增加，增大了排烟损失。使两项损失之和最小的氧量为最合适的氧量。

关于氧量有如下问题需要注意：

（1）氧量的合适值与机组负荷、燃料特性、配风情况有关。一般说来，负荷越高，需要的氧量越小；煤质越好，需要的氧量越小；配风越均匀，需要的氧量越小。

（2）在锅炉低负荷运行时，可以采用增加氧量的方法来防止锅炉火焰闪动、燃烧不稳。

（3）当燃用低挥发分的煤种时，应该适当增加氧量。

（4）氧量是随着烟气的流动方向变化的，通常认为炉内的燃烧过程在炉膛出口就已经结束了，所以控制氧量应该为炉膛出口的氧量。但是由于炉膛出口烟温较高，某些机组的氧量测点安装在省煤器出口，考虑到漏风因素，这里的氧量和炉膛出口的氧量有个偏差。因此当漏风增加时，应该适当提高氧量设定。

第五节　主蒸汽压力全程控制

主蒸汽压力全程控制在超（超）临界机组控制中已基本能够实现，主要包括机组冲转前的升温升压旁路控制、冲转后至机组并网以及湿态转干前根据燃料率或水燃比生成主蒸汽压力设定值，直至机组转干态后大部分超临界机组都可实现全程滑压自动控制，其压力设定值来自于锅炉负荷指令。因此，APS框架下的主蒸汽压力全程控制实际上根据现有的控制基础，把机组各个阶段主蒸汽压力不同的控制手段（调门或旁路），结合机组所处不同的阶段（冲转、并网、转干等），有机串联起来形成主蒸汽压力控制的核心环节，程序通过实时参数对机组状态进行判断，选取合适的主蒸汽压力设定值作为当前的控制设定，并通过APS主蒸汽全程控制程序，选择下辖的控制器（水燃比控制器、旁路控制器、汽轮机主控或锅炉主控）对主蒸汽压力进行匹配控制。

一、超临界机组主蒸汽压力动态特性

超临界机组蒸汽压力特性，表明系统的质量平衡、系统的流量平衡和工质流动的压降是影响超临界机组主蒸汽压力的三个主要因素。

当燃料量增加时：

（1）若燃水比保持不变，则主蒸汽流量增加从而使蒸汽压力上升。

（2）若燃水比增加，则过热蒸汽温度增加，减温水流量也需增加，相应地增加主蒸汽流量，从而蒸汽压力上升。

当给水流量增加时：

（1）若燃水比保持不变，则主蒸汽流量增加从而使蒸汽压力上升。

（2）若燃水比减小，从而过热蒸汽温度降低，减少减温水流量，蒸汽压力基本不变。

图 4-33 中所示为在不同扰动情况下，蒸汽压力的动态特性。从图中可以看出：

（1）当汽轮机调门发生阶跃扰动时，主蒸汽压力迅速下降，随着主蒸汽流量和给水流量逐步接近，主蒸汽压力的下降速度逐渐减慢直至稳定在新的较低压力。

（2）当燃料量发生阶跃扰动时，由于主蒸汽流量的增大，主蒸汽压力在短暂延迟后逐渐上升，当过热蒸汽温度升高后，蒸汽容积流量增大，而此时汽轮机调速阀开度不变，主蒸汽压力最后稳定在较高的水平。

（3）当给水流量发生阶跃扰动时，主蒸汽压力开始随着主蒸汽流量的增加而增加，然后由于过热蒸汽温度的下降而有所回落。

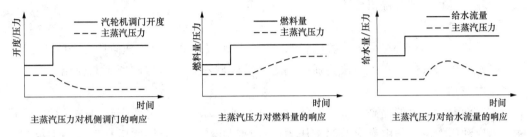

图 4-33　在不同扰动情况下，蒸汽压力的动态特性

二、主蒸汽压力全程控制

（一）主蒸汽压力全程设定

APS 方式下，机组启动前由旁路系统控制主蒸汽压力，在机组并网升负荷过程中，旁路退出的情况下，主蒸汽压力和负荷全程控制通过协调控制系统实现。全程主蒸汽压力设定值回路见表 4-14。

表 4-14　　　　　　　　全程主蒸汽压力设定值回路

序号	阶　段		设定值	主控回路
1	冲转前		汽轮机升温升压曲线	旁路控制
2	并网前		设置值跟随燃料率函数设定	旁路控制
3	湿态低负荷	旁路全收前	设置值跟随燃料率函数设定	旁路设定值在主蒸汽实际值之上叠加正向偏置，逐步全关。压力由汽轮机主控控制
		旁路全收后	CCS 设定	锅炉主控为主、汽轮机主控为辅综合调节
4	转干后		CCS 设定	锅炉主控为主、汽轮机主控为辅综合调节

（1）机组正常运行时的压力设定值的生成回路。机组在滑压阶段，主蒸汽压力的设定等于负荷指令对应的滑压函数加上运行人员设定的滑压偏置。当发生 RB 或 BF 工况时，主蒸汽压力跟踪机前压力。

（2）以上得出压力设定值经过一个三阶惯性环节和实际微分环节，再加上频率和负荷的动态微分信号的修正，得到最终的压力设定值，该定值将送到汽轮机主控、锅炉主控、旁路压力控制回路中。其中三阶环节的时间常数为从蒸汽压力到发电量的延迟时间，实际微分环节的时间常数为新蒸汽的产生时间，从而使压力设定值的变化过程和实际蒸汽量产生的过程相匹配。

（二）旁路压力控制

高压旁路安装在过热器出口的四根主蒸汽管道上，经减温减压后的蒸汽进入冷再热蒸汽管道，高压旁路的控制任务为：配合锅炉启动并进行升压控制、达到冲转压力后配合汽轮机冲转、并网后监视蒸汽压力以防超压、当汽轮机跳闸或甩负荷后快开泄走多余蒸汽以及控制阀后温度等。在机组的整个运行过程中，高压旁路控制将经历机组启动模式、汽轮机运行模式、停机模式。

1. 启动模式

此模式下，高压旁路可分为关闭状态、预定开度模式和旁路控压阶段三个阶段：

（1）锅炉点火前，在此阶段高压旁路处于关闭状态，压力控制器不起作用，蒸汽压力将自由波动。

（2）随着燃烧率的提高，锅炉开始起压并达到启动压力，之后旁路将进入预定开度模式。启动压力设定值由点火前蒸汽压力值计算得出。进入此模式后高压旁路主控制器将设定一个预定开度（5%）将旁路阀打开，持续一段时间后进入旁路控压阶段，持续时间的长短取决于启动前的主蒸汽压力。随着旁路调节门的逐渐打开，使得蒸汽流量逐渐增加，以此来减小过热器受热面与联箱的温差。在此模式下，旁路压力控制依然不起作用，蒸汽压力不受控。

（3）当旁路预定开度持续时间计时结束或主蒸汽压力大于某设定点后，将进入旁路控压阶段，蒸汽压力由旁路控制器控制，主蒸汽压力逐渐提升，最终达到汽轮机冲转压力。确定升压速率的依据是保留部分（约 20%）瞬时蒸汽流量来建立压力，剩余部分则用来冷却受热面。如温升过快，可以考虑减小升压速率，使得更多的热量由蒸汽经旁路带走。在启动阶段，负向速率限制为零，当锅炉燃烧率减小或停炉时，旁路将逐渐关小，待蒸汽流量增加后，压力设定值再随之升高。蒸汽压力将一直被保持直到汽轮机接受全部蒸汽。

2. 汽轮机运行模式

当汽轮机接受全部蒸汽且旁路关闭后，旁路控制模式切换为汽轮机运行模式，此时蒸汽压力由汽轮机调门负责控制，高压旁路控制任务为限制压力超越上限。当机组协调模式投入后，蒸汽压力由锅炉负责调节，汽轮机参与辅助调节。

进入该模式后，高旁压力设定为机组压力设定值叠加偏差量 DP，由于故障导致压力上升超越偏差量，旁路将开启参与调节，直至压力恢复至偏差允许范围，该量可以视机组情况如安全门定值等进行相应调整。

3. 停机模式

该模式在锅炉熄火后激活，正常情况下，锅炉熄火时的压力要低于锅炉再启动的最高压力上限（待定）。因此锅炉灭火后，高压旁路将处于关闭状态进行保压，设定值将高于实际压力一个偏差量 DP，但不高于锅炉再启动的最高压力上限，这意味着旁路在蒸汽压力低于该上限时维持关闭状态。如果由于锅炉残余热量的原因造成蒸汽压力高于此值，旁路在凝汽器条件允许的情况下将开启以限制压力超越。

4. 低压旁路控制

锅炉点火后，一旦高压旁路开度大于3％，低压旁路将切至压力控制方式，压力设定为当前蒸汽压力。随着蒸发量的增加，旁路持续开大，当开度大于10％后，最小阀位限制被激活，直至汽轮机并网后才被去除。低压旁路的开度将限制在最小阀位和最大启动阀位之间。

当汽轮机冲转压力已达到，低压旁路已处于最大阀位限制，低旁压力设定将切换至实际蒸汽压力，阀位限制被移除。与此同时，低旁压力设定将按照再热蒸汽流量水平计算出的升压速率升压至冲转压力。当汽轮机冲转且接收全部蒸汽后，低压旁路维持关闭，其设定值通过汽轮机负荷计算得出。

第六节　主蒸汽温度全程控制

超临界直流锅炉与亚临界汽包锅炉有着不同的运行特性，燃水比是控制蒸汽温度的主导因素，只要控制好燃水比，过热蒸汽温度就可保持在额定值。直流锅炉中的减温喷水实质上是调整的工质流量在水冷壁和过热器之间分配比例，只是蒸汽温度的暂态调整手段，最终决定稳态蒸汽温度的仍然是燃水比。

图4-34所示分别为减温水流量调整和热量分配调整对过热蒸汽温度的影响。

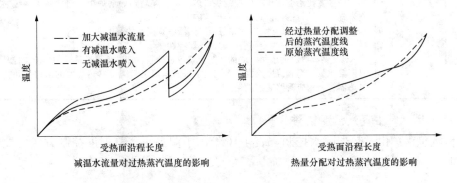

图 4-34　减温水流量调整及热量分配调整对过热蒸汽温度的影响

图4-35所示为在不同扰动情况下，蒸汽温度的动态特性。从图4-35可以看出：

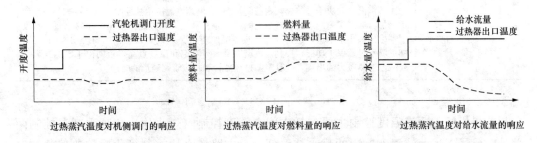

图 4-35　在不同扰动情况下，蒸汽温度的动态特性

当汽轮机调门发生阶跃扰动时，过热蒸汽温度一开始由于主蒸汽流量增加而下降，

但因为过热器金属释放蓄热的补偿作用，蒸汽温度下降并不多，最终主蒸汽流量等于给水流量，且燃水比未发生变化，故过热蒸汽温度近似不变。

当燃料量阶跃增加时，主蒸汽流量会由于蒸发率增加而增加，最后重新等于给水量。过热蒸汽温度随主蒸汽流量的增加而略有下降，后由于燃料量的增加而稳定在较高水平。

当给水流量阶跃增加时，过热蒸汽温度经过一段较长时间的迟延后单调下降直至稳定在较低的数值。

一、超临界机组蒸汽温度控制方式与策略

（一）超临界机组蒸汽温度控制方式

1. 干态运行时主蒸汽温度控制

水燃料比和过热器喷水协调控制主蒸汽温度，表 4-15 给出了干态主蒸汽温度控制方式下的优先级、控制内容及说明。

表 4-15　　　　　　　　　　　干态主蒸汽温度控制方式

优先级	控制内容	说　　明
主	水燃料比	主蒸汽温度主要取决于燃水比 燃水比控制末级过热器 A 侧和 B 侧出口温度的平均值
辅	过热器喷水	对于瞬态工况（例如在负荷变化期间）也需要采用过热器喷水控制，因为温度对它的响应性要比给燃水比率的控制快得多。在燃煤超临界锅炉中，通常使用两级喷水控制来提高可控行性，以防备下列严峻的工况： （1）在水分离器、水冷壁和每个过热器中有很大的温度变化。 （2）因为煤种的改变而引起的过热器特性变化。 　　A、B 侧蒸汽温度由每一侧的控制装置单独控制。加进喷水过量保护功能，控制蒸汽温度要比蒸汽饱和温度点高，否则由于水的积聚引起减温器热应力的出现，并且阻塞过热器管和相应管路通道的畅通

2. 湿态运行时主蒸汽温度控制

类似汽包锅炉由过热器喷水控制，表 4-16 给出了湿态主蒸汽温度控制方式的控制内容及说明。

表 4-16　　　　　　　　　　　湿态主蒸汽温度控制方式

优先级	控制内容	说　　明
主	过热器喷水	主蒸汽温度取决于过热器喷水控制。A、B 侧蒸汽温度单独控制。然而，如果喷水大量增加，通过炉膛的水就会减少。因此，为了避免炉膛过热，由一个总喷水量函数发生器生成最小给水量，这是因为过热器喷水管道是从锅炉省煤器出口分出来的一路。加进喷水过量保护功能，控制蒸汽温度要比蒸汽饱和温度点高，否则由于水的积聚引起减温器热应力的出现，并且阻塞过热器管和相应管路通道的畅通

3. 燃水比控制

超临界机组的蒸汽温度控制主要包括中间点温度控制（煤水比）和喷水减温控制两个部分。除了上述蒸汽温度控制的喷水减温部分，主路燃水比控制简化后的典型蒸汽温度控制 SAMA 图如图 4-36 所示。在蒸汽温度控制中需要注意的是：

（1）当采用过热度作为控制目标时，由于工质进入超临界状态后饱和温度不再变化，

考虑到控制的线性，因此需要增加拟饱和度。

（2）当采用修正燃料指令作为控制手段时，需要在水侧增加相应的大偏差反馈回路以辅助主蒸汽温度的控制。

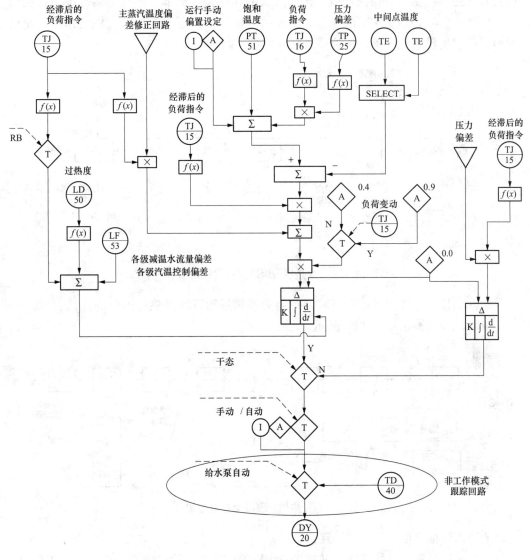

图 4-36　燃水比控制逻辑图

（二）超临界机组蒸汽温度控制策略

1. 一级减温控制

过热器一级减温控制设定回路图如图 4-37 所示。一级减温调节的温度设定值为末级过热器入口温度经惯性延迟后（时间常数为主蒸汽流量经函数后生成的变量），而后加上偏差设定值 ΔT（偏差设定值 ΔT 是主蒸汽压力的函数），即要求确保一级减温的调节来确保二级减温进出口温度差在不同负荷下所要求的 ΔT 范围内，以保证二级减温的调节裕度。该值与二级过热器出口最小温度加 40℃进行小选，以保证二级过热器管之间的温度偏差不超过 40℃，最后还有一个小选块，该小选块的另一路来自：二级过热器出口温度加上 5℃或 20℃的修正值，其中加 5℃的条件是减温水门关闭，加 20℃的条件是减温水门打开且主蒸汽温度达到额定值。该小选块的作用是使调节系统的可调范围为：在稳态时 5℃的偏差，动态时 20℃的偏差。生成的温度设定值还要经过限速块的作用，而后生成最终的温度设定值，该值送到一级减温控制回路。

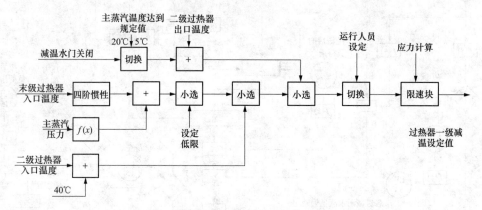

图 4-37　过热器一级减温设定回路图

一级减温控制的被调量：一级减温控制的被调量为二级过热器出口的蒸汽温度。过热器一级减温控制输出如图 4-38 所示。

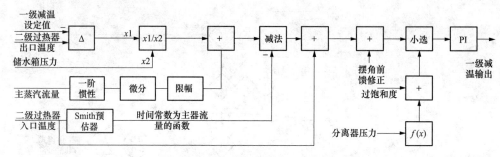

图 4-38　过热器一级减温控制输出

调节器入口偏差信号的生成回路：

（1）二级过热器出口的蒸汽温度减去一级减温设定值，除以储水箱压力的修正信号，目的是锅炉二级过热器金属壁温的计算应力来限制偏差（设定值）的变化速率。

（2）主蒸汽流量经惯性环节后再进行微分运算，再加上双向限幅块（10／－10）的作用，得出燃料改变时的动态修正信号，修正信号正常时的系数为 1.1，RB 时为 2，修正信号的作用是给出蒸汽温度随负荷不同时的改变量。

（3）叠加修正信号的偏差信号再减去以二级过热器入口的温度为基础的 Smith 预估器的输出信号，而后再加上二级过热器入口温度，再叠加变负荷时的修正信号，而后与来自二级过热器入口的温度和储汽箱压力修正的另一路信号进行小选，最终得到 PI 调节器入口偏差信号。

（4）以二级过热器入口温度为基础的 Smith 预估器的输出信号。Smith 预估器的原理是预先估计出过程在基本扰动下的动态特性，然后由预估器进行补偿，力图使被迟延了 τ 的被调量超前反映到调节器，使调节器提前动作。当减温水阀动作时，二级过热器入口的蒸汽温度变化很快，而出口温度变化很慢（存在纯迟延 τ），因此 Smith 预估器的作用就是要消除纯迟延，使被调量是二级过热器入口的蒸汽温度而不是出口的蒸汽温度。Smith 预估器的时间常数为主蒸汽流量经 $f(x)$ 函数发生器算出的时间常数。

（5）来自二级过热器入口的温度和储水箱压力修正的另一路小选信号的作用：二级过热器入口的温度减去储水箱压力经 $f(x)$ 函数发生器的值再加上 10，该输出值再与 0 进行高选。其作用是使二级过热器进口温度具有一定的过饱和度，若过饱和度小于 10℃，则减温水调节门禁止开启。

（6）变负荷的修正信号：燃烧器摆角主控（−40～40）的微分信号乘以机组负荷指令的函数发生器的输出值，而后与−10 高选、10 小选，与调节器入口偏差信号叠加，该信号主要是变负荷时的修正作用。

2. 二级减温控制

二级减温控制系统是基于 Smith 模型预估控制的单回路控制系统。

过热器二级减温控制设定回路如图 4-39 所示。二级减温调节的温度设定值来自 DEH 控制系统的主蒸汽温设定期望值。主蒸汽温度小选值加 40℃，与设定给水温度小选，以保证末级过热器管之间的温度偏差不超过 40℃。最后再与另外一路信号进行小选，该小选块的另一路来自：三级过热器出口温度加上 5℃ 或 40℃ 的修正值，其中加 5℃ 的条件是过热器及再热器减温水门关闭，加 40℃ 的条件是减温水门打开且主蒸汽温度达到额定值。该小选块的作用是使调节系统的可调范围为：在稳态时 5℃ 的偏差，动态时 40℃ 的偏差。

生成的温度设定值还要经过限速块的进行限速，变化速率是根据汽轮机应力来限制的。

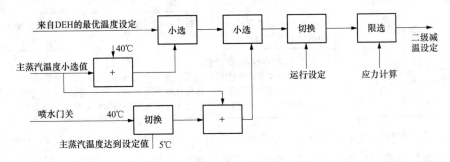

图 4-39　过热器二级减温设定回路

二级减温控制的被调量：二级减温控制的被调量为主蒸汽温度。

调节器入口偏差信号的生成回路：

（1）主蒸汽温度减去温度设定值，除以主蒸汽压力的修正信号。过热器二级减温控制输出如图 4-40 所示。

（2）总燃料量经惯性环节后再进行微分运算，再加上双向限幅块的作用，得出燃料改变时的动态修正信号，修正信号正常时的系数为 1.1，RB 时为 2，修正信号的作用是给出蒸汽温度随负荷不同时的改变量。

（3）叠加修正信号的偏差信号再减去以末级过热器入口的温度为基础的 Smith 预估器的输出信号，而后再加上末级过热器入口的温度，再叠加变负荷时的修正信号，最终得到调节器入口偏差信号。

（4）以末级过热器入口的温度为基础的 Smith 预估器的输出信号。

（5）Smith 预估器的时间常数为主蒸汽流量经函数发生器算出的时间常数。

（6）变负荷的修正信号：燃烧器摆角主控（−40～40）的微分信号乘以机组负荷指令的 $f(x)$ 函数发生器的输出值，而后经 +10/−10 的双向限幅后，与调节器入口偏差信号叠加，该信号主要是变负荷时的修正作用。

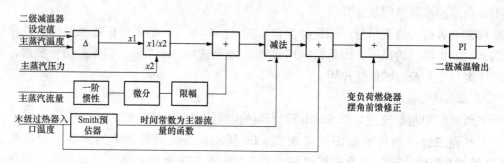

图 4-40　过热器二级减温控制输出

3. 再热蒸汽温度控制

再热器出口蒸汽温度控制，与主蒸汽温控制在湿态方式运行和在干态方式运行是没有区别。A、B 侧由各自驱动装置单独控制，控制方式表见 4-17。

表 4-17　　　　　　　　　　　　　　再热蒸汽温度控制方式

优先极	控制内容	说　　明
主	摆动燃烧器喷嘴	摆动燃烧器喷嘴可以控制炉膛出口烟气温度，烟气温度可通过改变火焰长度的改变来控制
事故状态	喷水	按设计锅炉是不需要喷水的。然而，在负荷变化期间和危急情况下，此时烟气分配挡板和摆动燃烧器控制无效而且响应滞后的情况下就需要再热器喷水。加进喷水过量保护功能，控制蒸汽温度要比蒸汽饱和温度点高，否则由于水的积聚引起减温器热应力的出现，并且阻塞再热器管和相应管路通道的畅通

（1）燃烧器摆动控制。燃烧率与摆角位置有一定的对应关系，同时设计了燃烧率变化时引起烟气温度变化时摆角位置的修正信号。摆角控制还具备消除左/右侧热偏差的功能，即把左/右侧的温度偏差信号也引入 PI 调节器的入口，当偏差较大时（如大于10℃），抬高摆角，使左/右侧的温度同时升高，然后通过喷水使较高的一侧温度下降，从而从控制上抵消部分热偏差。摆角主控系统的被调量为再热蒸汽温度的平均值。

再热蒸汽温度的设定值根据汽轮机应力估算的再热蒸汽温度的最佳值经上下限限幅回路后，再经过大、小选块的限制，从而得到再热蒸汽温度的设定值。送到喷水减温的再热蒸汽温度的设定值是在摆角控制设定值基础上再加 5℃。

调节器入口偏差信号的生成回路：摆角控制设定值减去再热蒸汽温度的平均值后，

加上总燃料量动态修正信号，再减去调节器的输出信号的动态补偿信号，从而得到调节器入口偏差信号。

（2）再热器喷水控制。再热蒸汽温度调节器首先通过调整燃烧器摆角，其次再调节再热器喷水阀，使得再热蒸汽温度维持在运行人员可调整的设定值上。

再热器喷水调节门只是在摆角控制进入饱和时（即不能再有效地控制再热蒸汽温度）时被打开。因此，再热器喷水调节门的设定值为正常的设定值再加上5℃。

设计了防止蒸汽饱和的保护功能，以防止由于再热器喷水调节门开度过大而引起减温器出口温度低于蒸汽饱和点以下的情况发生。

在主燃料跳闸或蒸汽阻塞或锅炉负荷低（燃料量指令低）这几种情况下，再热器喷水调节门被强制关闭，以限制对减温器下游可能的热力影响。

二、超临界机组蒸汽温度控制中的修正与超温控制

（一）减温水对过热度的修正方法

在直流锅炉中，减温水负责动态调整各段蒸汽温度，当燃水比一定时，稳态蒸汽温度为一定值。随着减温水量增加，水冷壁内流量减小，过热度将增大，减温器出口温度将下降。因此当水冷壁出口过热度过高，而减温器出口温度正常或偏低时，可以考虑将减温水流量减小，增加水冷壁内给水流量。

在某超临界机组的过热器两级减温系统中，二级过热器负责保持主蒸汽温度在合适范围，且二级减温离水冷壁出口距离较远；相对于二级减温器而言，一级减温离水冷壁出口更近，通过调节一级减温水量来调整过热度更为快速，且不会直接影响主蒸汽温度的变化。因此本机组只利用一级减温水对过热度进行修正。

（二）汽水流程温度分布控制方法

超临界机组需综合考虑流量温度的分配关系，每级控制侧重各有不同，大部分情况下可以满足对蒸汽温度控制的动态辅助修正作用。然而在实际运行的过程中，由于运行工况的改变和运行习惯的调整，可能会出现各级减温控制偏差大的情况，例如当炉内热量分布发生剧烈变化时，以控流量为主的一级减温器无法满足二级减温器对入口温度控制的快速需求，可能导致二级减温器已经开足而一级减温器还处于较低的开度位置。

在实际运行过程中，当主蒸汽温稳定时，常出现各级减温水量和设计值发生了较大的偏离，甚至出现单级减温水控制受限的情况。

考虑到上述情况，在某些超临界机组的减温水控制系统中增加了由一级过热器完成平衡两级之间的减温水分配的回路。在逻辑中，利用一级减温器出口温度设定值来完成自动修正过程。其控制策略为在一级减温控制回路中增加二级减温水的流量和温度偏差的修正，该修正仅在大偏差时生效。各级减温水联控实施方案 SAMA 图如图 4-41 所示：

从图中可以看出，一级减温器以控制本级减温水流量为主，同时参与主蒸汽温度的控制和二级减温水流量的控制；二级减温器控制策略保持不变，利用主蒸汽温度对二级减温水的快速响应控制主蒸汽温度。

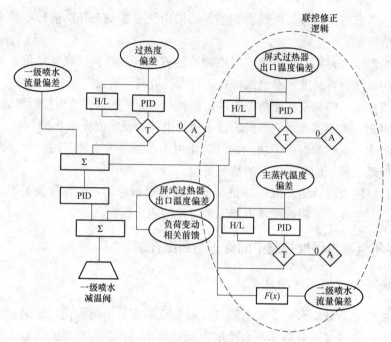

图 4-41　各级减温水联控实施方案 SAMA 图

（三）APS 启动过程的蒸汽温度控制方法

在锅炉的启动调试过程中，超温问题一直是反映得比较多的问题，直接影响到 APS 执行。根据超临界机组调试经验，归结如下原因：

（1）风量偏大。二次风量偏大会使得炉膛火焰中心靠后，减少了火焰在炉膛的停留时间，水冷壁的辐射吸热减少，蒸发量降低，而对流受热面的吸热量增加，从而使得主蒸汽温度上升过快。

（2）燃料不匹配。启动过程中燃料量控制不合理，短时间内的燃料量投入多，造成主蒸汽温度上升过快。

（3）给水流量大。在启动过程中，给水量增加后，相应的燃料量增加，但锅炉实际产生的蒸汽量并没有相应增加，大部分的热量都由进入启动分离器储水罐的水带入了凝汽器，同时由于燃料量增加，对流受热面的吸热量同时增加，造成主蒸汽温度升得更高。

启动过程中的温度控制方法：

（1）降低启动点火给水流量。降低锅炉启动点火时的给水流量，点火时，将给水流量由冷态清洗时的给水流量降低，减少通过分离器储水罐的热损失，提高蒸发量。如果控制得当，在锅炉并网带负荷前，减温水系统是可以保证调节余量甚至不需要投入使用的。

（2）减少燃料量输入量。启动初期控制总风量不超过 35%，同时相应减少启动过程中的油量投入，降低启动油枪压力，减少初期投入的燃料量。在启动油枪的投运过程中精心操作，防止燃料输入过快引起超温现象。

此外，对启动系统的高、低压旁路精心调整，保证在旁路门开度不大的前提下完成汽轮机的冲转并网。对于磨煤机的投运，也要按照运行说明书中的要求，优先投入上层的燃烧器。

第七节 协 调 控 制

某二期 4 号机组采用典型的西门子超临界机组协调控制策略，设计如图 4-42 所示：

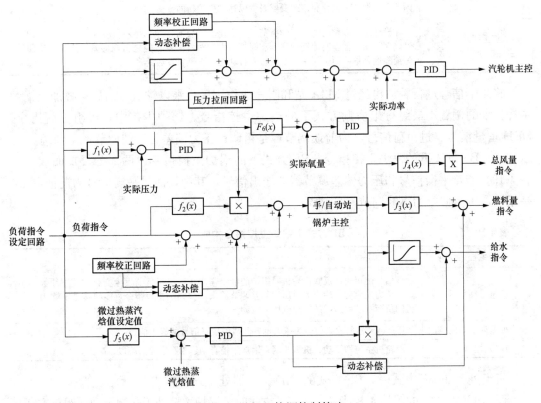

图 4-42　机组协调控制策略

一、机组控制策略

（一）控制方式

1. 锅炉主控

锅炉主控回路是负荷指令回路与燃烧控制系统之间的接口，通过该回路将经过修正的机组负荷指令或压力设定值送到燃料、风量等控制回路中，以完成机组在各种工况下的控制功能，协调锅炉出力与负荷指令之间的匹配关系。

锅炉主控指令在协调方式、BF 方式、TF 方式下，是不同的。

（1）协调方式下的锅炉主控指令。协调控制是以锅炉跟随为基础，即汽轮机控制负荷，锅炉控制压力。在协调方式时，锅炉主控指令由四部分叠加而成，见表 4-18。

表 4-18　　　　　　　　　　协调方式下锅炉主控指令构成

锅炉主控指令	内　容
基本指令	机组负荷指令叠加 DEH 增量信号，得出总的机组负荷指令，而后再加上机组负荷指令微分信号和压力微分信号，得出锅炉主控基本指令。该指令作为锅炉主控指令的基本值去控制燃料量，使锅炉主控指令对应于负荷及频率的改变有一个绝对变化量
压力偏差对锅炉蓄热的动态补偿信号	不同负荷下对于同样的压力偏差，锅炉需补偿的蓄热量（煤量）不同，因此应根据负荷指令和压力偏差对锅炉主控指令进行动态修正
压力调节器输出信号	压力调节器输出信号和压力偏差的动态补偿这两个信号在一起叠加，完成了压力信号对锅炉主控的修正，该信号对负荷指令进行细调；压力变化代表了机炉能量的不平衡，因此需根据压力变化相应改变燃料量以达到机炉新的平衡
热值校正回路对锅炉主控指令修正作用	在设计燃烧煤种时，一定的负荷指令变化就需要有一定的燃料量变化与之对应，如果燃烧煤种出现偏差时，锅炉指令和锅炉出力的对应关系也随之出现偏差，热值校正回路为消除这种偏差而采用主蒸汽流量来自动地校正燃料发热量

将 4 个信号进行叠加再经过 M/A 站和限速块作用后，乘以炉效，而后再叠加上锅炉主控指令的偏置，最终得出协调方式下的锅炉主控指令。锅炉主控中，机组负荷指令、DEH 增量信号、过负荷信号，为前馈调节，是粗调；压力偏差为反馈调节，是细调。

（2）BF 方式下的锅炉主控指令。BF 方式下的锅炉主控指令由两部分叠加而成，见表 4-19。能量平衡信号和压力偏差调节器的输出信号，其中，能量平衡信号为前馈调节，是粗调，压力偏差为反馈调节，是细调。

表 4-19　　　　　　　　　　BF 方式下锅炉主控指令构成

锅炉主控指令	内　容
能量平衡信号	该信号能迅速地反映汽轮机对锅炉的能量需求，当机组负荷发生变化时，不须等到主蒸汽压力发生变化后再通过压力偏差调节器来调整锅炉主控指令，能快速地消除因汽轮机侧负荷扰动而造成的主蒸汽压力波动
压力偏差调节器的输出	PID 调节器的输入信号为压力偏差和热值校正信号的修正信号
BF 判据（与）	汽轮机主控切手动、机组并网、锅炉主控自动、不在启停磨阶段、高压旁路关闭

机组处于非 BF 方式时，BF 方式的 PID 调节器处于跟踪方式。

（3）TF 方式下的锅炉主控指令。在 TF 方式时，锅炉主控处于强制手动或跟踪方式。

当锅炉主控在强制手动时，锅炉主控输入跟踪实际燃料量，此时只能通过手动改变给煤机转速来调整锅炉出力。锅炉主控指令处于强制手动方式的条件包括（或）两台送风机的控制均在手动、两台引风机的控制均在手动、所有给煤机控制在手动、给水控制在手动、一次风机控制在手动、高压旁路打开、主变出口断路器断开、允许投入遥控请求失败。

当机组没有发生 RB 时，锅炉主控输出跟踪实际燃料量，当发生 RB 时，锅炉主控输出跟踪最大能力负荷。锅炉主控指令处于跟踪方式的条件包括（或）RB 发生、所有给煤机控制在手动。

2. 汽轮机主控

汽轮机主控回路为 CCS 和 DEH 之间的接口回路，汽轮机负荷设定值分 DEH 处于遥控方式和非遥控方式下的设定值。

（1）DEH处于遥控方式下的设定值。在此模式下，机组负荷指令经一个惯性环节（其时间常数为新蒸汽的响应时间），而后叠加压力偏差的自调整信号。

机组负荷指令的前馈作用，在变负荷时为充分利用机组蓄热，通过汽轮机调门提前动作，允许蒸汽压力有一定的波动而释放或吸收部分蓄能，加快机组初期负荷的响应速度而采取的手段。

压力偏差的自调整信号，其目的是当机前压力偏差较小时，由锅炉控制压力，维持机前压力为定值；当机前压力偏差较大时，有可能超过锅炉主控的调节范围，此时汽轮机主控也参与调压，二者共同作用可迅速使机前压力回到设定值，加快整个响应的动态过程。

（2）DEH处于非遥控方式下的设定值。汽轮机负荷设定值跟踪实际功率信号，运行人员手动设定DEH的负荷指令。

当机组出现下列条件时（或），汽轮机主控指令处于TF方式：锅炉主控在手动、RB动作后延时、DEH压力限制方式。

3. 机组负荷指令

（1）机组负荷指令的来源。负荷指令分外部和内部负荷指令，其中，外部负荷指令包括运行人员手动给定、AGC指令、电网频率调整指令；内部指令包括RB、闭增、闭减指令、跟踪指令。

（2）机组负荷指令的任务。包括对AGC指令或运行人员手动指令所要求的负荷进行限速、限幅处理；当自动调节系统的主要运行参数出现越限时，自动地实现机组负荷的闭增、闭减或保持；当主要辅机故障时，机组自动转到RB工况。

（3）机组负荷指令回路的组成。由负荷控制站、最大/最小值限制、变化率限制三给部分组成。

表 4-20　　　　　　　　　　　　负荷控制站的工作方式

负荷控制站工作方式	内　　　容
自动设定	在AGC请求有效时，机组进入负荷自动设定方式
手动设定	AGC指令越限或AGC指令品质差
负荷跟踪（或）	锅炉未点火，锅炉主控在手动，RB、BF、AGC退出，负荷指令越限，AGC指令品质差，在这些方式下负荷控制站的指令跟踪锅炉负荷指令的反馈信号

最大/最小值限制回路：负荷控制站的输出指令须经过最大、最小值限制回路的选择，才得到幅值合适的负荷指令。负荷指令的最大值为机组本身的最大负荷110%。负荷指令的最小值根据正常运行的磨煤机的最小出力和燃油流量算出。

负荷指令变化率限制回路：为避免负荷指令的阶跃变化对机组运行有较大的扰动，利用变化率限制回路将负荷改变的阶跃信号转化为定速率变化的斜坡信号，机组正常运行工况，不考虑汽轮机应力限制影响的话，变化率来自操作员手动设定。

（二）辅机故障减负荷RB及频率校正

1. 辅机故障减负荷RB回路构成及一般动作方式

当机组在某个较高的负荷水平上运行时，若出现了重要辅机跳闸，此时，机组将自动转入 RB 工况，机组将切燃料，降负荷，进入 TF 方式，最终使机组稳定在一个低负荷水平。

某电厂 4 号机组设计具有一次风机、送风机、引风机、燃料和 RB 功能。每种 RB 有单独的最大允许负荷和减负荷速率以及处理过程，以与其设备特性相匹配。

RB 控制回路由四部分构成：机组最大可能出力计算回路、RB 激活回路、RB 速率限制回路、RB 复位回路。

（1）机组最大可能出力计算回路。当机组正常运行时，所允许的最大可能出力取决于各种辅机的运行状况，因此，机组辅机最大可能出力是根据各种辅机的运行台数来计算，具体出力根据单侧最大出力试验得到。燃料的最大可能出力计算：其中四台运行就可带 100％的锅炉负荷。燃料的最大可能出力计算回路是将各台磨煤机的上限值求和，并除以 4，再除以燃料指令系数，然后再加上燃油出力，从而算出燃料的最大可能出力。

对上述所有的最大可能出力进行小选运算，将机组最大可能计算出力限制在实际允许范围内，即机组在并网状态为 100％额定出力，未并网时为 35％。

（2）RB 激活回路。RB 激活回路的组成：锅炉指令反馈与最大可能出力进行小选运算，再减去 1％，经过限速块后，再与机组最大可能出力进行比较大小，若限速块后的输出大于机组最大可能出力，RB 动作。当机组正常运行时，锅炉指令反馈小于机组最大可能出力，此时，RB 出口闭锁。

（3）RB 速率限制回路。当机组发生 RB 时，负荷控制站的输出切换到机组最大可能出力，为避免机组最大可能出力对机组造成大的阶跃扰动，故增加了 RB 速率限制回路。机组 RB 的降负荷的速率一般设置如下：一次风机、送风机、引风机、燃料 RB 的变负荷率为 50％，即 175MW/min。

（4）RB 的复位。RB 触发后，有两种复位方式：RB 发生 5min 后且锅炉主控输出与跟踪信号偏差小，则 RB 自动复位，另一种方式在 RB 触发后，运行人员手动复位。

当机组的重要辅机发生故障导致机组负荷能力下降时，为确保机组的安全运行，控制系统主动快速降负荷即 RB 工况。本机组设计的 RB 工况包括了送引风机 RB、一次风机 RB、燃料 RB 和给水 RB 四种类型。当 RB 工况触发时，整个闭环控制系统将有一系列的动作和参数调整，这些过程可以归纳如下：

（1）撤出 AGC 模式，锅炉主控撤至手动。

（2）汽轮机转为控压模式，压力控制方式切至滑压控制方式。

（3）调整蒸汽压力设定值的生成速率，使蒸汽压力设定值变化速率加快。

（4）根据 RB 类型，加快负荷变化速率。

（5）屏蔽所有负荷变化过程中的平行前馈。

（6）闭锁 BTU 修正。

（7）闭锁负荷对 WFR 的前馈修正。

（8）闭锁氧量校正回路。

（9）对风量指令的生成增加速率限制。

（10）在一级减温水控制回路中增加对 PID 的负荷前馈回路的速率限制，同时预关减温水调阀（给水 RB 关 10％，其他 RB 关 30％）。

（11）在二级减温水控制回路中增加对温度设定值生成回路的速率限制，同时预关减

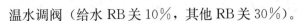

温水调阀（给水 RB 关 10%，其他 RB 关 30%）。

（12）加快再热蒸汽温度的生成速率，使再热蒸汽温度设定值快速下降。

（13）根据 RB 类型，加快给水指令生成的速率。

（14）闭锁给水对过热度的修正回路。

（15）根据 RB 类型，调整给水主控 PID 的 PI 参数。

2. 频率校正回路

频率校正回路的功能是将频率偏差信号转化为负荷偏差的形式，经过限幅和大、小值选择后，送到锅炉主控和汽轮机主控回路，以快速地响应一次调频信号。

（1）频率校正信号投入条件。以下条件均满足时（与），方可投入：频率信号正常、汽轮机主控投自动、锅炉主控投自动、负荷大于 40%、无 RB 信号、DEH 在遥控、一次调频投入。

（2）频率校正回路的组成。频率信号经过 +/−0.03Hz 的死区算法块后，乘以负荷修正系数，得出频差对应的负荷修正量。当频率校正信号投入条件均满足时，频差对应的负荷修正量经限速块后，开始起作用。限速块的作用是使频率校正回路的投/切无扰动。经修正后的频差对应的负荷修正量送到上下限幅进行处理，而后与机组最大可能出力进行大选、最小可能出力进行小选后，得出最终的频差信号，该信号送到锅炉主控和压力设定回路。

二、机组负荷全程自动 APS 控制及优化

（一）机组负荷全程自动 APS 控制

1. 升负荷全程控制

APS 机组升负荷全程自动控制过程，必须在风、煤、水等基础自动投入的情况下实现，具体过程示意图如图 4-43 所示，机组点火以后启动第一套制粉系统，并投入燃料闭环控制，此后以一定速率增加给粉量直到达到冲转参数要求；并网前，汽轮机维持本地转速，控制完成暖机等相关操作，燃料指令来自于分离器入口温度升高速率控制回路计算生成的给煤率，该阶段根据现场运行数据可考虑启动第二套制粉系统；机组并网后，通过在高压旁路设定值回路增加正偏置达到逐步收旁路动作，在旁路收尽自谦，汽轮机主控已投入闭环控制主蒸汽压力，锅炉主控手动维持当前设定煤量，DEH 处于本地负荷方式；旁路全关后，自动投入锅炉主控自动，汽轮机遥控自动，进入湿态 CCS 阶段，接受 APS 置位指令以设定速率增加给煤量，加强燃烧直到转干完成；进入干态方式后 CCS 转为常规控制，升负荷指令来自于 APS 设定，升负荷速率来自于运行设定。

2. 降负荷全程控制

机组降负荷过程是升负荷过程的逆向过程，机组负荷大于 35% 通过常规协调控制降负荷，35% 至 15% 汽轮机主控调节主蒸汽压力，完成干态至湿态转换，负荷减到 15% 以下时旁路投入，汽轮机主控随着锅炉主控输出减少逐步减小汽轮机阀位开度。停磨过程穿插在降负荷过程中进行，至最后一套制粉系统时，在微油模式下将 A 磨煤机给煤率降至最小值。

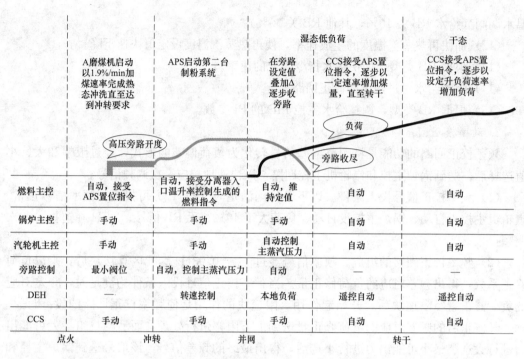

图 4-43　APS 自动升负荷全程控制过程示意图

（二）控制回路优化

1. 并行前馈控制回路

并行前馈的主要目的是加速机组的响应过程。机组出力目标变化时，BIR 指令将以不同的速率投入到燃料、风量、给水、减温喷水等系统中，以加速各子系统动态响应过程。一般是加到各分系统的设定值上，从而加大各分系统调节器的偏差，使调节器更快速的调节实际值。而在机组出力即将到达目标值时，BIR 指令以一定的速率快速切除，当机组出力达到目标值时，BIR 指令完全切除。所以 BIR 指令只在动态调节时起作用，加强各调节器调节功能，在稳态时不对系统产生任何影响。各系统的投入定时和投入方向由锅炉实际的预期响应时间和效果决定。动态前馈信号工作原理图如图 4-44 所示。

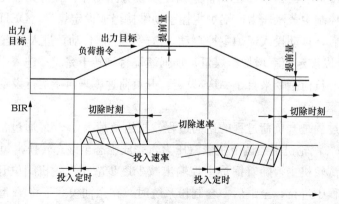

图 4-44　动态前馈信号工作原理图

上图中所示的投入定时、投入速率、切除时刻、切除定时、前馈的高度、前馈的方向等参数可以通过相关函数予以调整。

合理地采用前馈控制技术，使锅炉输入能被控制得很接近于抵消扰动所需要的量，而不完全依赖于反馈控制的缓慢调节引起系统的不稳定或过度积分。将静态/动态并行前馈方法与反馈调节控制结合起来，对加速机组动态响应非常有利。

需要注意的是各个子系统前馈动作的时间、幅度和方向是有严格顺序的，图 4-45 中表示了风、煤、水系统动态前馈的动作方向示意图。一般说来先加风后加煤，先减煤后减风。

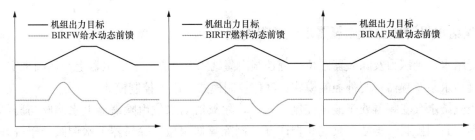

图 4-45　风、煤、水系统动态前馈的动作方向示意图

2. 超临界机组中锅炉指令的定位

锅炉 BID 指令表征了当前时刻锅炉的能量需求，本机组对 BID 的量度单位为兆瓦（MW），即和机组的功率相同。因此当机组处于设计工况下稳态运行时，锅炉 BID 指令应和机组功率一致。考虑到机组运行工况的变化锅炉 BID 指令和实际功率之间会有偏差，当该偏差较小时，认为 BID 指令定位较好，反之则较差。在机组负荷变化时或机组 RB 时，协调控制都是依靠 BID 定位予以确定大致的工作范围，BID 指令定位不准直接影响机组控制品质。

影响 BID 指令的定位的因素主要包括煤质、机组运行环境、锅炉燃烧状态、锅炉运行工况等。下面予以分析：

（1）煤质。BID 对应了煤量、水量和风量的指令，因此当煤质发生变化时，BID 的工作位置必定发生偏移，从而水量和风量也随之发生偏移，然后通过过热度、氧量等参数将水量和风量修正到新的合适位置，最终达到平衡。

（2）机组运行环境。机组运行环境对 BID 指令的影响主要是指真空和锅炉散热的影响。这主要是因为真空变化后使得汽轮机效率发生了改变、散热变化后使得锅炉效率发生了改变，使得机组效率变化，BID 指令发生了偏移。

（3）锅炉燃烧状态。锅炉燃烧状态对 BID 指令的影响可以理解为锅炉效率改变，其改变形式类似于煤质变化对 BID 指令的影响。

（4）锅炉运行工况。锅炉运行工况主要是指各层风之间配比的改变，磨组配合形式的改变，过热度目标的改变等运行方式的调整。这些调整使得炉内热量分配关系发生了改变，使得过热度、主蒸汽温等参数发生变化，从而动态影响给水使 BID 指令发生动态偏移。

从上面四点因素的分析可以看出：锅炉运行工况的变化对 BID 指令的影响是动态

的，可以依靠机组协调控制系统予以克服；锅炉燃烧状态在一段时间内是基本固定的，只有进行了机组检修和大范围调整后才会发生变化；而煤质和真空的改变对 BID 指令定位的影响是比较关键的，即使通过协调控制系统予以修正，BID 指令和机组负荷也将有偏差产生。因此，必须在 BID 指令中增加煤质和真空的修正关系，保证 BID 指令定位的准确。

第八节 特 殊 控 制

一、凝结水母管压力及除氧器水位全程控制

凝结水母管压力及除氧器水位全程控制由凝结水泵变频器和除氧器上水调阀来实现。

凝结水泵变频器有两种控制模式：液位控制模式、压力控制模式。

当凝结水泵变频器处于液位控制模式时，除氧器的水位由除氧器上水调阀与凝结水泵变频器共同控制。凝结水泵变频器闭环控制除氧器水位，除氧器上水调阀处于开环线性控制模式，其开度随负荷的变化而变化。

当凝结水泵变频器处于压力控制模式时，凝结水泵变频器控制凝结水泵出口母管压力，除氧器的水位由除氧器上水调阀闭环控制。

当凝结水泵变频器发生液位控制模式与压力控制模式切换时，凝结水泵变频器与除氧器上水调阀按照一定的速率进行切换，尽量降低系统扰动。

1. 液位控制模式

在凝结水系统处于正常运行阶段（机组负荷 20％以上）时，凝结水泵变频器闭环控制除氧器水位，除氧器的水位由除氧器上水调阀与凝结水泵变频器共同控制。除氧器上水调阀处于开环线性控制模式，其开度随负荷（凝结水流量）的变化而变化。在升负荷阶段，按照第一预设开度曲线调节上水主调节门的开度；在降负荷阶段，按照第二预设开度曲线调节上水主调节门的开度。

2. 压力控制模式

当机组负荷在 20％以下，或者当变频器处于压力控制模式时，除氧器水位由除氧器上水调节门控制，变频器控制凝结水泵出口母管压力。具体的，操作人员根据机组的负荷情况手动输入凝结水母管压力设定值偏置，压力设定值则依据图 4-46 所示的运算方式得到。

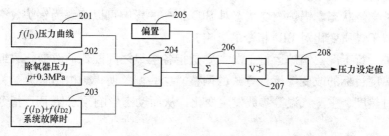

图 4-46 压力模式下凝结水泵出口母管压力设定值

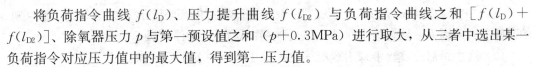

将负荷指令曲线 $f(l_D)$、压力提升曲线 $f(l_{D2})$ 与负荷指令曲线之和 $[f(l_D)+f(l_{D2})]$、除氧器压力 p 与第一预设值之和 $(p+0.3\text{MPa})$ 进行取大，从三者中选出某一负荷指令对应压力值中的最大值，得到第一压力值。

其中，上述压力提升曲线 $f(l_{D2})$ 为凝结水系统产生压力提升需求时，不同的负荷指令对应的变频器转速的提升曲线。

将第一压力值加上偏置得到第二压力值，将第二压力值进行速率限制运算并与所述第二压力值进行取大，得到较大值作为最终的压力设定值。

当凝结水系统产生压力提升需求时，由计算得到某一负荷下对应的压力设定值，能够使凝结水泵的出口母管压力迅速提升，提高系统的响应速度；而压力下降时调节能够缓慢逼近，从而实现了压力控制的快速和稳定性，防止压力向下调节时过调的现象发生，使得凝结水系统运行更稳定。

3. 液位、压力控制模式切换

当下列任一种情况发生时，凝结水系统将产生压力提升需求，凝结水泵变频器切换至压力控制模式（变频器超驰至当前负荷下工频运行时对应的转速，且控制凝结水泵出口母管压力。除氧器水位由除氧器上水调阀控制）：

（1）低压旁路温度高，需要凝结水喷水减温。

（2）给水泵汽轮机密封水回水温度任意一点高于 75℃（当低于 70℃复位）。

（3）低压旁路处于压力提升模式：包括快开低旁阀、开低旁阀、低旁开度指令大于 5％三种情况（当低旁开度指令小于 3％时，低旁阀压力提升信号复位）。

除了凝结水压力提升模式，机组负荷 20％以下时，凝结水泵变频器也在压力控制模式。

二、基于制粉系统自启停控制的 AGC 大范围无缝控制

自动发电控制（Automatic Generation Control，AGC），是并网发电厂提供的有偿辅助服务之一。在 AGC 的控制方式下，并网发电机组在规定的负荷调节范围内，跟踪电力调度中心下发的指令，按照一定调节速率实时调整发电出力，以满足电力系统频率和功率控制要求的服务。理论上，发电机组与网调约定的负荷调节范围应该和机组实际能达到的负荷变动范围一致。目前国内大中型火力发电机组大多采用直吹式制粉系统作为锅炉燃料的供给系统。相对于中间仓储式制粉系统而言，直吹式制粉系统磨组运行的台数和磨组的出力需和机组的负荷保持同步，应根据负荷的增减及时调整磨组的出力或启停磨组。而磨组的启动需要一定的时间，这就造成了在负荷变化的范围中存在过程断点。

为了提高火电机组的 AGC 控制水平、扩大机组 AGC 的调节范围，该研究结合 AGC 控制方式和机组 APS 的控制特点，通过完成机组的 AGC 调节范围扩大化试验，结合制粉系统全程 APS 启动过程，实现火电机组 AGC 全程自动运行。

1. 磨组启停时机判断

制粉系统的启停需要相对较长的时间，故不能至磨组煤量到达上下限时才启停磨组，同时由于无法判断 AGC 指令的超短期趋势，采用煤量固定余量作为磨组启停判断条件时，将会造成制粉系统不必要的频繁启停。因此智能判断制粉系统的启停时机是机组侧实现 AGC 过程无断点的保障，该判断过程主要采用了如下手段：

（1）综合考虑 AGC 的指令特点、磨煤机的带载能力、机组的燃料热值特性、磨煤机的启停方式等因素，动态给出在 AGC 过程中磨组的最佳启停时机。

（2）在磨组启停过程中采用智能优化调整手段，对处于启停操作过程中的磨组综合考虑其蒸汽温度变化趋势、蒸汽压力响应特性、机组运行磨组布置、磨组运行的切换要求和磨组的检修或故障等情况，使得磨组启停过程对系统冲击最小。

对某机组周一至周五的磨组启停进行统计，磨组启停时间序列 R 的二元组映射到平面空间中，空间中数据点分布如图 4-47 所示：

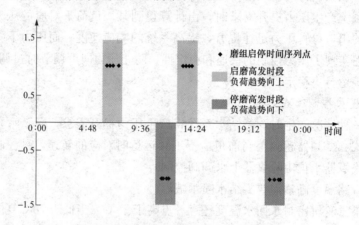

图 4-47　某机组磨组启停时序点分布图

2. 制粉系统柔性 APS 启停

制粉系统顺控启停是实现 AGC 无缝运行控制首要解决的问题，在传统的 DCS 控制中一般都含有磨组的顺控逻辑，但由于相关辅机不能满足自动控制要求，时常出现如闸板门卡涩、调节门漏风、电动机设备启动失败等异常工况。使得运行人员需要花费较大精力关注设备运行状态和故障处理，导致磨组顺控逻辑执行不连续，适应性较差。

结合上述磨组自启停控制策略，首次提出制粉系统柔性顺控的概念，利用等效分析的手段作为设备状态或实际工况的辅助判据，有效提高了系统的容错性，并通过解析运行经验、逼近运行人员操作习惯人性化模拟故障处理过程，减少过程中断，实现了真正意义上的磨组顺控自启停，其主要研究内容包括：

（1）分级控制。磨组顺序控制的控制级别分为子回路控制级、设备驱动级和系统控制级。其中子回路控制级把复杂的生产过程按控制功能分解成许多局部的独立过程进行控制，比如暖磨子环、布煤子环等。设备驱动级又称执行控制级，是分级控制的基础。它作为最低一级的控制，直接控制各个被控对象。系统控制级通过分析与判断发出各种控制命令，控制子回路控制级的动作，制粉自动启停控制 APS 的系统接口主要包括 FSSS 来制粉系统启动或停止允许条件、CCS 来制粉系统加减煤量要求、FSSS 来制粉系统保护启停要求、RB/FCB 来制粉系统跳闸请求、冷热态工况下暖磨时间及升温速率的外部设定请求等。

（2）基于等效判断的柔性顺控。柔性顺控的控制思想是通过对已经获取的信号进行等效分析从而准确捕获目标信息，作为设备反馈或实际工况的辅助判据，避免参数或设备故障引起程控断点。例如磨组正常投运过程中，经常发生出口挡板卡涩或位置反馈不到位的情况，传统的磨组顺控逻辑会在该步序故障停步，柔性顺控则通过对出口风温风量的辨识处理，以及与历史运行数据的比对校正，推断出口挡板实际可能的状态，只要当前工况的表征参数满足启动要求，在提示报警后程控继续下行。

（3）故障处理单元。在发生工况异常或设备故障需要人为处理时，通过模拟运行人员操作习惯，开放控制断点的故障处理时间，并利用专家系统作出故障提示，将异常工况的处理模式化。

（4）离散控制原则。离散顺序控制系统实现制粉系统所属设备按照规定步序正确启停，应规划合理的主线逻辑，并在特定工况下提供程控断点。

（5）连续控制要求。连续控制系统应实现冷热风调节挡板在暖磨、步煤及正常工作阶段对风量/风温的合理匹配，启动过程中温度、风量提升平稳。保证暖磨过程中升温率满足设计规定，步煤阶段风温、风量变化平缓以及制粉系统正常投运时控制及时准确。

3. 试验分析

制粉系统的自动启停应同时兼顾磨煤机、给煤机等重要设备的自身安全运行及煤粉在炉膛内的稳定燃烧，防止爆燃。因此在启停过程中首先应确保一次风压稳定不越限，这样才能保证磨煤机进口的一次风有足够高的静压头，以克服磨煤机及粉管的阻力，维持正常的一次风量和出口温度，同时协调暖磨、步煤及正常控制各个阶段磨煤机通风量和风温之间的关系。此系统按照规程及运行人员的实际操作习惯进行顺序模拟逻辑编程，经组态由 DCS 控制各种设备，进行自动操作和调整。

某电厂试验过程中，启动吹扫时，根据历史运行数据，对应冷风挡板开度大概在30%左右，此时所维持的冷一次风量为 110t/h（保证大于设计吹扫风量）。吹扫完成后，冷热风挡板投入闭环后开始暖磨，热风挡板控制的设定风量为当前吹扫风量；冷风调节挡板控制磨煤机出口温度，设定值由当前的实际温度通过一个自加速回路，以 6℃/min 的升温率向 65℃ 逼近。在此环节中冷热风门的动作幅度应尽量平缓保证风量调节不发生剧烈扰动，在暖磨后期，出口温度接近设定值时，应尽量缩短冷热风门的调节稳定时间，以风温风量为判断依据，满足暖磨设计要求后视为暖磨结束，并立即加速布煤，利用咬煤过程防止后期温度窜高。

暖磨结束后，程控启动给煤机，同时等待磨煤机的电流大于启动电流后视为咬煤成功，该步骤完成后给煤指令偏置自动置零，降至最小给煤量完成整个布煤工作，以备投入燃料主控。根据试验分析，该过程（即给煤指令置最小）不宜滞留过长时间，条件一旦满足即马上复位并入燃料主控，否则给煤机长时间处于低位运行易造成煤量测量的晃动。

制粉系统自动停运试验过程相对简单，智能控制系统发出停磨指令后，自动把给煤指令降至最小，并撤出自动，冷风门至预置位（50%）进行吹扫降温，热风门全关，直至磨煤机停运、密封风门全关后停运过程结束。

三、机组全程背压修正及滑压优化控制

机组滑压运行是提高经济性的主要手段，对于机组全过程滑压协调控制，随着机组

负荷指令的变化，压力定值也根据滑压曲线缓慢变化，能否保证汽轮机调门维持在经济运行开度附近，将直接关系到机组的热效率，另外，滑压优化在保证经济阀位运行的同时，需同时兼顾到机组 AGC 及调频能力。

机组真空是监视机组安全、经济运行的主要参数之一，它不仅关系到机组的安全运行，同时也决定了机组的理想焓降、发电效率和出力能力。超临界直流机组的协调控制往往采用了并行前馈和动态加速前馈为主的控制方案。其中，并行前馈就是锅炉各子系统随负荷变化的合理的稳态工作点，当真空发生改变时，该工作点会随之发生偏移。在以往的机组控制中，仅把真空作为机组的保护参数考虑，而没有将其对协调控制的影响考虑在内，使得机组在不同真空下运行时，机组的协调控制品质发生了较大的改变。

（一）滑压优化运行

1. 大型机组滑压优化运行的意义

大型机组采用滑压运行方式对降低热耗、节能减排具有普遍意义。滑压负荷变动时由于主蒸汽温度维持额定基本不变，使高压缸排汽温度变化很小，这样使再热蒸汽温度也能维持在额定范围内，将有效改善机组低负荷工况下的循环热效率。另外相同负荷情况下，调门开度较大时，主蒸汽压力较低，给水泵出口压力相应降低，在给水流量基本接近情况下，给水泵功耗较小，从而使得给水泵汽轮机进汽流量也相对较小。由此可见，滑压运行方式中，随着高压调门开度的增大，给水泵功耗这项因素对机组运行经济性也将产生有利的影响。

另外，汽轮机高压调门开度不变时，即使机组负荷发生较大的变化，高压缸进汽压损基本保持不变。而随着高压调门开度的改变，高压主蒸汽、调门前后压损将相应改变。理论上阀门全开工况下汽门节流损失最小，但不能保证机组调频调峰的响应，试验表明日常滑压运行如果偏离设计的经济阀位，产生较大的高压缸进汽压损，将使得包含高压主蒸汽、调门压损的高压缸效率明显下降，并且随着高压调门开度的减小，高压缸效率逐渐降低至远离高效工作区，该项因素对运行经济性造成极大影响。

2. 压力设定对机组运行的影响滑压曲线整定

根据锅炉循环效率试验确定优化滑压阀点，在兼顾机组调频调峰能力的基础上，拟定最优的滑压曲线。

某电厂百万超超临界机组为上海汽轮机有限公司采用德国西门子公司技术生产的 1000MW 超超临界、一次中间再热、反动式、四缸四排汽、双背压、凝汽式汽轮机。机组按原则性热力系统的方式运行，辅机按设计要求投运。根据工况要求调整高压调门开度和负荷。为保持工况稳定性，机组撤出"协调控制"方式，实行 DEH 阀位控制，高压调门阀限为负荷对应的曲线。各工况主蒸汽温度和再热蒸汽温度尽量保持额定值。在每个试验工况进行过程中，均保持参数稳定，高压调门开度不变。

固定阀位工况运行时，以负荷为控制目标，在 TF 方式下，通过手动调整燃煤量来控制负荷满足试验要求。阀位的固定通过调整高压调门开度上限并结合降低主蒸汽压力设定值的方法进行。为减小相同负荷不同滑压方式机组运行状况的差异，在煤种稳定前提下，同一负荷各工况保持煤量基本不变。

（二）背压修正

1. 背压变化对机组功率增量的影响

在汽轮发电机组的所有热力参数中，背压变化是对机组运行经济性影响最大的参数之一。由于受机组负荷、循环水流量、循环水入口温度、凝汽器清洁度、真空严密性、凝汽器和抽汽器的结构特性等诸多因素的影响，运行中背压经常变化，从而影响机组的出力和经济性。特别是采用汽动给水泵的滑压运行机组，凝汽器真空的变化还会引起驱动给水泵汽轮机排汽压力的改变，进而影响驱动汽轮机的出力和汽耗量。

通常认为凝汽器机组真空变化时，机组的做功能力变化主要由两部分组成，一部分是中低压缸效率不变的情况下由于中低压缸部分可用绝热焓降的变化引起的做功能力变化；另一部分为机组真空变化时由于末级低压加热器抽汽量变化引起的附加做功能力的变化。

2. 背压修正试验

超（超）临界机组背压变化对机组负荷影响可按式（4-9）计算

$$\Delta P_{T} = 1.02 \times 10^{3} \Delta P K_{1} P_{T} \tag{4-9}$$

式中　ΔP_{T}——汽轮机功率变化，kW；

　　　P_{T}——汽轮机额定功率，kW；

　　　K_{1}——背压每变化 0.00098MPa，汽轮机功率相对变化值，用 $\dfrac{\Delta P_{T}}{P_{T}}$ 表示，并从背

　　　　　压变化对功率的修正曲线上可查出；

　　　ΔP——凝汽器压力变化，MPa。

通过查看历史数据初步了解背压改变对机组状态的影响程度，影响机组背压的主要因素大致可以归纳为以下几个方面：

（1）循环水流量、循环水温度变化。

（2）真空泵出力变化。

（3）机组凝汽量的变化。

（4）机组真空严密性的变化。

实际应用过程中，可以通过破坏高压加热器疏水管道严密性的方法改变真空，通过试验，我们得出上式中 K_{1} 并非一个常数，所以对机组协调控制优化时应解决此非线性问题。而且不同机组背压对机组负荷的影响特性和不同负荷段背压特性都是不同的，只有将背压特性在协调控制系统中加以考虑，才能保证背压变化时协调控制系统的调节品质。该项目主要针对季节变化对背压的影响，以及因此带来对控制特性的改变。

试验时机组热力系统及辅机运行情况如上述滑压优化试验要求。同时，机组撤出协调控制方式，实行 DEH 阀位控制，高压调门阀限为滑压优化试验后的开度曲线。各工况主蒸汽温度和再热蒸汽温度尽量保持额定值。在每个试验工况进行过程中，均保持参数稳定，高压调门开度不变。通过小管道或高压凝气侧排汽后降低机组真空 $4\pm\Delta$ kPa，固定阀位工况运行时，以负荷为控制目标，在 TF 方式下，通过手动调整燃煤量来控制负荷满足试验要求。阀位的固定通过调整高压调门开度上限并结合降低主蒸汽压力设定值

的方法进行。

试验结果表明，各负荷工况在固定的调门开度下，真空恶化后机组热耗更高，即凝汽器真空越差，发电热耗越高。对应同一负荷段以及固定同一高调阀位时，真空恶化后主蒸汽压力明显偏高，因此从试验获取的压力偏差定量关系可用以修正滑压控制曲线，以保证全年不同季节的运行要求。

第五章

APS项目实施与管理

APS项目涉及的设备多、系统间影响大、子组交互接口繁杂，要顺利实施 APS 项目必须有一套完整的管理措施和实施方案，对业主、设计、安装、调试等单位有明确的职责划分。并根据机务系统对各子组进行标准化实施。同时针对新建机组和改造机组的不同，APS 项目实施中也有需要区别注重的重点。

第一节 新建机组 APS 项目管理与优化

新建机组的 APS 项目立项启动与主机同步，整个 APS 项目执行过程包括项目调研与规划、APS 方案设计、APS 功能组设计、APS 组态、APS 调试五个阶段。

一、APS 项目管理

（一）组织机构及权责

APS 项目是一个庞大的复杂系统，要将 APS 项目顺利的实施，必须有一个严谨的组织架构，新建机组 APS 项目一般从主设备招标时即开始筹划，通过前期调研，了解 APS 实施情况，对照工程实际，在明确 APS 项目工程范围后，成立了 APS 项目组织框架，明确各方的工作任务。包括业主单位、调试单位、设计单位、DCS 集成商、各分系统制造商等。

1. 业主单位主要职责

（1）组织参与本工程的 DCS、DEH、MEH、FGD，和仿真机供应商、设计单位、调试单位等共同完成 APS 实施。

（2）编制完成机组运行规程，全程参与 APS 方案设计和调试。

（3）负责 DCS、DEH、MEH、FGD（脱硝）系统之间的接口设计协调工作，确定分工界面。

（4）协助调试单位汇编本工程 APS 实施技术方案。

（5）业主方热控、运行工程师参与 APS 设计、组态、仿真调试、现场调试的各个环节中，根据本工程情况，提供运行思路、整理各个系统的原则性执行步序、审查控制策略、审查操作界面等工作。

（6）业主方热控、运行工程师提供 APS 总体设计范围，审核确认功能组名称、APS 执行顺序，并提供各种定值。审核确认功能组的逻辑及模拟量调整品质要求，生产准备人员审核确认操作画面。

（7）配合组织 APS 专题论证会，听取各方意见并确定最终方案。

（8）协调各方关系，组织落实相关问题的解决方案并分工。

（9）在 APS 实施过程中，当各方意见不能最终统一时，应综合参考各方意见并决定最终实施方案。

（10）负责组织落实并提供仿真系统所需要的各专业的相关资料。

（11）听取专家意见，会同生产人员和调试单位共同确定异常工况的处理原则。

（12）负责安排运行人员参与仿真调试，并在调试单位总体指挥下参与现场静态调试和动态调试。

（13）负责提供主辅设备的相关技术资料。

（14）负责在机组调试期间，配合调试单位，合理安排 APS 调试时间。

2. 调试单位主要职责

（1）负责组织工程组态策略、逻辑图的审查及 APS 专题论证会，汇总意见、建议和解决方案。

（2）针对工程的实际情况，负责制定 APS 调试方案。负责根据现场的安装调试进度编制 APS 调试进度计划并执行。

（3）负责工程静态调试与动态调试的组织与实施，对于调试过程中遇到的问题，负责提供解决方案，并采取合理的应对措施。业主负责根据调试单位的合理需求，组织各方资源予以落实。

（4）负责提供工程 MCS 逻辑策略。

（5）负责针对信号异常、设备故障、工况异常的工况提出原则处理意见，会同各方共同确定解决方案。

3. 设计单位主要职责

（1）负责按时提供 APS 工程实施所需的施工图纸，图纸质量应符合 APS 要求。

（2）参与审定 DCS 集成商的 IO 分配表及控制器分配表，并提出修改意见，且在输出图纸上落实。

（3）负责各控制系统间的接口设计，并提供详细设计图纸。

（4）参与各次设计联络会和 APS 专题讨论会。负责对设计图纸进行交底，负责解决各方对设计图纸提出的问题。

4. DCS 集成商主要职责

（1）参与本工程的 APS 设计框架讨论。

（2）根据工程实际情况，以及本工程总进度计划，负责制定 DCS 项目实施进度计划。

（3）根据审定的 IO 分配表和 DPU 分配表，负责按计划完成 DCS 控制系统硬件设计、生产制造工作并集成完整的控制系统。

（4）在调试单位的指导下，负责按计划完成控制策略的组态。

（5）参与业主组织的 APS 专题论证会及设计联络会。负责落实 DCS 设计变更和组态修改工作。

（6）负责 DCS 组态策略及 APS 组态的仿真测试工作，确保 DCS 组态达成审定控制策略的设计思路。

（7）负责完成 DCS 控制系统出厂前控制系统搭建及联调，通过出厂验收。

（8）按照本工程进度计划要求，负责完成 DCS 控制系统的现场恢复，使 DCS 控制系统具备现场调试的条件。

（9）配合调试单位，进行现场设备调试、分系统调试、动态调试以及 APS 调试、系统投运工作。

（10）根据经过审批的逻辑修改单，负责按计划完成相关逻辑组态的修改。

（11）负责对业主操作人员、热控人员进行现场培训。

（二）APS 项目过程管理

APS 项目是一个系统工程，期望得到一个良好的实现效果，伴随机组建设的全过程管理是唯一有效途径。总结国内以往 APS 项目的工程经验，存在如：没有全过程 APS 项目管理；APS 项目只重视前期策划，进入组态阶段后没有继续推进，进入调试阶段，由于工期等问题没有进行深入调试等问题。所以需要加强 APS 项目的过程管理。整个过程管理主要包括 APS 方案设计管理、设备采购管理、施工图设计管理、调试管理等。

1. 项目公司工作方式

在新建机组 APS 项目启动时，针对国内火电机组 APS 无成功投运实例，而设计单位也没有足够的动力去整体设计、通盘考虑 APS 系统，安装和调试单位属于后期参建单位，既缺少项目推进的动力，在项目实施上也存在很大的局限性，因此，作为业主项目公司必须要勇于担责、脚踏实地、奋力推进 APS 工作。很多工作都是以前常规机组没有碰到过的内容，项目公司不能直接将工作分配给相应的分包单位。如果这样做，必然使得项目的推进举步维艰。因此项目公司必须承担责任，将各个系统的启动思路、启动方案明确，并协调设计、调试单位按照 APS 的要求配置控制设备及完善组态逻辑。

2. APS 方案设计管理

APS 成功与否，APS 的方案设计非常重要，需要综合业主项目公司、DCS 厂家、调试单位、电力设计院等多方意见，确定 APS 的分层结构，明确 APS 启动过程范围，确定 APS 启停过程。

APS 系统通常采用分层结构。机组自启停控制系统更多的是对底层功能组和设备的合理调用，只有底层功能组设计合理，才能确保机组级控制的正常运行，因此底层功能组安全顺利地运行是实现机组自启停控制系统的根本保证。对于作为底层功能组的顺序控制系统也不是原来意义上的顺控，只是把设备按照一定的顺序组织起来实现一定的功能，而是能保证工艺系统能平稳安全投入和退出的功能组。功能组启动允许条件一定要周密严格，防止功能组被随意调用；在功能组的执行过程中，系统投入时要注意和模拟量的配合，做到平稳安全，保证没有冲击、振动，没有电动机过流等现象；功能组的完成条件一定要真实反映系统的投运状况。

在整体方案制定过程中，原则上纳入 DCS 且可以操作的设备均可进入 APS，实际操作时既可以由 APS 实现，也可由运行人员实现，增加 APS 的灵活运行方式。启动过程包括从机组冷态（温态、热态）至机组带基本负荷协调投入整个过程。锅炉侧，从油泄漏试验、吹扫、点火、升温升压，直至带基本负荷。汽轮机侧，从凝结水补给水系统、闭式循环冷却水系统、循环水系统、开式水系统、辅助蒸汽系统、抽真空系统、汽轮机油系统、旁路系统、加热器系统等的自动投入至汽轮机盘车、冲转、升速和并网。发电机侧包括同期及带初始负荷。APS 系统启动控制考虑冷态、温态、热态、极热态四种方式。

某新建机组 APS 在系统 DCS 中的结构图如图 5-1 所示。

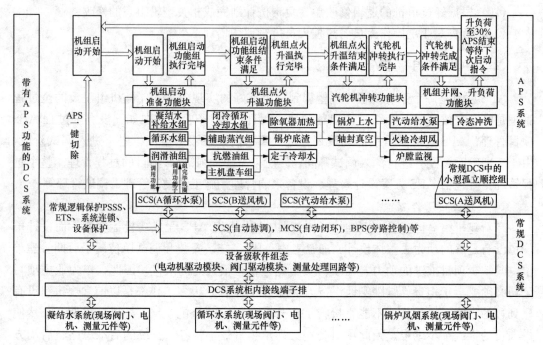

图 5-1　某新建机组 APS 在系统 DCS 中的结构图

3. 设备采购过程管理

国内同类工程中，部分 APS 项目在设备采购完成后，甚至在调试过程中临时决定启用。导致现场设备、分系统不能满足 APS 项目需要。

按照目前的火电机组筹建模式，设计院负责主机、各大辅机之间的接口配合工作，至于主机、辅机系统内部能否完成具备自动启动，设计院的工艺和控制设计人员不关心。要想使汽轮机和一些较复杂的辅机能够自动启停，必须在设备招标阶段做好充分的准备工作。原则上包括：

（1）在招标技术文件中明确所招设备必须具备自动启停功能，该系统有完整的自启停解决方案。

（2）所招设备厂商没有自启停工程经验时，供货方必须全力配合招标方的 APS 相关工作进行相关改进意见。

（3）所招设备必须配置 APS 所需的所有监控测点和符合远操功能的执行机构，满足分系统自启停运行的监控及操作要求。

如汽轮机的 ATC，虽然汽轮机厂家有一定的经验做 ATC 逻辑，但和 DCS 之间配合工作，也是一项繁重的，需要多方协调的工作，只有在设备招标阶段明确了厂家的义务，才能为后续的顺利开展打下良好的伏笔。再如给水泵汽轮机的 ATR 功能，厂家设计工作量繁重，和主机 DCS 接口复杂，在招标文件中明确厂家的 APS 工作职责非常必要。

4. 施工图设计管理

在新建机组的 APS 项目执行过程中，必须对各个工艺系统仔细梳理，通过此阶段深入研究、反复论证设计院的施工图是否满足各系统 APS 启停要求。如闭式循环冷却水系统再循环问题。闭式循环冷却水是热力系统中运行设备的冷却介质，使热力系统中的运行设备可以长期稳定运行。闭式循环冷却水系统由膨胀水箱、闭式循环冷却水泵、水水冷却器及用户共同组成闭式水循环，故闭式循环冷却水系统投运时必须投入足够的冷却水用户或在系统中设置再循环管，以维持闭式循环冷却水泵长周期运行所需的最小流量。

国内运行机组中一般在闭式循环冷却水泵出口至闭式循环冷却水回水母管之间设置再循环管阀，当闭式循环冷却水系统无用户或用户所需水量较小时开启，反之则关闭。水水冷却器无旁路调节门，出口无调压站。其优点是只要闭式循环冷却水再循环阀开启，无论系统用户多少，闭式循环冷却水系统均能启动运行，闭式循环冷却水系统启动条件判断简单可行。缺点是闭式循环冷却水系统用户所需冷却水量较小时，闭式循环冷却水系统不能长时间投运，APS 启动条件判断复杂。故建议将闭式循环冷却水系统的减压站变更为闭式循环冷却水系统再循环（将减压站出口至闭式循环冷却水进水母管变更为减压站出口至闭式冷却水回水母管，增加减压站进口至闭式冷却水进水母管管路），有利于闭式循环冷却水系统无用户或小流量用户时启动运行，满足机组运行和调试需要。同时也能满足工频泵和变频泵运行时的闭式循环冷却水系统压力调节需要，在不增加管道和阀门费用的情况下，既优化了系统结构，也可实现闭式循环冷却水系统无用户或小流量用户的启动运行，更能实现 APS 启动条件的判断。

5. 逻辑组态优化管理

APS 的逻辑整体原则应保证兼功能性和广泛适应性的统一。一个不争的事实，一台机组如果要实现 APS，逻辑数量较没有实施 APS 项目的机组有成倍的增长。所以，优化 APS 控制策略在 APS 项目实施过程中尤其关键。如在设计凝结水低压加热器冲洗功能组时，考虑功能组需要适应各种工作。如工况一、7、8 号低压加热器有检修，需要冲洗；工况二、6 号低压加热器有检修，需要冲洗；工况三、5 号低压加热器曾经检修过，需要冲洗；工况四，除氧器有检修，低压加热器没有检修。如何处理好功能组的广泛适应性与逻辑简洁优化的矛盾，是 APS 项目需要解决的重大课题。如果功能组通过初始状态判断，针对每个工况编制不同的功能组，则功能组很多，且状态条件的逻辑判断也是一个非常复杂且很难实现的问题。另外如采用大系统串联冲洗，即 5、6、7、8 号低压加热器和除氧器一起冲洗，这种方案存在冲洗时间长，应该重点冲洗的部位没有重点冲洗，浪费冲洗水，且延长启动时间，也不是理想的方案。最终通过在步序中增加切换选择是否开关 5 号低压加热器出口放水电动门做到功能组的通用性而又不需要做多个功能组，简化了逻辑。

二、项目实施过程主要优化

某新建机组的项目成立初期，经过充分讨论和调研，以每个系统实现自动启动为目标，对每个系统进行系统梳理。根据厂家提供的设备资料和设计院提供的热工 P&ID 系统图等，梳理系统的配置，如该系统目前配置存在的问题、为实现 APS 存在的系统缺陷及后续优化措施、功能组初步设计方案。在通过第一阶段的系统梳理，整理出需要将手动门改电动门的阀门清册，再由工程技术人员、生产准备人员、APS 运行专家开展P&ID 系统图测点核查，核实初步 P&ID 系统图测点配置是否满足功能组设计的控制要求。通过这一阶段的工作，确定需要手动阀门改电动阀门 40 多台，测点改动 50 多处，开关型电动门改为带中停的电动门 20 多台。在为 APS 项目做好工作的同时，优化了系统设计。下面就分系统来阐述需要修改阀门和管道，及设计优化建议。

（一）机侧系统优化

1. 闭式循环冷却水系统

闭式循环冷却水系统由两台 100％容量的闭式循环冷却水泵、两台闭式循环水-水热交换器、一台高位布置的膨胀水箱等组成，各辅助设备的供、回水母管，支管以及关断阀，调节门等组成闭式循环回路。冷却水泵为一运一备，A 泵采用永磁调速装置，B 泵为全速泵。闭式循环冷却水系统的补充水从凝结水精处理装置后接出，启动前补充水来自凝结水输送泵出口的化补水。膨胀水箱作为闭式循环冷却水的缓冲水箱，用以调节系统中流量的波动和吸收水的热膨胀。冷却水进出水管上的关断阀可用于冷却水量的粗调节，初次运行时，对各辅助设备的冷却水量作一次性调节，以调节闭式循环冷却水系统中各用水户的流量分布。另外，对一些较重要的辅助设备，冷却水进口管上还装有流量调节门，以控制各设备的油、水和空气等被冷却介质的温度。闭式循环冷却水泵输送除盐水，该除盐水经闭式循环冷却水泵加压后，进入各有关设备的热交换器，再返回闭式循环冷却水泵入口，形成闭式循环冷却水系统。

闭式循环冷却水系统运行过程中存在问题及优化措施：

（1）闭式循环冷却水泵最小流量不能保证，通过设置一路再循环回路得以解决。

（2）为防止 APS 排气不彻底，将闭式循环冷却水用户温度控制中的闭式循环冷却水用户调门改在回水侧。

（3）为防止调门卡涩，所有调门旁路门均设置为电动门。

（4）主要用户注水，是随系统一起注水还是冷却器投运时解决，经研究采用前者即随系统一起注水投运

2. 凝结水补给水系统

该机组凝结水补给水补水系统包括一只凝结水补给水箱，两台凝结水补给水泵、凝结水补给水杂用水用户和其他的附属管道、阀门等设备。凝结水补给水箱的补水来自一期化学，管路上依次装有截止阀、补水调节站（电动调节门和电动旁路调节门）、止水阀。凝结水补给水由凝结水补给水箱经一根总管引出后分成三路，其中两路接至凝结水补给水泵，一路为凝结水补给水旁路。凝结水补给水用户包括热井补水、凝结水泵密封

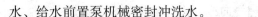
水、给水前置泵机械密封冲洗水。

由于凝结水补给水泵出口门、再循环门为手动门，凝结水补给水泵出口母管压力控制很难控制。为实现功能组启动，需要将凝结水补给水泵出口门、凝结水补给水泵旁路门改为电动门，再循环门要求为可调电动门。在母管压力低时联锁关再循环电动门。

3. 凝结水系统

系统包括两台 100% 容量的凝结水泵，一套凝结水精处理设备，一台轴封加热器，8、7、6号和5号四台低压加热器。凝结水由热井经一根总管引出，然后分两路接至凝结水泵。凝结水经凝结水泵升压后汇合到一根母管，将凝结水输送到精处理装置。接着，凝结水进入轴封冷却器。轴封冷却器之后，布置的是除氧器上水调节站和再循环管道。凝结水经除氧器气动调节门或旁路，再经过8、7、6号和5号四台低压加热器，最后到达除氧器。

凝结水系统主要用户包括至辅助蒸汽减温器、至闭式循环冷却水系统、至高压加热器事故疏水扩容器、至凝汽器真空破坏阀密封系统、至发电机定子水冷系统、至给水泵汽轮机排汽管、至凝汽器水幕喷水、至汽轮机低压旁路减温器、至汽轮机汽封减温器、至高压缸排汽通风阀后减温水、至凝汽器背包扩容器喷水、汽轮机低压缸排汽喷水、凝汽器水幕喷水。

凝结水系统功能组需要考虑凝结水泵变频器一拖二工作方式，注水启动和不用注水直接启动。功能组设计思想是通过凝结水输送泵至凝结水母管注水电动门对凝结水母管注水和低压加热器注水。注水结束后启动凝结水泵，投入低压加热器，然后给除氧器上水，待除氧器上水正常后进行低压系统冲洗，低压系统冲洗结束后恢复凝结水正常工作方式。

为实现功能组启动，需要修改的措施包括：

（1）考虑在凝结水泵泵体出口上装空气门，引入到凝汽器。

（2）增加除氧器放水至锅炉疏水扩容器的电动截止门。

4. 循环水系统

本工程循环水系统为海水直流供水系统，母管在进入机房前，分成两个支路，一路作为凝汽器 A、B 的循环冷却水。另一路作为开式循环冷却水，分两路进入两个自动反冲洗电动滤网，滤网一用一备，经过滤网的开式循环冷却水作为水环式真空泵及水-水交换器的冷却介质，冷却后的开式循环冷却水进入循环水回水母管。

存在问题及改进措施：

（1）凝汽器水室放空气门设计为手动门需改为电动门。

（2）旋转滤网及水室真空泵联锁投入的原则：循环水子组第一步进行旋转滤网冲洗，冲洗完后投入旋转滤网联锁。水室真空泵不投入联锁。

（3）由于循环水管径较大，需要在启停过程中防止水锤，避免管道和设备受损。运行人员在功能组投入前，利用循环水联络门对系统进行注水。

（4）为进行闭式循环冷却水温度的调节，应将水-水交换器开式循环冷却水侧回水电动门更改为调门，对闭式循环冷却水温度进行调整。

5. 轴封和真空系统

轴封蒸汽系统的主要功能是向汽轮机、给水泵汽轮机的轴封和主汽阀、调节门的阀杆汽封提供密封蒸汽，同时将各汽封的漏汽合理导向或抽出。轴封蒸汽系统是由轴端汽封、轴封供汽母管、轴封供汽母管压力调节机构、轴封冷却器、低压轴封减温器以及有关管道、阀门组成的闭式系统。

轴封蒸汽系统设置定压轴封供汽母管，母管内蒸汽来自三路外接汽源：

一路是来自辅助蒸汽，经温度、压力调节之后，接至轴封蒸汽母管，并分别向各轴封送汽。一路是主蒸汽经压力调节后供汽至轴封系统，作为轴封系统的备用汽源。一路是再热冷段蒸汽经压力调节后供汽至轴封系统，作为轴封系统的备用汽源。

由于主机投入轴封和抽真空关联很强，投入轴封后要立即抽真空，因此将主机投轴封和抽真空共用一个功能组。功能组将主机和给水泵汽轮机的轴封一起投入，与真空一起建立。

存在问题及改进措施：

（1）此功能组时间较长（暖管和抽真空时间很长）。将辅助蒸汽至轴封调门开度到一定的开度进行暖管，当轴封母管温度合格后暖管结束。可能暖管时间较长。无法根据轴封母管温度变化或压力变化来改变暖管调门开度，实现闭环控制。解决方案是先通过阀门定位开度，然后根据温度升高速率选择闭环投入时机。

（2）由于轴封系统的操作，对主机安全有很大的影响，要求轴封系统疏水旁路采用电动门。投入轴封系统时，疏水器旁路电动门开启，保证疏水充分。

（3）低压轴封减温水电动门何时开的问题。开得过早调门内漏造成轴封进水的风险。方案确定让调门预先投自动，调门开度5%以上开电动门。

（4）需要加装的电动门：辅助蒸汽至轴封疏水旁路隔离门、轴封母管疏水旁路隔离门、凝结水至低压轴封减温水调门前隔离门。凝结水至低压轴封减温水调门前隔离门修改为电动门。

6. 辅助蒸汽系统

辅助蒸汽系统的功能是在机组启停及正常运行中，将来自邻机辅助蒸汽母管或来自本机组冷再热蒸汽或四级抽汽管路经调压后的蒸汽，输送给本机组用户，另外在本机组正常运行时，也可向其他机组辅汽母管提供所需的辅助蒸汽。辅汽系统主要用户：除氧器给水预热、稳压、汽轮机及给水泵汽轮机轴封用汽、给水泵汽轮机启动用汽、空气预热器吹灰用汽、发电机定、转子水箱加热、磨煤机灭火蒸汽、磨煤机暖风器、氨区、真空泵蒸汽喷射器。

辅助蒸汽系统功能组需要解决对用户进行隔离以及对辅助蒸汽联箱温度升高速率的控制。由于辅助蒸汽进汽电动门较大，很难控制辅助蒸汽联想温度升高速率，故设置旁路电动门。功能组需要辅助蒸汽母管和各支管疏水器正常，当疏水器疏水不正常时要及时手动开启疏水器旁路门，防止管道水击而剧烈震荡。为完成功能组启动，需要改进的措施：

（1）需要如下手动门改为电动门：辅助蒸汽至轴封用汽隔离门、辅助蒸汽至给水泵汽轮机启动用汽隔离门、辅助蒸汽至暖风器隔离门、辅助蒸汽至除氧器调节门前隔离门、辅助蒸汽至除氧器调节门旁路隔离门、供汽母管至辅助蒸汽联箱隔离门、供汽母管至辅助蒸汽联箱隔离阀旁路隔离门（在启动辅助蒸汽系统时，控制辅助蒸汽联箱温度升高速

率，减少管道振动）。

（2）系统投入时有大量疏水，仅自动疏水器无法满足。将如下疏水器旁路手动门改电动门：轴封母管疏水器旁路隔离门、辅助蒸汽联箱疏水器旁路隔离门。

（二）给水及加热系统优化

1. 汽动给水泵系统

本工程配置单汽动给水泵，汽动给水泵汽轮机有三路汽源，一个是低压工作汽源（四段抽汽），另一个为低压备用汽源（辅助蒸汽），最后一个为高压备用汽源（冷再热蒸汽）。高压汽源和低压汽源均由调节器控制，汽源的切换也由调节器自动完成。本工程给水泵汽轮机取消排气蝶阀，给水泵汽轮机排汽直接接入凝汽器。

功能组解决了启动用汽的暖管问题。暖管过程如下：首先打开辅助蒸汽至给水泵汽轮机启动用汽电动门，进行暖管，待 10～15min 后，全开暖管电动门。

存在问题及改进措施：

（1）为便于调节辅助蒸汽进汽，需要增加辅助蒸汽至给水泵汽轮机调试用汽电动门的中停功能，冷再热器至给水泵汽轮机隔离阀需要加装电动执行机构。

（2）本功能组中的关键问题为，如何进行汽源切换。在给水泵汽轮机冲转前就开启四级抽汽和冷再热汽源，待四级抽汽压力大于辅助蒸汽压力后，逐步退出启动用汽，完成汽源的切换。给水泵汽轮机冲转时采用辅助蒸汽冲转，冷再热器及四级抽汽电动门保持关闭，等满足气源切换条件后，完成气源自动切换。

2. 高压加热器系统

本工程高压加热器系统设置前置式蒸汽冷却器作为 0 号高压加热器，即在有单列、卧式、100％容量的三级高压加热器基础上，增加了 0 号高压加热器，利用三级抽汽加热 1 号高压加热器出口给水，经过 0 号高压加热器的过热蒸汽再接入 3 号高压加热器，提高了热经济性。正常运行时，高压加热器疏水是从 1 号高压加热器到 2 号高压加热器，从 2 号高压加热器到 3 号高压加热器，最后通到除氧器。另外，每台加热器还有危急疏水管道，排至凝汽器。低压加热器的正常疏水和危急疏水管路均都设有疏水调节门，用于控制低正常水位。0 号高压加热器在正常运行时为无水位运行，在投运初期或事故状态会出现水位，0 号高压加热器设置了危急疏水调节站，疏水管与 3 号高压加热器危急疏水汇合后接入凝汽器。

功能组设计思想：高压加热器投运分为随机投运和正常投运，随机投运和正常投运各有利弊。为便于高压加热器投运方式的选择，将高压加热器投运的 APS 模块分为高压加热器正常投运和随机投运两个模块。由于高压加热器随机投运后，水位信号短时不能反映出高压加热器的真实水位，疏水不能及时切换至逐级自流（压差低），因此高压加热器随机投运使得高压加热器疏水的切换和水位自动的投入困难，尤其是 3 号高压加热器疏水切换至除氧器还需要满足水质合格条件。

高压加热器随机投运在机组挂闸后进行，低压加热器汽侧投入后进行，高压加热器投入顺序按照由低至高的原则进行，APS 程序允许任一高压加热器汽侧投入失败而不影响高压加热器投运步序的完成。高压加热器正常投运暂定在机组完成厂用电切换，20％

疏水关闭，负荷大于 70MW 以后进行，优先满足机组启动初期的负荷要求。

本系统功能组存在问题及优化措施：

（1）高压加热器投运方式的选择：在机组调试时，随机投入 1、2 号高压加热器，如果 1、2 高压加热器投入后汽轮机上下缸温差等 TSI 参数正常，则选择 1、2 号高压加热器随机投运方式，3、0 号高压加热器在机组负荷大于 100MW 以后投运，否则 1、2、3、0 号高压加热器均选择机组负荷大于 100MW 以后投运。

（2）高压加热器随机投运后，抽汽压力较低，高压加热器疏水不能逐级自流，只有机组带上较高负荷后，高压加热器汽侧压差才能满足疏水逐级自流要求，由于 1、2 号高压加热器汽侧投入和 3、0 号高压加热器汽侧投入以及高压加热器疏水切换不能连续进行，故 APS 将高压加热器投入设计成一个模块比较困难，转而采取分阶段设计多个模块实现高压加热器投入。

（3）机组启动初期，高压加热器水位变送器不能真实反映高压加热器水位，水位偏差较大，高压加热器水位自动调节长时间不能投入，APS 无法进行下一步序。解决此问题需要在调试期间，根据高压加热器水位测量偏差和水位正常时机组具体负荷，确定高压加热器疏水的切换时间。

（4）3 号高压加热器疏水切换至除氧器除受 3 号高压加热器压力限制外，还需满足水质合格条件，APS 无法自动实现此步序。高压加热器疏水水质由化学化验员远程输入化验值，程序根据化验值判断水质合格标准。

（5）0 号高压加热器选择跟 3 号高压加热器同步投运。

（6）投高压加热器是否需要解除水位保护，根据高压加热器投入时的水位波动情况而定，如果水位波动较大，则投入高压加热器时解除水位保护，如果水位波动较小，则不解除高压加热器水位保护。

3. 给水系统

给水系统的作用是将凝结水通过除氧器除氧、前置泵和给水泵增压，依次经各高压加热器加热后连续不断地供给锅炉。同时提供高压旁路减温器、过热蒸汽和再热蒸汽减温器所需的减温水。

冷态启动功能组设计对给水管道及高压加热器进行注水，注水结束后启动前置泵投入除氧器加热系统；然后利用锅炉上水旁路调节门控制上水流量对锅炉上水进行开式冲洗；开式冲洗结束后，锅炉疏水回收至凝汽器进行闭式循环冲洗。

功能组利用除氧器静压完成到高压加热器旁路的注水排气工作，然后启动给水泵前置泵。因为如果管道里存在空气，当给水泵启动后有压力的水夹带着空气会引起管道水冲击，轻则使管道振动，产生巨大的噪音，重则使管道产生裂纹甚至破裂。因此，需要管道注水排气。

功能组需要完成前置泵启动工作，前置泵启动正常后，投入除氧器加热。

功能组完成锅炉上水并进行锅炉开式清洗，该功能组通过给水泵前置泵维持较低的给水流量对锅炉进行上水，上水结束后进行开式循环冲洗，不合格的水经过锅炉疏水阀到集水箱排至机组排水槽。该功能组设计用前置泵完成上水及开式清洗，通过锅炉上水旁路调节门进行流量控制。

存在问题及改进措施：

（1）功能组设计前置泵给锅炉上水，当锅炉处于温态和热态时（启动分离器有一定压力），需要启动汽动给水泵上水。最后确定采用冷、热态两套方案上水。

（2）高压加热器用静压注水，可能存在未注满的情况，特别是 0 号高压加热器与除氧器同层布置，存在未注满水的情况。最后确定功能组采用人工判断注水结束。

（3）锅炉上水旁路调节门前后隔离阀为手动门，需要加装电动执行机构。

（三）锅炉侧系统优化

1. 制粉系统

本工程锅炉采用的是中速磨煤机一次风正压直吹式制粉系统，系统主要包括五只原煤仓、五台电子称重式给煤机、两台动叶可调轴流一次风机、五台中速磨煤机（带动态旋转分离器）、两台密封风机、煤粉管、石子煤排放装置等设备。燃烧设计煤种时，四套制粉系统运行，一套备用，可以满足锅炉最大连续负荷（BMCR）的需求，每套制粉系统对应锅炉的 1 层燃烧器，其中 A 层燃烧器配有微油点火装置。

制粉系统及油站正常启动按照制造厂提供的顺控步序进行 APS 优化。机组启动时由于采用微油点火模式，A 制粉系统启动需要分为两个独立模块，一个模块按照制造厂提供的顺控步序进行 APS 优化，另一个模块按照微油点火模式设计，增加两个模块的"选择"按钮。微油点火模式按照磨煤机润滑油站—暖风器—磨煤机液压油站—磨煤机—给煤机启动顺序进行。正常启动模式按照磨煤机润滑油站—磨煤机液压油站—磨煤机—给煤机启动顺序进行。

2. 风烟系统

本工程锅炉采用平衡通风方式，配有两台动叶可调轴流式送风机、两台动叶可调轴流式引风机、两台动叶可调轴流式一次风机，烟道和风道均沿锅炉两侧对称布置。锅炉所需要的空气主要由以下几个部分组成：

（1）二次风系统：用于燃烧，从大风箱以辅助风、燃料风、燃尽风形式供给炉膛。

（2）一次风：用于煤粉干燥和输送，经过制粉系统一次风管与煤粉一起进入炉膛。

（3）扫描冷却风：用于火烟扫描装置冷却，由两台扫描风机送出，通过火焰检测导管进入炉膛。

（4）密封风：由磨煤机密封风和给煤机密封风两部分组成，前者密封风由两台密封风机供给，后者密封风取自一次风机出口的冷一次风。

风烟系统启动主要完成三个功能：第一个功能是启动 A 侧风组，第二个功能是启动 B 侧风组，第三个功能是风机启动后将风量调节至 30％以上。

功能组设计思想是：风机在启动检查过程中根据风机油站的状态，尽可能早的启动风机油站运行，投入冷却水，再循环泵及电加热开关联锁。风机启动过程中程序判断风机油站运行状态，如果不满足正常运行条件，风机启动程序首先启动该油站运行。单侧风组启动按照空气预热器—风道—引风机—送风机的启动顺序进行，单侧风组启动后启动另外一侧风组，两侧风组启动成功后，共同增加指令，满足锅炉启动最低风量要求。

（四）配置完善

在机组设计阶段，为保证提高 APS 的自动化程度，在设备选型阶段需要确定配置方案。

1. 阀门选型完善

在工艺上有部分阀门等设备为就地手动操作，有些辅机的辅助系统（辅机的润滑系统、冷却系统等）也在就地控制。为实现 APS 功能，需要将这些就地手动控制的设备改为能够实现远方控制功能的设备。各专业在可研阶段就应当明确是否实现 APS 功能；在初步设计阶段应确定为实现 APS 功能需要对工艺系统进行哪些修改，在主机及辅机设备招标时就提出相应要求。调试单位、运行单位有关人员应对工艺系统进行确认，保证工艺系统满足 APS 功能实现的要求。在确保实现机组一键启停基本配置的基础上，结合工程造价，适度减轻运行人员操作强度，部分影响 APS 进程的手动阀改电动阀。

2. 测点及仪表完善

增加替代人工操作判据的监视测点，如抽汽、辅助蒸汽、轴封蒸汽系统中判断暖管温度升高速率的金属壁温测点，启动准备阶段用来判断注水是否完成的液位或差压仪表等。各工艺专业应与控制专业配合，确定增加的监测内容、安装位置等。

3. 组态完善

在 DCS 组态时，机炉专业应参与系统逻辑的编程配合，提供完整详细的功能组启动条件、步序、完成条件，及在 APS 功能组完成过程中对模拟量调整要求的详细说明。调试单位审核功能组设计说明，并根据步序及模拟量调整要求设计完成模拟量的完整控制策略，并将完成的策略交付 DCS 厂家进行最后组态。

三、调试管理

机组的启动调试是全面检查主机及其配套系统的设备制造、设计、施工、调试和生产准备的重要环节，是保证机组能安全、可靠、经济、文明的投入生产，形成生产能力，发货投资效益的关键性程序。调试过程管理的标准化、规范化、科学化是机组安全、优质、高效的完成各项调试工作的基础，是机组实现长周期安全稳定运行的保障。

机组自启停（APS）控制范围广、设备多，包含了发电过程的全部设备。APS 是建立在常规控制系统（MCS、SCS、FSSS、MEH、DEH 等）基础上的高级指挥控制系统，也是一种运行管理系统，在这样一个大系统中实现自动启停，设备质量和安装质量是基础，同时，在设计阶段更要注重各系统界限的划分，各系统应采用模块化功能子组。除了在设计阶段重视和组织好 APS 工作外，APS 调试的工作策划，合理安排是 APS 成功的后期保障。

（一）调试策划

如果常规机组调试，施工单位和调试单位的分工比较明确，根据 DLT 5437—2009《火力发电建设工程启动试运及验收规程》规定，分部试运由施工单位组织，在调试和生产等有关单位的配合下完成。分部试运中的单机试运由施工单位负责完成，分系统试运由调试单位负责完成。但由于 APS 的实施，调试工作量增加很多，多出来的工作大部分属于调试单位，安装施工单位有不少工作，如为 APS 功能组试验时的系统检查，设备状态确认等。所有增加的这些工作，由于目前的市场经济，决定了各单位没有足够的内在动力去推动完成。因此，在 APS 项目管理时，调试的管理策划显得非常重要。

针对安装施工单位，我们在主标段合同中增加了 APS 配合工作分项报价，提高施工单位的积极性。在调试合同中，专门针对 APS 分项报价，且报价中包括各个功能组的报价，大型自动回路的调试报价，做到调试完成一个功能组，付款一个功能组，既解决竣工结算时碰到的扯皮现象，也增加了调试单位的工作积极性。APS 调试分项报价表见表 5-1。

表 5-1　　　　　　　　　　**APS 调试分项报价表**

功能组	报价占比	功能组	报价占比	功能组	报价占比	功能组	报价占比	功能组	报价占比	功能组	报价占比
启动准备断点	9%	冷态冲洗及抽真空断点	10%	锅炉点火升温断点	14%	汽轮机冲转断点	6%	机组并网断点	3%	升负荷断点	18%
启动凝结水补给水系统	1%	凝结水泵启动及低压水系统冲洗	4%	启动汽动给水泵	3%	汽轮机投入ATC模式	1%	自动并网，初负荷暖机	2%	升负荷至15%额定负荷	6%
启动闭式循环冷却水系统	2%	前置泵启动及高压水系统冲洗	3%	启动锅炉风烟系统	3%	升速500r/min摩擦检查		过再热器减温水投自动		厂用电切换	1%
启动循环水系统及开式循环冷却水系统	2%	投轴封系统及抽真空	2%	油系统恢复及燃油泄漏实验	0.5%	升速600r/min低速暖机		其他	1%	升负荷至30%额定负荷	4%
投入辅助蒸汽系统	2%	其他	1%	炉膛吹扫	0.5%	中速暖机				增磨煤机，退油枪	2%
启动润滑油及顶轴油系统	0.2%			汽轮机旁路系统投入	0.5%	汽轮机转速3000r/min				升负荷至45%额定负荷	3%
投入汽轮机盘车	0.1%			启动一次风机	0.2%	投入高压加热器	4%			投入磨组自动管理	
启动锅炉底渣系统	0.7%			点火（微油及A磨煤机启动）点火（常规油枪）	4%	其他	1%			其他	2%
其他	1%			热态清洗	0.5%						
				增磨煤机	1%						
				其他	0.8%						

（二）调试安排

在国内火电建设项目中工期经常作为考核基建工作的一项重要指标。为了缩减工期，不可能因为 APS 项目留出太多的时间，某 4 号机组制定工程节点时没有专门为 APS 系统的调试留出时间。在这样一个项目环境下，如何高效安排 APS 调试工作至关重要。

1. APS 系统调试特点

（1）调试环境的特殊性。APS 调试要求的苛刻。在进行 APS 功能组调试之前，DCS 需要复原，工程师站、操作员站功能具备。对应的功能组相关设备单体传动完成。

（2）调试过程的风险。由于 APS 功能组的调试，经常是一个功能组一个系统，在启动过程中不像人工启动时这样，可以根据情况暂停启动过程，功能组的设计基本上一个流程顺序执行下来，存在一定的分项风险。

（3）调试过程的复杂性。虽然 APS 的逻辑不一定有机组主自动这样的复杂和较高理论水平，但由于没有成熟的逻辑可以借鉴。而 APS 逻辑的数量又是非常多，调试过程非常复杂。

（4）调试时间的紧迫性。APS 没有专门的调试时间，调试时间非常紧迫。

2. 调试好 APS 任务的几点措施

（1）尽早完成 DCS 复原调试。正常火电机组的里程碑节点为 DCS 复原调试在厂用电送电以后。为争取更多的 APS 调试时间，及早进行 DCS 盘柜的安装、系统调试非常必要。因此在工作安排时，控制专业工程管理人员必须督促土建尽快完成 DCS 电子间、工程师站的装修。要求安装单位尽早完成 DCS 盘柜就位。

（2）创造条件，尽早开展 APS 静态。在 APS 设计阶段应对 APS 方案进行审查，对 APS 逻辑进行深入分析研究，不断优化逻辑。在 DCS 复原调试完成后，组织 DCS 厂家、调试单位、APS 专家组成员进行 APS 功能组的静态调试，检查控制逻辑的合理性。

（3）利用每一次启动设备机会。抓紧每一次启动设备的机会，多用功能组，这样才能确保 APS 功能组的可用性。在调试过程中，运行人员、调试操作人员由于不熟悉 APS，APS 功能组的不完善性，比较排斥 APS 方式启动功能组，这种情况下，一定采取有效措施，鼓励他们多用 APS 启动，只有多用，才能发现问题，才能做得出更好的 APS 逻辑。

（4）注重细节，消除缺陷。在 APS 调试过程中，有时发生 APS 不能远方挂闸 MEH 系统。为确保 APS 的顺利执行，必须处理干净这些似乎不是很大的缺陷，只有处理这些缺陷了，功能组才能顺利执行，完成启动功能。

新建机组 APS 工程是系统性工作，它涵盖了设备选型、系统设计优化、逻辑组态策划、基建生产一体化、安装及深度调试等各个方面。但在目前基建市场环境下，所有的参建单位或承包商都是以追求本身合同效益最大化为工作目标，而不是以工程质量为其主要工作目的。因此，要实现 APS，其源动力必须来自于作为业主的项目公司，要依托项目公司各专业人员去推动及把握 APS 工作的每一个细节，因此，项目公司的主要专业人员要有较高的工作技能及较强的责任心作为支撑。这就要求项目公司每一个主要专业，均应有能力较强的工程技术人员把关。同时，我们也需建立激励机制，鼓励专业人员能承担更多的对工程长远利益有益的任务。

要实现整体的 APS 功能，首先要实现每一个 APS 分系统。它需要在不同的实际工况下反复验证每一个指令的正确性与合理性，以确保今后机组投入商业运行后在寿命周期内安全可靠运行，所以 APS 调试过程与常规电厂调试存在很大的不同。调试深度的要求会提高，调试时间会延长，调试期间投入（煤、油、水、电、人）及调试费用会增加、调试期间 MFT 次数会增多。因此，我们在设想工程建设工期时，应该在常规机组调试期的基础上，认真考虑 APS 的调试时间及 APS 总体调试费用的预留。

要实现 APS，不仅仅从控制设计、逻辑组态、调试等各个方面能够满足 APS 的要求，更重要的是我们所选择的设备能够按照 APS 的控制设计要求进行可靠、正确的响应。同时，调试指标的好坏很大程度上取决于设备质量和安装质量，所以我们在强调调试质量的过程中更要加强设备质量和安装质量。因此，设备高可靠和高性能的要求在实施 APS 的工程中就显得更为突出。但是，我们目前的设备招投标制度是以设备的最低价中标为第一原则，因此较难选到能够满足 APS 要求的设备，建议在其他项目开拓设备选型新思路。

第二节　改造机组的 APS 功能设计与实现

APS 功能具有的优点，越来越被大量电厂关注，部分老机组在设备改造时，也要实现 APS 功能，作为提高机组性能的一个手段。APS 控制程序设计是体现人工操作的优秀启停经验（符合本机组工艺流程），并结合热控自动控制而实现的功能，APS 启停控制比人工操作更加规范、安全和经济。要真正实现 APS 功能，除了优秀的程序设计外，对现场控制设备的可靠性也有很高的要求，只有现场控制设备完好，APS 控制程序才能顺利执行。

一、概述

（一）困难与优势

对于老机组改造，投运 APS 功能，主要从两方面着手，一是提高硬件的可靠性；二是确保逻辑的准确性，一套真正实用的 APS，既是电厂自动化水平的最好体现，也是电厂运行管理、设备管理和检修管理水平的最好体现。应针对这两点，进行老机组 APS 功能设计和改造，下面具体分析老机组改造时实现 APS 功能的困难和长处。

1. 老机组相对于新机组进行 APS 改造的优势

（1）老机组已经正常投运，安全稳定的运行了一段时间，电厂各级技术人员、运行、检修人员熟悉设备的性能，运行规程、检修规程，各类操作票均已完善，汽轮机、锅炉等各类设备均顺利地启停操作。热工自动、保护、顺控系统均完善，总而言之，电厂的各类设备相应的逻辑、操作、办票均已完善、齐全，调试工作中的软件逻辑调试相对简单。

（2）热控人员、运行人员对 DCS、DEH 的逻辑清晰，对各类设备熟悉。

（3）每次启停机的升温升压、降温降压的实际曲线在 DCS 中均有，从冷态启机到并网带初负荷、并泵带高负荷，机组的温度、压力、流量等重要信号的历史曲线均在 DCS

中有记录，通过调用这些记录和曲线，可以很方便的设置 APS 中的升温升压、降温降压的控制曲线，避免重复调试。

（4）对于启、停磨煤机，暖磨曲线，尤其是升温曲线、铺煤、垫煤的时间控制、磨煤机、给煤机的煤量控制曲线，在 DCS 中也均有记录，可以很方便的设置 APS 中的升温的控制曲线，从而实现自启停磨煤机、给煤机，避免重复调试。

（5）现场的各类设备，均有操作卡，按照操作卡的步序，可以很方便的设计出各类设备的自启停操作逻辑，因此对于新增加的设备、原先不在 DCS 中控制的设备、需要做顺控逻辑的设备均可参考操作卡的步骤，可以避免考虑不周而造成的逻辑设计错误。

2. 老机组改造实现 APS 功能的难点

（1）要实现 APS 的机组，必须增加许多的辅助设备，如要增加温度、压力、液位等测点，要增加行程开关、液位开关等设备，要新放许多电缆，通常要结合 DCS 改造进行，而 DCS 改造的工作量非常巨大。

（2）DEH 功能中的自启停控制，虽然在逻辑功能中有此功能，但是，该功能在老机组中一般均没有调试、没有投用，而汽轮机的自启停控制是实现 APS 功能的关键所在。

（3）现场许多手动门需要改为可以远方操作的电动门或者气动门。

（4）部分开关型电动门需要改为调节型电动执行器。

（5）实现 APS 功能的一个关键是 DCS 中输出的指令到现场设备后，该设备的反馈信号要快速、准确，而老机组的设备的行程开关、到位开关、液位开关等许多信号的准确性和可靠性均不高，还有部分设备没有反馈信号，需要重点改造。

（6）许多设备改为自启停操作后，本来是手动操作的，改为自动控制，这些设备要增加保护逻辑，才能保证设备的可靠性，而增加的保护逻辑，需要仔细调试，一定要确保逻辑的准确性。

（7）APS 模式下的保护逻辑与非 APS 模式下的保护逻辑的协调统一，不要发生逻辑冲突。

（8）新加的逻辑和原来的老的逻辑的协调统一，不要发生逻辑冲突。

（9）APS 改造后，运行人员的操作习惯和公司的管理规程要相应地修改。

（二）项目关注点

1. 尽早确定实施方案

APS 功能涉及方方面面的工作，应尽早进行分析论证，设计单位应在可研报告中增加 APS 的专题报告，并说明实现 APS 功能的实施方案；新建机组建设单位应做深入细致的调研工作，组织专家对设计院的专题报告进行审查，尽早做出决定。改造机组由电厂的总工或副总工任组长组织专业人员进行技术准备工作，明确职责，制定计划。

2. 工艺系统设计修改

目前国内老机组在工艺上有部分阀门等设备为就地手动操作，有些辅机的辅助系统（辅机的润滑系统、冷却系统等）也在就地控制。为实现 APS 功能，改造机组需要将这些就地手动控制的设备改为能够实现远方控制功能的设备，所以在改造时需要重新敷设大量电缆，而新建机组各工艺专业在可研阶段就应当明确是否实现 APS 功能；在初步设计阶段应确定为实现 APS 功能需要对工艺系统进行哪些修改，在主机及辅机设备招标时就提出相应要求。调试单位、运行单位有关人员应对工艺系统进行确认，保证工艺系统满足 APS 功能实现的要求。

3. 增加相应监视测点

APS 程序中需要大量的逻辑判断，需要增加替代人工操作判据的监视测点，如抽汽、辅助蒸汽、轴封蒸汽系统中判断暖管温度升高速率的金属壁温测点，启动准备阶段用来判断注水是否完成的液位或差压仪表等。各工艺专业应与控制专业配合，确定增加的监测内容、安装位置等。新建机组在设计阶段时就应该考虑这些新增的测点，合理分配控制器。然而改造机组控制系统已经确定，新增如此之多的测点，控制器测点容量是否满足、现在设备是否具有条件安装，这些测点都应该充分考虑进去。

4. 明确系统投运时间和顺序

在控制逻辑中，以机组并网时间为基准点，确定各辅助系统及设备的最佳投运时间，明确每个系统及设备的最早投入时间，最迟投入时间，确定系统投运顺序及投运条件，使机组启动时间合理缩短，提高机组经济效益。调试、运行人员应与控制系统组态人员密切配合，确保系统组态及控制逻辑符合机组实际运行需要，将运行人员需要判断的状态及决策在控制逻辑中实现。

5. 及时提交完整、准确的主辅机及相应设备资料

在主机、辅机及相应设备采购时应明确该设备为满足 APS 功能要求所需要增加的技术要求及服务要求，并在设备到货前将相应资料提交设计单位及 DCS 组态单位，这些资料包括系统及设备的参数、运行逻辑、联锁要求、运行曲线等。尤其在汽轮机采购时应明确 DEH 的技术要求，一些辅机自带的控制系统应满足机组整体控制要求。新机组在招标时就可以进行，而老机组要对每一个系统逐一分析，并增加相应要求。

6. DCS 技术规范书要求明确

新建机组在 DCS 采购前调试单位、运行单位有关人员就应参与 DCS 技术规范书编制，确定 I/O 点数的满足程度，提出系统组态配置及功能要求。改造机组若旧 DCS 的 I/O 点数满足不了现场需求，需要对 DCS 进行改造扩容。

7. 合理有序地进行控制系统组态

在 DCS 组态时，相关工艺专业应参与系统逻辑的编程配合、调试工作。控制系统组态应合理，控制逻辑分为机组级、功能组级、子功能组级、设备级；控制逻辑应有合理的可选择断点，运行人员可根据启动时的外部条件确定是否进行分段启动。

8. 增加机组调试时间

APS 功能实现，需要增加大量调试工作；为缩短调试时间，无论新机组还是老机组 APS 改造调试单位均应事先介入控制系统的组态、编程、验收等环节的工作，合理安排调试进度，将机组调试时间尽可能的缩短。

9. 做好与相关单位的协调工作

新建机组和老机组改造在实现 APS 功能上虽然都需要做以上工作，但是两种机组在实现 APS 功能时又有自身的一些优势和劣势，比如新建机组在筹建时就应该确定是否实现 APS 功能，若要实现，设计单位应在可研报告中增加 APS 的专题报告，并说明实现

APS功能的实施方案，同时进行经济分析；建设单位应做深入细致的调研工作，组织专家对设计院的专题报告进行审查。所有设计院图纸、现场设备招标、DCS招标、系统调试都按照APS功能实现要求进行。但是改造机组若要实现APS功能，前期应该进行认真调研、充分论证，需要机、炉、电、控等专业同时做大量工作，同时也需要设计、制造（汽轮机厂、DCS组态及编程等）、调试、运行人员紧密配合，共同参与实施方案制定、确定合理的控制方案及系统改造方案，如现场哪些手动门改成远程操控的执行机构、现场哪些设备需要增加测点、现场电缆怎么敷设、DCS的I/O数量是否满足需求，是否需要扩容等，特别是在APS功能调试方面新建机组相比改造机组存在很大的劣势。

二、机组APS改造步骤

（一）APS改造的组织措施及准备工作

（1）老机组的APS改造通常和DCS改造一并进行，因此，选择的DCS厂家应工程能力出色、技术过硬、调试能力强。选择的调试单位的热控逻辑设计、调试能力强；要提前1年确定DCS改造的厂家及热控逻辑、APS逻辑设计的单位。

（2）成立由DCS厂家、APS逻辑及调试单位、电厂几家单位共同成立了DCS（APS）改造组，由电厂的总工或副总工任组长，下设技术组、APS逻辑组、施工组等专项小组，电厂的物资部、发电部、检修部等部门领导和业务骨干牵头并综合各专业进行技术准备工作，明确职责，制定计划。根据讨论确定的准备计划，确定节点，细化到每周的工作，并对所有的准备细节都落实到人、落实到每一天，确保计划的执行。

（3）在确定工作计划后，召开改造工程启动会议，制定了详细的项目进度表，并将相应工作内容分解到每个小组及其成员。其中DCS改造和APS初步方案需要2个月的时间。而后，要经过APS一、二联会，讨论和审核APS设计功能表。在机组停机前1个月完成了APS的冷态启动仿真验收。

（4）精心策划、严密组织是整个DCS改造及APS项目取得成功的有力保障，而要有效实现APS功能，还需要做好必要的前期准备工作，其中比较重要的有以下六点：

1）下大力气整治、改善一次设备，一次设备功能的完善和性能的稳定是APS成功的基础。站在APS的角度，分系统对一次设备进行详细的疏理，对不符合APS要求的项目进行改造，在机组大修中实施。专门为APS进行的异动比较多，应专门制定详细的清单和明细表。

2）由优秀的运行人员根据机组的实际状况，设计一张APS冷态启动（或停机等）的时序图，将重要节点及节点间的关系用时序关系图表的形式表达清楚，对主要控制指标和时间要素也要标示清楚，作为APS设计基础。

3）建立一个用于电厂技术人员和DCS厂家工程师、APS逻辑设计调试单位工程师进行APS设计时信息交流、审核、组态、调试的文档，规定了APS断点、功能组和子功能组所包含的逻辑设计要素，主要有允许启动条件、指令、反馈、完成信号或判据等。

4）明确APS与原DCS实现的设备级控制组态的接口规范。即实现APS的同时，保留原有设备的控制功能（监测、调节、保护、联锁、报警等功能）。

5）特殊功能组的实现方法。如自动启动磨煤机、自动并给水泵、自动投运高压加热器、自动并风机、全程给水控制方案、全程燃烧控制方案、旁路控制方案。

6）利用原有机组的仿真模型，联系仿真公司和DCS厂家，建立系统的仿真接口，为APS仿真调试创造条件。

（二）APS改造设计

1．APS功能设计

老机组APS改造的时间需要的时间长，因此，APS改造一般利用机组大修的机会，而且，时间要比一般的大修工期要长一些。一般的老机组均有顺序控制系统（SCS）、模拟量自动控制系统（MCS）、炉膛安全监控系统（FSSS）、汽轮机数字电液调节系统（DEH）、汽动给水泵调节系统（MEH）、电气控制系统（ECS）、汽轮机旁路控制系统、协调控制系统（CCS）等，除了上述控制功能外，在实现APS功能时，还应将锅炉吹灰程控系统、锅炉疏排水控制和胶球清洗控制、空气压缩机系统、ECS控制系统和二期公用ECS控制系统等纳入新DCS控制系统，通过改造，将集控侧的所有生产流程，全部纳入新的DCS系统，才能实现APS功能。因此，老机组的APS改造一般结合DCS改造进行，这样，将机组的所有的控制功能全部在DCS中实现，这也是要实现APS功能的前提条件。

2．改造机组的APS在DCS系统硬件设计

APS作为机组启停的控制中心，控制组态可以独立设置一对控制器，也可以和协调控制系统合并在一对控制器中，便于对APS的组态、调试和修改，不影响原来控制系统的运行。APS与MCS、CCS、FSSS、SCS、MEH、DEH、ECS等系统的信息交互可以通过通信实现，除发电机并网和厂用电切换外不必设置其他硬接线回路。

3．APS软件起点和终点设计

汽轮机的启动状态通常划分冷态启动、温态启动、热态启动、极热态启动四种。锅炉由汽轮机主汽门前压力和停炉时间等来决定锅炉的启动状态对于老机组来说，应根据本厂机组的习惯性启停操作，从实用性出发，APS启动可以简单地设计冷态和热态两种启动方式。最完善的APS冷态启动设计应该从循环水系统、闭式循环冷却水系统、工业水系统、厂用/仪用空气压缩机系统等开始启动，但对于老机组来说，可以根据电厂的实际情况，对于一些外围系统，考虑到机组启动工艺、大修时间安排、设备改造成本等多方面的因素，尤其是那些改造困难特别大的外围系统，如工业冷却水系统、循环水系统、压缩空气系统、厂用蒸汽系统、锅炉加药系统、汽水采样系统等系统，APS软件的设计和测点的布置上有很多不足，需要增加大量的测点，才能投用APS，这些系统的运行，仍由原来的系统进行，可以不进入APS的控制。这样，老机组的冷态启动APS起点可以放在凝水系统启动环节，之后历经锅炉上水、风烟系统启动、点火（油、煤）、升温升压、汽轮机供轴封、抽真空、汽轮机冲转升速、发电机同期并网、汽动给水泵启动带载、启动磨煤机、厂用电切换等过程，最终将负荷带到目标负荷，投协调控制进入正常的负荷控制。这种APS过程，包括了火电机组启动最核心、最复杂、工艺要求最高的内容，将其优化、固化为APS程序，在规范、安全、经济上都有实际意义，也是老机组改造，

投运 APS 的目的所在。

4. 老机组改造的 APS 断点设计

国内关于 APS 的设计还处于摸索、起步阶段。老机组的 APS，也应该采用"断点"模式实现，在设计断点时制定了以下设计原则：

(1) 每个断点执行完后能够保持当前状况稳定运行，使机组处于比较安全的运行工况。

(2) 是否需要运行人工检查确认设备状态和当前运行工况。

5. APS 功能组设计

根据机组的特点和运行习惯，设置功能组，功能组可以由一个或多个系统组成，并按照系统启动和停运的运行规程对系统内的设备进行顺序启停和自动控制。功能组的启停控制在断点内完成，并能独立运行，各功能组之间不存在交叉控制，但可并列运行。如可设置各主要辅机的启/停功能组、一次风系统启/停功能组、风烟系统启/停功能组、加热器投/退功能组、冲洗排放功能组等。

6. APS 画面与报警

APS 画面和报警设计对于现场使用来说非常重要。老机组 APS 改造时，应根据电厂的运行习惯布置报警画面，画面功能布局要简洁、清晰、直观，画面关联上要层次分明并尽可能低于两层，在报警设计上要求达到两种功能，一种是设备异常提醒，一种是断点或功能组相关状态改变的提醒。在设计报警时，应设计分级报警，APS 相关的重要报警信号在一级报警菜单上应有提示。

7. APS 仿真

APS 调试分为 APS 仿真调试和 APS 系统动态调试。仿真系统在 APS 调试期间的作用是不可替代的，老机组的仿真机与实际现场设备特性比较接近，而且故障库、逻辑均是经过长时间检验的，基本可以替代实际的运行状况，通过 APS 与仿真机的调试，能发现许多问题，及时修改，再进行仿真的反复调试，直到正常，可以大大减少了系统动态调试的时间。冷态 APS 仿真系统验收成功是 APS 设计的里程碑，是老机组实现 APS 功能的关键所在。

8. APS 调试

老机组 APS 改造，包括施工、安装、静态调试、动态调试和 APS 调试。整个改造计划编制应细化到天和各个系统并设置相关负责人，明确设备检修结束时间、静态调试结束时间、动态调试结束时间以及 APS 联调。编制相关文档（作业文件、技术措施、各阶段的安全措施、分类调试大纲）。在 APS 设计阶段应对 APS 方案进行审查，对 APS 逻辑进行深入分析研究，不断优化逻辑。在 DCS 复原调试完成后，组织 DCS 厂家、调试单位、APS 专家组成员进行 APS 功能组的静态调试，检查控制逻辑的合理性。从施工期间到调试期间的每天召开一次现场协调、计划会，以便现场出现的问题能够及时解决，创造条件，尽早开展 APS 静态调试。

参 考 文 献

[1] 倪佳俊. 1000MW 超超临界机组自启停控制系统设计. 上海：华东理工大学，2014.

[2] 陈庚. 单元机组集控运行. 北京：中国电力出版社，2001.

[3] 白焰，吴鸿，杨国田. 分散控制系统与现场总线控制系统. 北京：中国电力出版社，2000.

[4] 肖大雏. 超超临界机组控制设备及系统. 北京：化学工业出版社，2008.

[5] 樊泉桂. 超临界锅炉设计及运行. 北京：中国电力出版社，2010.

[6] 胡念苏. 超超临界机组汽轮机设备及系统. 北京：中国电力出版社，2008.

[7] 潘凤萍，陈世和，陈锐民，等. 火力发电机组自启停控制技术及应用. 北京：科学出版社，2011.

[8] 林文孚，胡燕. 单元机组自动控制技术. 2 版. 北京：中国电力出版社，2008.

[9] 朱北恒. 火电厂热工自动化系统试验. 北京：中国电力出版社，2006.

[10] 文群英. 热工自动控制系统. 北京：中国电力出版社，2006.

[11] 谷俊杰. 热工控制系统. 北京：中国电力出版社，2011.

[12] 广东电网公司电力科学研究院. 1000MW 超超临界火电机组技术丛书热工自动化分卷. 北京：中国电力出版社，2011.

[13] 吴少伟. 超超临界火电机组运行. 北京：中国电力出版社，2012.

[14] 张丽香，王琦. 模拟量控制系统. 北京：中国电力出版社，2006.

[15] 万晖. 火电机组控制工程应用技术丛书开关量控制技术及其应用. 北京：中国电力出版社，2009.

[16] 韦根原. 大型火电机组顺序控制与热工保护. 北京：中国电力出版社，2008.

[17] 谢碧蓉. 热工过程自动控制技术. 北京：中国电力出版社，2007.

[18] 王苏华. 开关量控制系统及应用. 北京：中国电力出版社，2013.